中等职业学校工业和
信息化精品系列教材

数码照片艺术处理

项目式全彩微课版

主编：赵丽英 张文曾
副主编：阮星星 丁磊 王峰

人 民 邮 电 出 版 社
北 京

图书在版编目（CIP）数据

数码照片艺术处理 ：项目式全彩微课版 / 赵丽英，张文曾主编. -- 北京 ：人民邮电出版社，2024.7
中等职业学校工业和信息化精品系列教材
ISBN 978-7-115-63744-4

Ⅰ. ①数… Ⅱ. ①赵… ②张… Ⅲ. ①图像处理软件－中等专业学校－教材 Ⅳ. ①TP391.41

中国国家版本馆CIP数据核字(2024)第035003号

内 容 提 要

本书全面、系统地介绍数码照片处理的相关知识点和基本操作技巧，内容包括认识数码照片、Photoshop的基础操作、数码照片的抠图方法、数码照片的修图方法、数码照片的调色方法、合成数码照片的方法、数码照片特效的制作方法和商业案例设计实训等。

本书采用“项目—任务”式结构，突出实用性。其中，任务引入部分给出具体的学习要求；任务知识部分帮助学生学习软件功能；任务实施部分帮助学生掌握数码照片的处理技巧；扩展实践和项目演练部分帮助学生拓展设计思路，顺利达到实战水平。

本书可作为中等职业院校数字媒体类专业数码照片处理课程的教材，也可作为对数码照片处理感兴趣的读者的参考书。

◆ 主　　编　赵丽英　张文曾
副 主 编　阮星星　丁　磊　王　峰
责任编辑　王亚娜
责任印制　王　郁　马振武

◆ 人民邮电出版社出版发行　　北京市丰台区成寿寺路 11 号
邮编　100164　　电子邮件　315@ptpress.com.cn
网址　https://www.ptpress.com.cn
北京尚唐印刷包装有限公司印刷

◆ 开本：889×1194　1/16
印张：13　　2024 年 7 月第 1 版
字数：264 千字　　2024 年 7 月北京第 1 次印刷

定价：59.80 元

读者服务热线：(010)81055256　印装质量热线：(010)81055316
反盗版热线：(010)81055315
广告经营许可证：京东市监广登字 20170147 号

前 言

Photoshop是由Adobe公司开发的图形图像处理和编辑软件。它功能强大、易学易用，深受图形图像处理爱好者和平面设计人员的喜爱。目前，我国很多职业院校的数字媒体类专业，都将Photoshop列为一门重要的专业课程。为了帮助职业院校的教师更好地讲授这门课程，使学生能够熟练地使用Photoshop来进行数码照片处理，我们几位长期在职业院校从事Photoshop教学的教师共同编写了本书。本书从人才培养目标、专业方案等方面做好顶层设计，明确专业课程标准，强化专业技能培养，合理安排内容；并根据岗位技能要求，引入企业真实案例，进行项目式教学。

本书全面贯彻落实党的二十大精神，以社会主义核心价值观为引领，传承中华优秀传统文化，坚定文化自信。为使本书内容更好地体现时代性、把握规律性、富于创造性，我们对本书的体例结构做了精心的设计：重点内容按照"任务引入—任务知识—任务实施—扩展实践—项目演练"的顺序进行编排，在内容选取方面，力求细致全面、重点突出；在文字叙述方面，注意言简意赅、通俗易懂；在案例设计方面，强调案例的针对性和实用性。

为方便教师教学，本书提供书中所有案例的素材和效果图，此外，本书还配备微课视频、PPT课件、教案、教学大纲等丰富的教学资源，任课教师可登录人邮教育社区（www.ryjiaoyu.com）免费下载。本书的参考学时为64学时，各章的参考学时参见下面的学时分配表。

学时分配表

项　目	内　容	学时分配 / 学时
项目1	认识数码照片	8
项目2	熟悉Photoshop的基础操作	8

续表

项　　目	内　　容	学时分配 / 学时
项目 3	掌握数码照片的抠图方法	8
项目 4	掌握数码照片的修图方法	8
项目 5	掌握数码照片的调色方法	8
项目 6	掌握合成数码照片的方法	8
项目 7	掌握数码照片特效的制作方法	8
项目 8	商业案例设计实训	8
学时总计		64

由于编者水平有限，书中难免存在不足之处，敬请广大读者批评指正。

编者

2024 年 2 月

目 录

项目5 掌握数码照片的调色方法/66

项目6 掌握合成数码照片的方法/90

01

项目1

认识数码照片

本项目讲解数码照片的特点、获取方式、类型和格式等基础知识，以及数码照片的应用领域和数码照片处理的工作流程。通过本项目的学习，读者能够更全面地认识数码照片，为后续更专业地处理数码照片打好基础。

知识目标

- 了解数码照片的基础知识
- 了解数码照片的应用领域
- 熟悉数码照片处理的工作流程

能力目标

- 能够独立收集数码照片素材
- 掌握查找数码照片相关资料的方法

素养目标

- 提高素材收集能力
- 培养对数码照片处理的兴趣

相关知识：数码照片

1 传统图像与数码图像

图像可分为两种，传统图像与数码图像。墙壁上挂的画、纸质相册里的照片等属于传统图像，如图1-1所示；而用手机和数码相机拍摄的、保存在电子产品中的数码照片，则属于数码图像，如图1-2所示。

图1–1

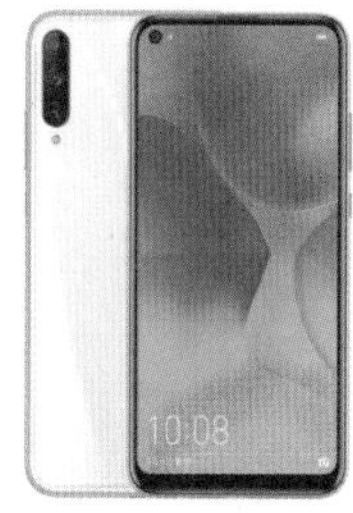

图1–2

2 获取数码照片

数码照片的获取方式大致可分为以下4种。

检索获取：可以通过在设计网站、摄影网站和搜索引擎中输入相关信息获取，如图1-3所示。

图1–3

拍摄获取：可以通过数码相机或用手机拍摄获取，如图1-4所示。

图1-4

扫描获取：可以用不同精度的扫描仪把纸张中的传统图像扫描成数码图像，如图1-5所示。

软件绘制：可以通过生成获取，分为图形设计软件的绘制生成和三维绘图软件的绘制生成，图像效果如图1-6所示。

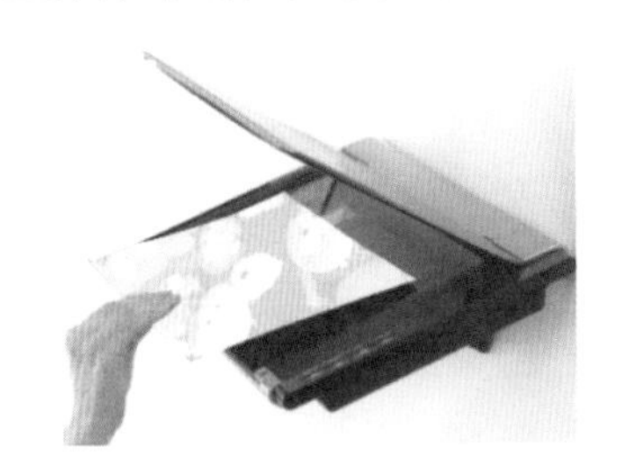

图1-5

图1-6

3 数码图像的类型

总的来说，数码图像有两种类型：位图和矢量图。

位图是由一个个像素点构成的数码图像。在Photoshop中打开图像，使用“缩放工具”把图像放大，可清晰看到像素的小方块，如图1-7所示。

图1-7

矢量图是由计算机软件生成的点、线、面、体等矢量图形构成的数码图像。在Illustrator中打开图像，放大后和原来一样清晰，如图1-8所示。

图1-8

4 图像文件的格式

图像文件有很多种格式，常见的包括PSD格式、TIFF格式、GIF格式、JPEG格式、EPS格式和PNG格式。可以根据工作任务的需要选择适合的图像文件存储格式，下面是各图像格式的不同用途。

用于印刷：TIFF、EPS、PDF。

用于网络：GIF、JPEG、PNG。

用于Photoshop：PSD、PDD、TIFF。

任务1.1 了解数码照片处理的相关应用

1.1.1 任务引入

本任务要求读者首先了解数码照片的应用领域，然后通过在花瓣网收集处理后的数码照片图片，提高素材收集能力。

1.1.2 任务知识：数码照片处理的应用领域

1 平面设计

平面设计是数码照片处理应用最为广泛的领域，如广告、招贴、宣传单、海报等平面印刷品中都可看到数码照片处理的应用，如图1-9所示。

图1-9

2 包装设计

在图书装帧设计和产品包装设计中，对数码照片的处理也至关重要，图1-10所示为包装设计范例。

图1-10

3 界面美化

随着互联网的普及，人们对界面的审美要求也在不断提升，数码照片处理后被应用于网页、App和软件界面等的美化，如图1-11所示。

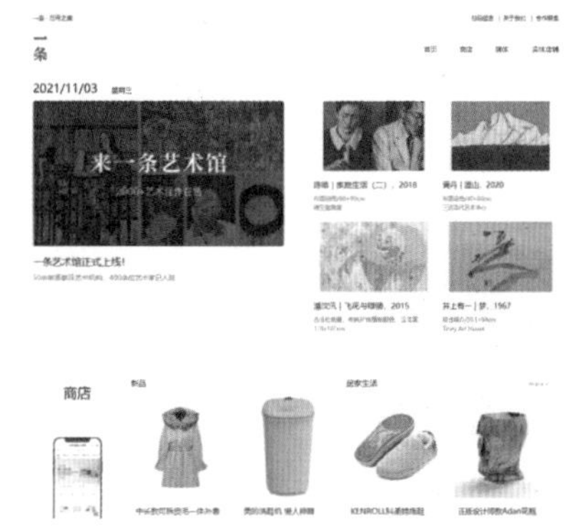

图1-11

4 产品设计

在产品设计的效果图表现阶段，经常要应用处理后的数码照片，来充分表现产品的细节和优越性，如图1-12所示。

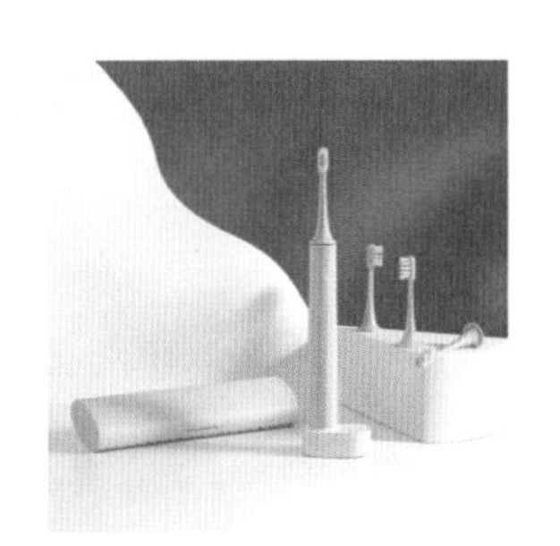

图1-12

1.1.3 任务实施

（1）打开花瓣网官网，单击右侧的“登录/注册”按钮，如图1-13所示。在弹出的对话框中选择登录方式登录，如图1-14所示。

图1–13

图1–14

（2）在搜索框中输入关键词“节气海报”，按Enter键，进入搜索页面。单击页面左上角的“画板”按钮，选择需要的类别，如图1-15所示。

图1–15

（3）在需要采集的画板上单击，在跳转的页面中选择需要的作品，单击“采集”按钮，如图1-16所示。在弹出的对话框中输入名称，单击下方的“创建画板”按钮，新建画板。单击“采下来”按钮，将需要的作品采集到画板中，如图1-17所示。

图1–16

图1–17

任务1.2 熟悉数码照片处理的工作流程

1.2.1 任务引入

本任务要求读者先了解数码照片处理的步骤，然后通过在花瓣网中调研相关设计，进一步熟悉数码照片素材获取的步骤。

1.2.2 任务知识：数码照片处理的步骤

数码照片处理的基本流程分为挑选照片、先期调色、修片、确定色调、文字及设计元素补充、输出处理6个步骤，如图1-18所示。

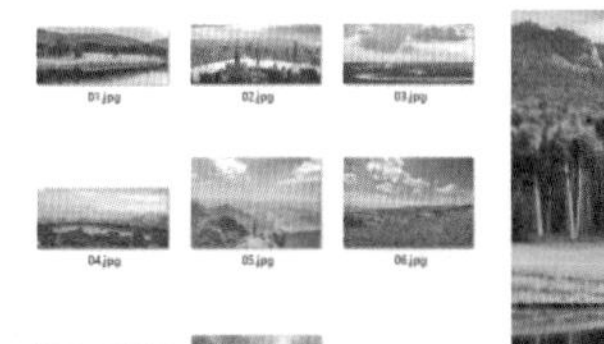

挑选照片

先期调色

修片

确定色调

文字及设计元素补充

输出处理

图1–18

1.2.3 任务实施

（1）打开花瓣网官网，单击右侧的“登录/注册”按钮，在弹出的对话框中选择登录方式并登录。

（2）在搜索框中输入关键词“红旗汽车”，按Enter键，进入搜索页面。单击页面左上角的“画板”按钮，选择需要的类别，如图1-19所示。

图1-19

（3）在需要采集的画板上单击，在跳转的页面中选择需要的照片，单击“采集”按钮，如图1-20所示。在弹出的对话框中输入名称，单击下方的“创建画板”按钮，新建画板。单击“采下来”按钮，将需要的素材采集到画板中，如图1-21所示。

图1-20

图1-21

02

项目2

熟悉Photoshop的基础操作

本项目讲解常用的图像设计的相关工具，并以Photoshop为例，讲解软件的操作界面、文件设置方法和图像的基本操作方法。通过本项目的学习，读者能够快速掌握Photoshop的基础知识和基本操作方法，为以后的学习打下坚实的基础。

知识目标

- 了解图形图像的基础知识
- 熟悉常用的图像设计工具

能力目标

- 熟练掌握Photoshop的界面操作和文件设置方法
- 掌握图像的基本操作方法

素养目标

- 提高计算机操作水平

相关知识：数码照片处理的常用工具

目前在数码照片处理工作中，经常使用的软件包括Photoshop、Lightroom和光影魔术手。这3款软件都有鲜明的功能特色，要想根据创意制作出精彩的数码照片作品，就需要熟练使用这3款软件，并能结合它们的优势综合应用。

1 Photoshop

Photoshop集图像编辑修饰、制作处理、创意编排等功能于一体，深受平面设计人员和摄影爱好者的喜爱。其启动界面如图2-1所示。

图2-1

2 Lightroom

Lightroom 是 Adobe 公司出品的以后期制作为重点的图像编辑软件，集图片管理、照片的修改编辑、输出等功能于一体，是专业摄影师、平面设计人员常用的工具。Lightroom界面干净整洁，可以让用户快速浏览和修改完善照片。其启动界面如图2-2所示。

图2-2

③ 光影魔术手

光影魔术手是一款对照片进行后期处理及美化的图像处理软件。其操作简单，易于上手，能够满足绝大部分照片后期处理的需要，足以胜任对普通数码照片的处理工作。但其功能不够全面，部分效果仍需要借助Photoshop才能完成。其操作界面如图2-3所示。

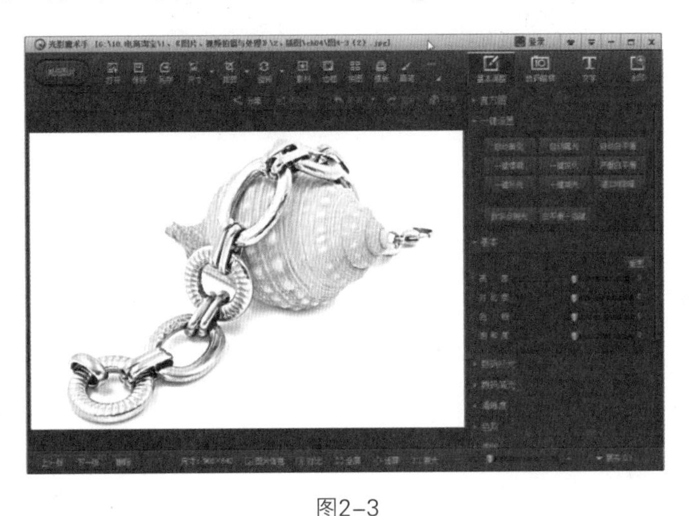

图2-3

任务2.1 熟悉Photoshop操作界面

2.1.1 任务引入

本任务要求读者通过了解“文件”菜单中的命令熟悉菜单栏的功能；通过选择需要的图层了解面板的使用方法；通过新建文件和保存文件操作熟悉快捷键的应用技巧；通过移动图像操作掌握工具箱中工具的使用方法。

2.1.2 任务知识：Photoshop操作界面及基础操作

熟悉操作界面是学习Photoshop的基础。掌握操作界面的内容，有助于初学者日后得心应手地使用Photoshop。Photoshop 的操作界面主要由菜单栏、属性栏、工具箱、面板、状态栏组成，如图2-4所示。

① 菜单栏

当菜单中的命令右侧显示黑色的三角形▸时，选择此命令会显示出其子菜单，如图2-5所示。命令显示为灰色时，表示不可执行；命令右侧显示“...”时，如图2-6所示，选择此命令可弹出相应的对话框，在此对话框中可以进行相应的设置。

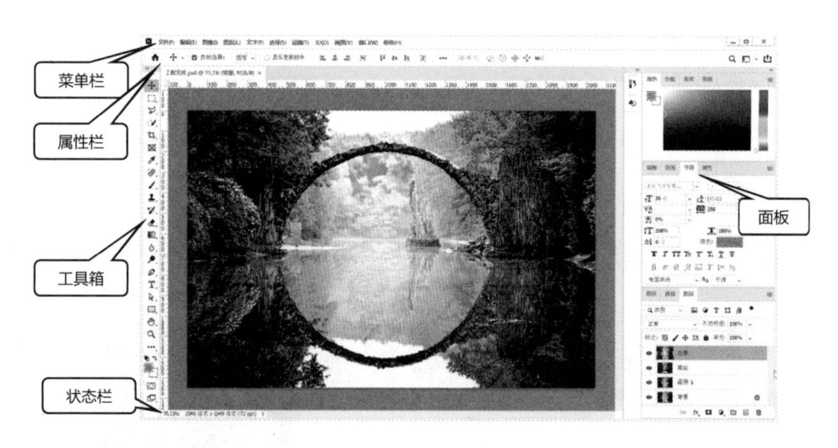

图2-4

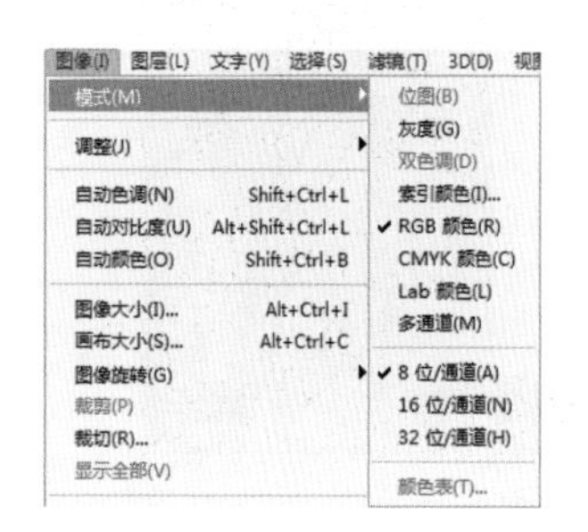

图2-5

图2-6

2 工具箱

工具箱中包括选择工具、绘图工具、填充工具、编辑工具、颜色选择工具、屏幕视图工具和快速蒙版工具等。工具图标右下角有黑色的小三角◢时，在其上按住鼠标左键不放，将弹出隐藏的工具选项，如图2-7所示。将鼠标指针放置在具体工具上，会出现演示框，显示该工具的具体用法、名称和功能等，如图2-8所示。工具名称后面括号中的字母代表选择此工具的快捷键，只要在键盘上按相应字母键，就可以快速切换为相应的工具。

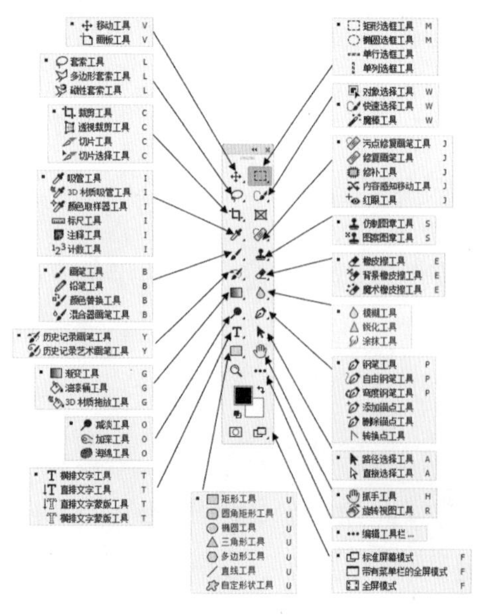

图2-7

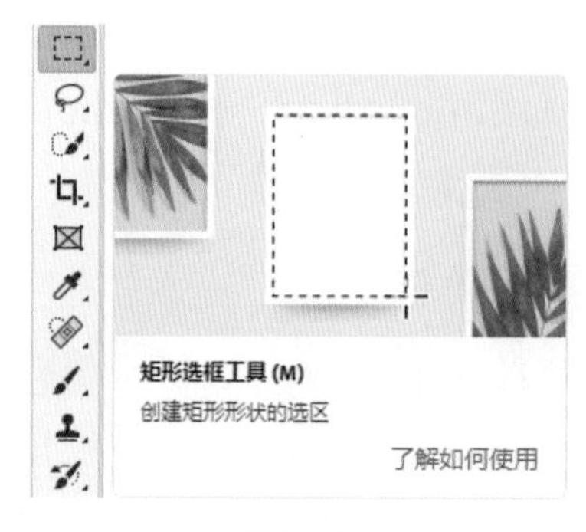

图2-8

当工具箱显示为单栏时，如图2-9所示，单击工具箱上方的双箭头按钮，工具箱即可转换为双栏显示，如图2-10所示。

图2-9

图2-10

3 属性栏

当选择某个工具后，会出现相应的工具属性栏，可以通过属性栏对工具进行进一步设置。例如，当选择“魔棒工具”时，操作界面的上方会出现相应的属性栏，如图2-11所示，可以应用属性栏中的各个命令对工具做进一步设置。

图2-11

4 状态栏

打开一张照片时，图像的下方会出现该图像的状态栏，如图2-12所示。状态栏的左侧显示当前图像缩放显示的比例。在显示比例区的文本框中输入数值并按Enter键，可改变图像窗口中图像的显示比例。

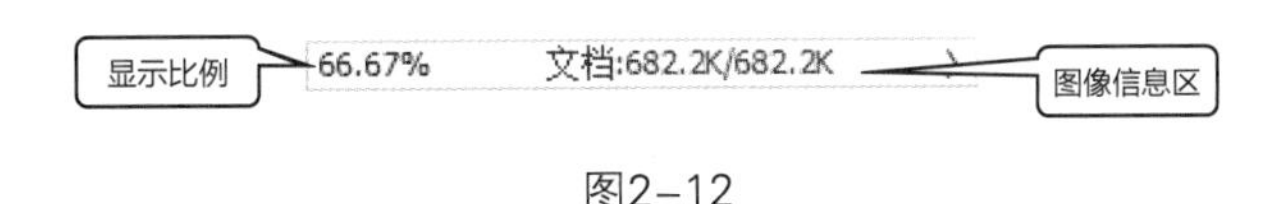

图2-12

状态栏的中间部分显示当前图像的文件信息。单击箭头按钮，在弹出的菜单中可以选择显示当前图像的相关信息，如图2-13所示。

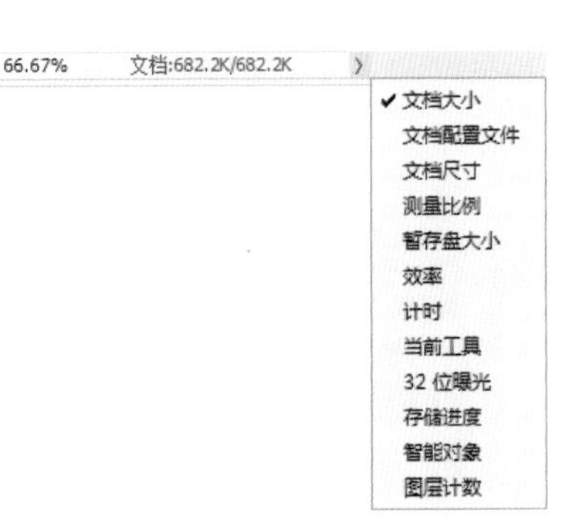

图2-13

5 面板

面板是处理图像时不可或缺的部分。Photoshop为用户提供了多个面板组。

默认面板状态如图2-14所示。单击面板右上方的双箭头按钮，可以将面板折叠，如图2-15所示。

图2-14

图2-15

如果要展开某个面板，可以直接单击其名称选项卡，相应的面板会自动弹出，如图 2-16所示。用鼠标选中面板的选项卡并向工作区拖曳，选中的面板将被单独拆分出来，如图 2-17所示。

图2-16

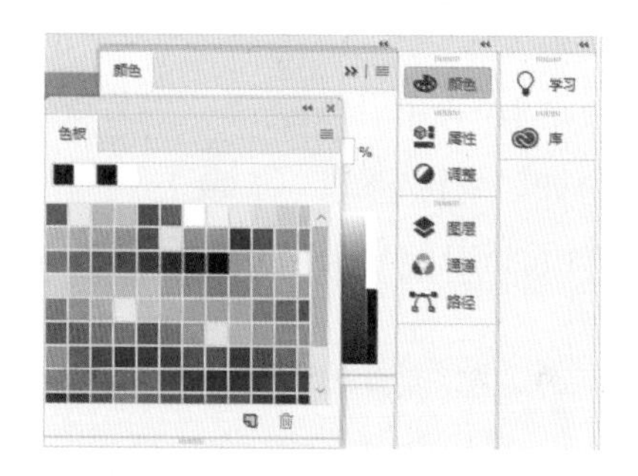

图2-17

也可以根据需要将两个或多个面板组合到一个面板组中，如图2-18所示。单击面板右上角的≡按钮，可以弹出面板的相关命令菜单，如图2-19所示。

隐藏与显示面板：按Tab键，可以隐藏工具箱和面板；再次按Tab键，可显示隐藏的部分。按Shift+Tab组合键，可以隐藏面板；再次按Shift+Tab组合键，可显示隐藏的部分。

设置完工作区后，选择“窗口 > 工作区 > 新建工作区”命令，弹出“新建工作区”对话框，如图2-20所示，可以依据操作习惯自定义工作区，从而设计出个性化的Photoshop界面。

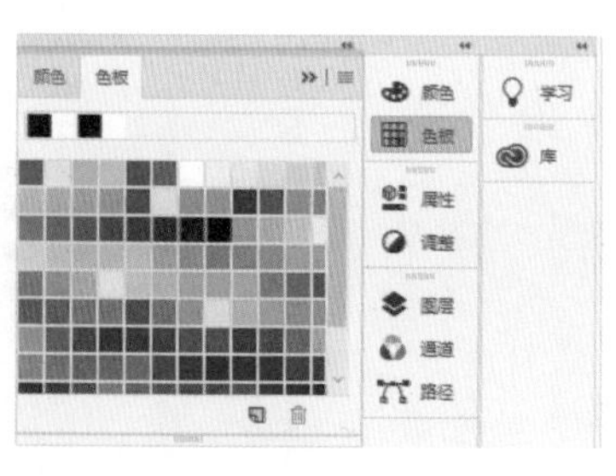

图2-18

图2-19

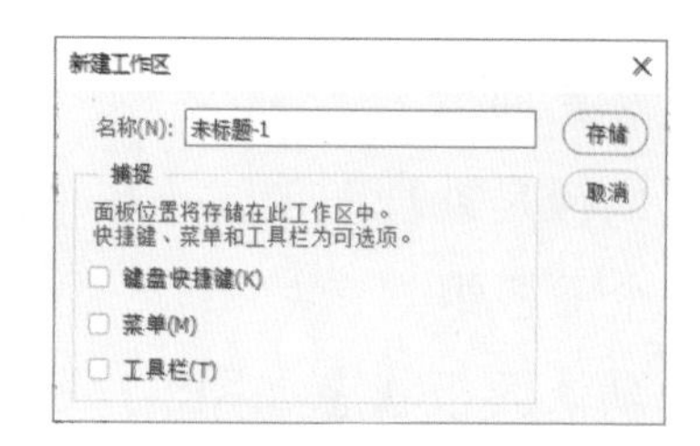

图2-20

2.1.3 任务实施

（1）打开Photoshop，选择“文件 > 打开”命令，弹出“打开”对话框。选择本书云盘中的“Ch03 > 制作端午节海报 >工程文件”文件，单击“打开”按钮，打开文件，如图2-21所示，显示Photoshop的操作界面。在右侧的“图层”面板中单击“粽子2”图层，如图2-22所示。

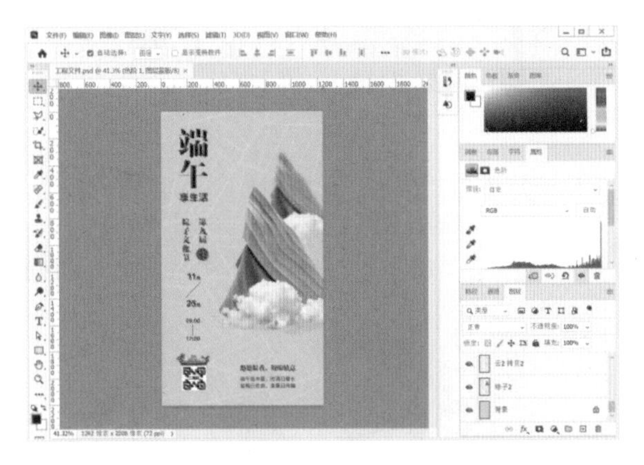

图2-21

图2-22

（2）按Ctrl+N组合键，弹出“新建文档”对话框，各选项的设置如图2-23所示。单击“创建”按钮，新建文件，如图2-24所示。

图2-23

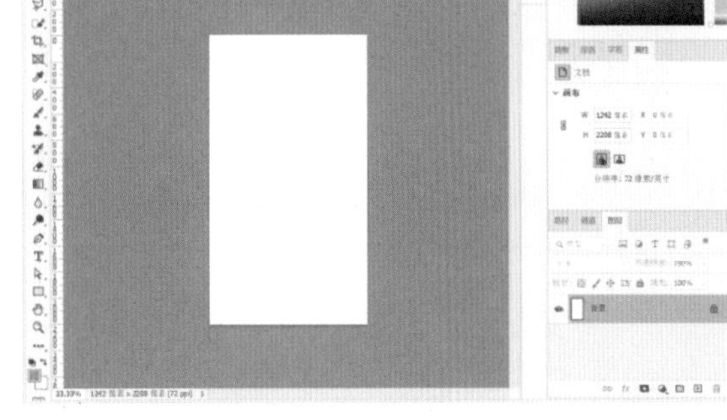

图2-24

（3）在“未标题-1”的标题栏上按住鼠标左键不放，将图像窗口拖曳到适当的位置，如图2-25所示。在“工程文件”的标题栏上并按住鼠标左键不放，拖曳到适当的位置，使其变为浮动窗口，如图2-26所示。

（4）选择左侧工具箱中的“移动工具” ，将图层中的图像从“工程文件”图像窗口拖曳到新建的图像窗口中，如图2-27所示。释放鼠标，效果如图2-28所示。

（5）按Ctrl+S组合键，弹出“另存为”对话框，在其中选择文件存储的位置并设置文件名，如图2-29所示。单击“保存”按钮，弹出提示对话框，单击“确定”按钮，保存文件。此时标题栏显示保存后的名称，如图2-30所示。

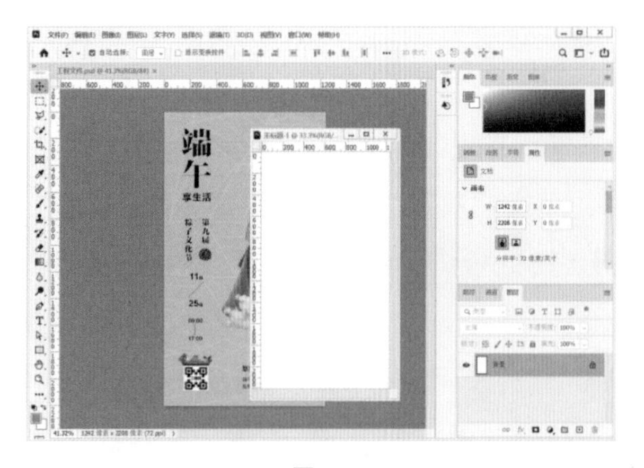

图2-25

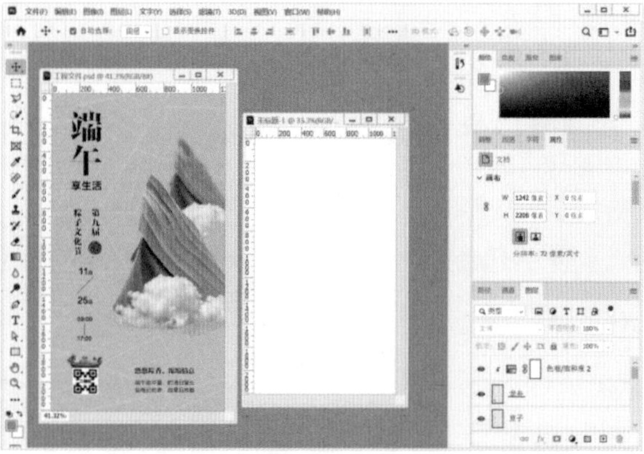

图2-26

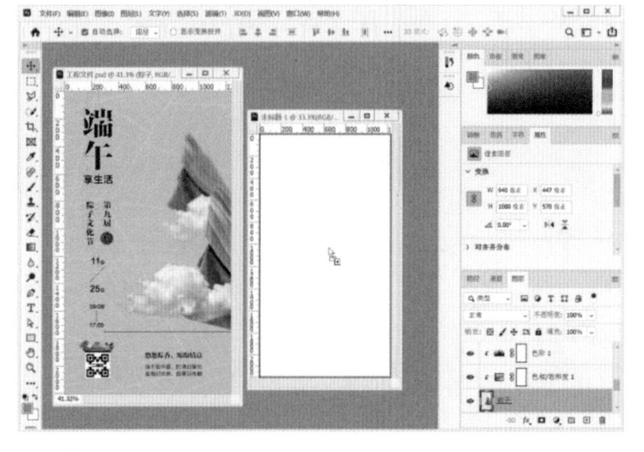

图2-27

图2-28

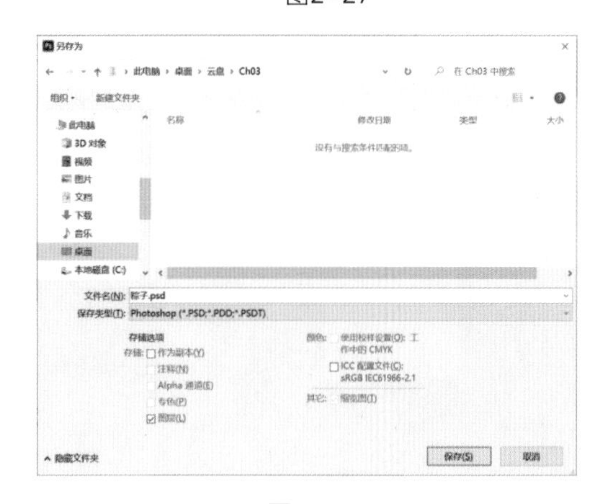

图2-29

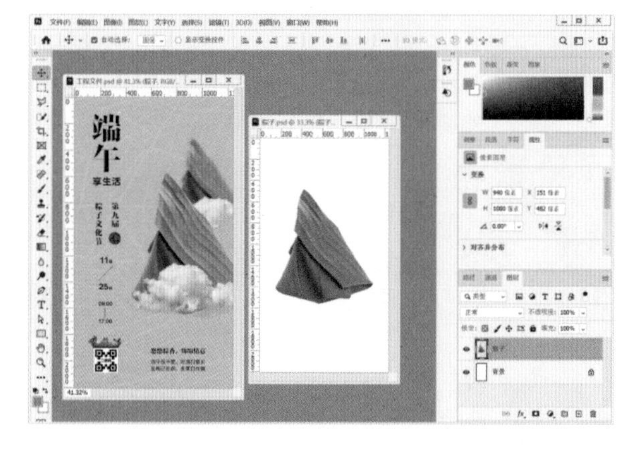

图2-30

任务2.2 掌握Photoshop中文件的设置方法

2.2.1 任务引入

本任务要求读者通过打开文件的操作熟练掌握“打开”命令；通过复制图像到新建的文件中的操作熟练掌握“新建”命令；通过关闭新建文件的操作熟练掌握“存储”和“关闭”命令。

2.2.2 任务知识：Photoshop中文件的基本操作

1 新建图像

选择“文件 > 新建”命令，或按Ctrl+N组合键，弹出“新建文档”对话框，如图2-31所示。根据需要单击上方的类别选项卡，选择需要的预设新建图像；或在右侧的选项中修改图像的名称、宽度、高度、分辨率和颜色模式等新建图像；单击图像名称右侧的 按钮，新建文档预设。设置完成后单击“创建”按钮，即可完成新建图像操作，如图2-32所示。

图2-31

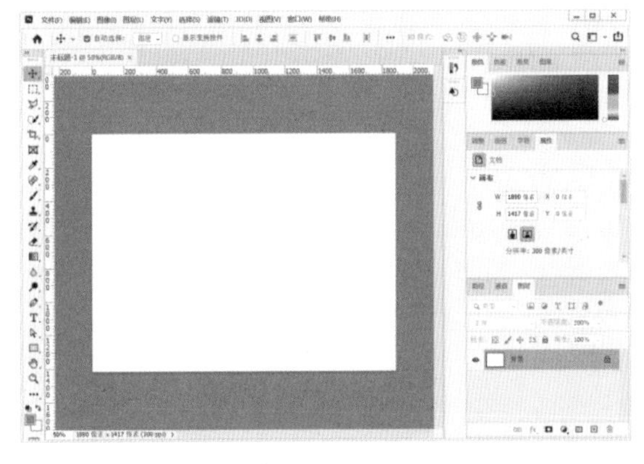

图2-32

2 打开图像

选择“文件 > 打开”命令或按Ctrl+O组合键，弹出“打开”对话框，如图2-33所示。在其中选择查找范围，确认文件类型和名称，通过缩略图选择文件。单击“打开”按钮或直接双击文件，即可打开所指定的图像文件，如图2-34所示。

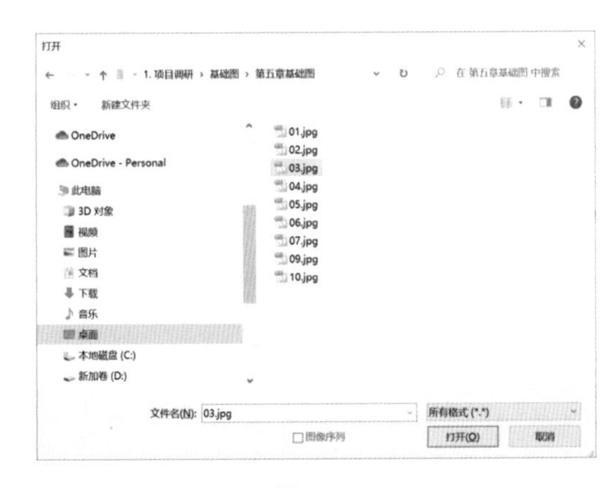

图2-33

图2-34

在“打开”对话框中也可以一次打开多个文件。在文件列表中将所需打开的几个文件选中，并单击“打开”按钮即可。在“打开”对话框中选择文件时，按住Ctrl键的同时单击文件，可以选择不连续的多个文件；按住Shift键的同时单击文件，可以选择连续的多个文件。

3 保存图像

选择“文件 > 存储”命令或按Ctrl+S组合键可以存储文件。当对设计好的作品进行第一次存储时，将弹出“另存为”对话框，如图2-35所示。在对话框中输入文件名、选择保存类型后，单击“保存”按钮，即可将图像保存。

图2-35

提示　当对已存储过的图像文件进行各种编辑操作后，选择“存储”命令，将不弹出“另存为”对话框，系统直接保存编辑后的图像，并覆盖原文件。

4 关闭图像

选择“文件 > 关闭”命令或按Ctrl+W组合键可以关闭图像。关闭图像时，若当前文件被修改过或是新建的文件，则会弹出提示对话框，如图2-36所示，单击“是”按钮即可存储并关闭图像。

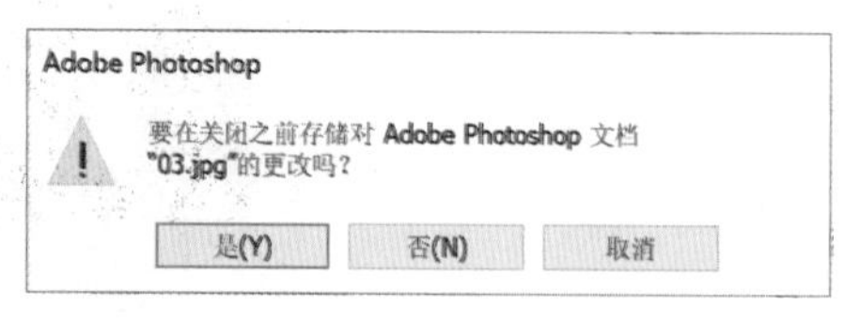

图2-36

2.2.3 任务实施

（1）打开Photoshop，选择“文件 > 打开”命令，弹出“打开”对话框，如图2-37所示。选择本书云盘中的“Ch08 > 8.2制作嘉兴肉粽主图效果 > 工程文件”文件，单击“打开”按钮，打开文件，如图2-38所示。

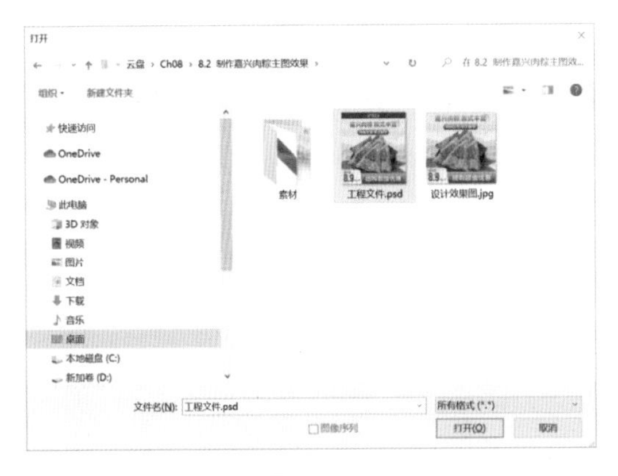

图2-37

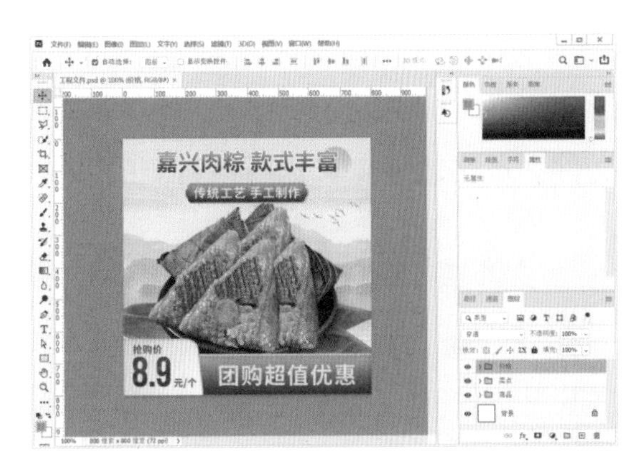

图2-38

（2）在右侧的“图层”面板中选中“粽子”图层，如图2-39所示。按Ctrl+A组合键，全选图像，如图2-40所示。按Ctrl+C组合键，复制图像。

图2-39

图2-40

（3）选择“文件 > 新建”命令，弹出“新建文档”对话框。选项的设置如图2-41所示，单击“创建”按钮新建文件。按Ctrl+V组合键，将复制的图像粘贴到新建的图像窗口中，如图2-42所示。

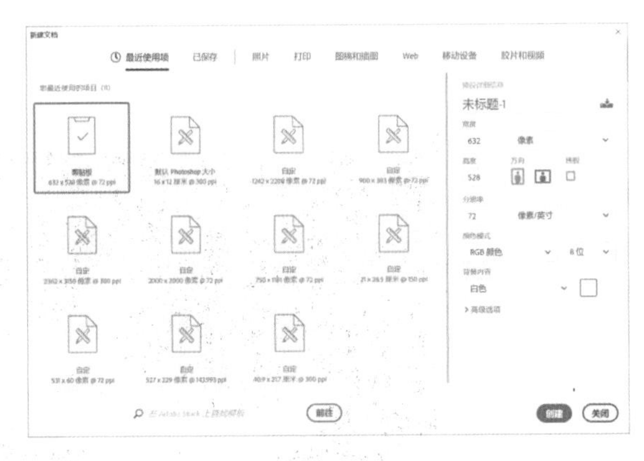

图2-41

图2-42

（4）单击“未标题-1”图像窗口标题栏右上角的“关闭”按钮，弹出提示对话框，如图2-43所示。单击“是”按钮，弹出“另存为”对话框，在其中选择要保存的位置、格式和名称，如图2-44所示。单击“保存”按钮，弹出“Photoshop格式选项”对话框，如图2-45所示。单击“确定”按钮，保存文件，同时关闭图像窗口中的

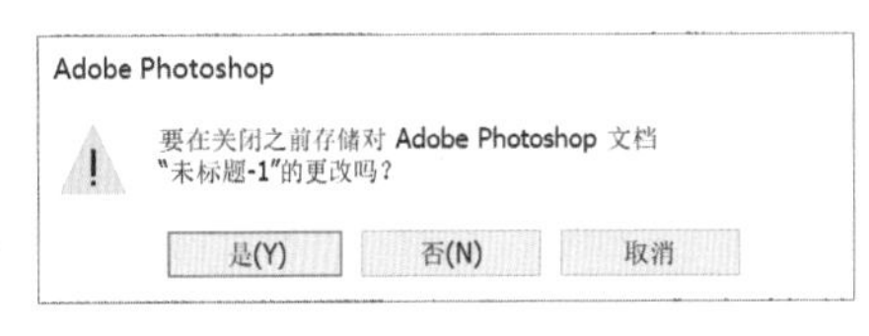

图2-43

文件。

（5）单击“工程文件”图像窗口标题栏右上角的“关闭”按钮，关闭打开的“工程文件”文件。单击软件窗口标题栏右侧的“关闭”按钮可关闭软件。

图2-44

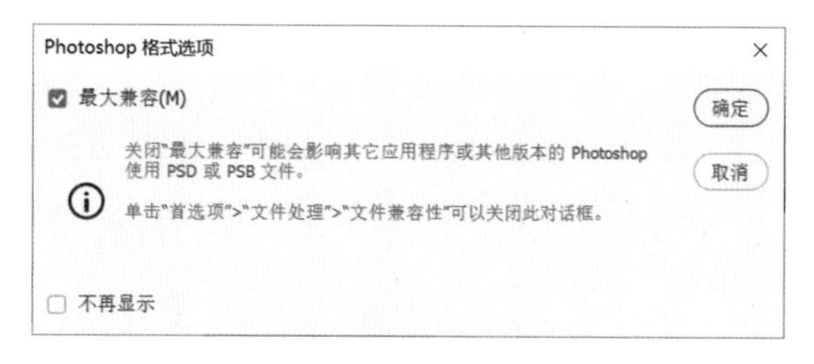

图2-45

任务2.3 熟悉图像的基础操作方法

2.3.1 任务引入

本任务要求读者通过将窗口平铺的操作掌握窗口排列的方法；通过缩小文件和使其适合窗口大小显示的操作，掌握图像的显示方式。

2.3.2 任务知识：图像的显示与调整

1 图像的显示效果

使用Photoshop编辑和处理图像时，可以通过改变图像的显示比例，以使工作更高效。

◎ 100%显示图像

100%显示图像的效果如图2-46所示，在此状态下可以对文件进行精确的编辑。

图2-46

◎ 放大显示图像

选择“缩放工具”，在图像窗口中鼠标指针变为“放大”工具图标，每单击一次，图像就会放大1倍。当图像以100%的比例显示时，在图像窗口中单击1次，图像将以200%的比例显示，效果如图2-47所示。

当要放大一个指定的区域时，选择“放大”工具，选中需要放大的区域，选中的区域会放大显示并填满图像窗口，如图2-48所示。

按Ctrl++组合键可逐级放大图像，如从100%的显示比例放大到200%、300%直至400%等。

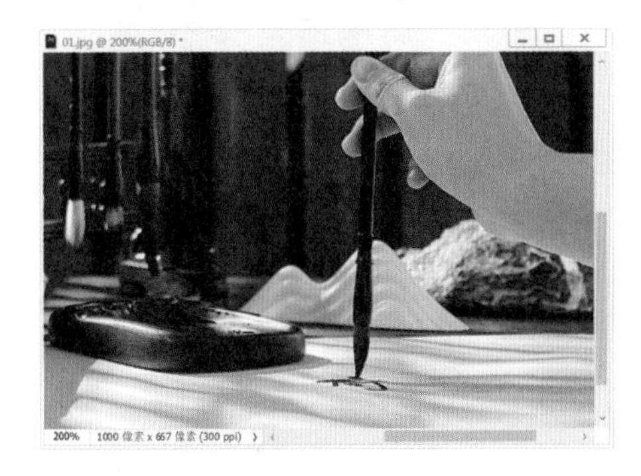

图2-47

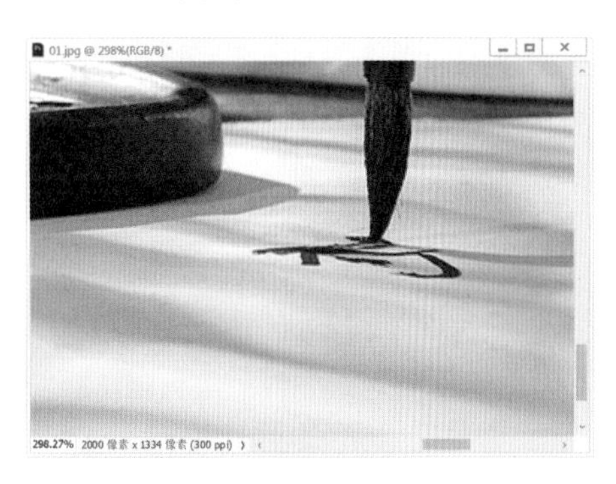

图2-48

◎ 缩小显示图像

选择“缩放工具”，在图像窗口中鼠标指针变为“放大”工具图标；按住Alt键不放，鼠标指针变为“缩小”工具图标。每单击一次，图像将缩小一级显示。图像的原始效果如图2-49所示，缩小显示后的效果如图2-50所示。按Ctrl+-组合键可逐级缩小图像。

图2-49

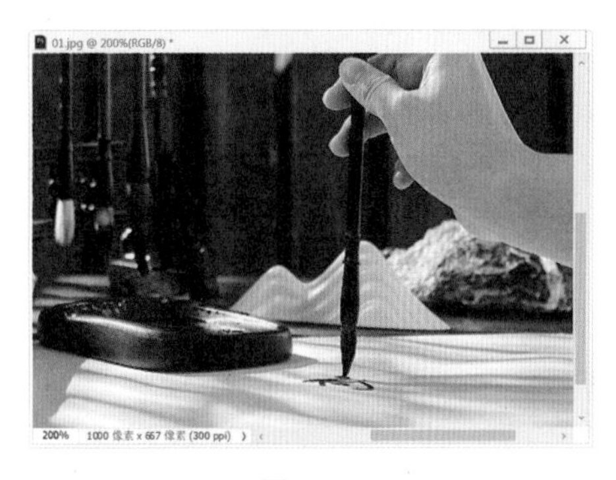

图2-50

也可在“缩放工具”属性栏中单击“缩小”工具按钮，如图2-51所示，此时鼠标指针变为“缩小”工具图标，每单击一次，图像将缩小一级显示。

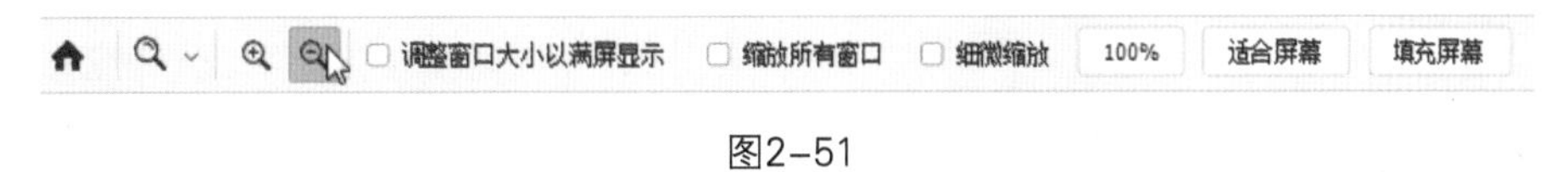

图2-51

◎ 全屏显示图像

若要将图像窗口放大到适合整个屏幕，可以在“缩放工具”的属性栏中单击“适合屏幕”按钮 适合屏幕 ，如图2-52所示。这样在放大图像时，窗口就会和屏幕的尺寸相适应，效果如图2-53所示。单击“100%”按钮 100% ，图像将以实际像素大小显示。单击“填充屏幕”按钮 填充屏幕 ，将缩放图像最终填满屏幕。

◎ 图像窗口显示

当打开多张照片文件时，会出现多个图像窗口，这时就需要对窗口进行布置和摆放。

同时打开多张照片，效果如图2-54所示。按Tab键关闭操作界面中的工具箱和面板，如图2-55所示。

调整窗口大小以满屏显示 缩放所有窗口 细微缩放 100% 适合屏幕 填充屏幕

图2-52

图2-53

图2-54

图2-55

选择“窗口 > 排列 > 全部垂直拼贴”命令，图像窗口的排列效果如图2-56所示。选择“窗口 > 排列 > 全部水平拼贴”命令，图像窗口的排列效果如图2-57所示。用类似的方法可以用其他形式排列图像窗口。

图2-56

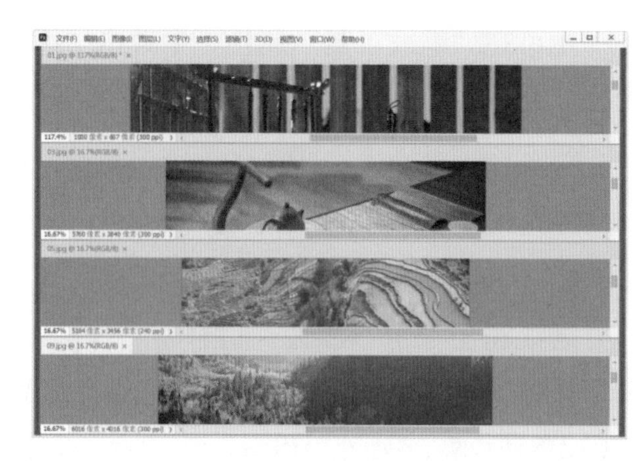

图2-57

2 图像尺寸的调整

打开一张照片，选择“图像 > 图像大小”命令，弹出“图像大小”对话框，如图2-58所示，设置需要的选项，可以调整图像尺寸大小。

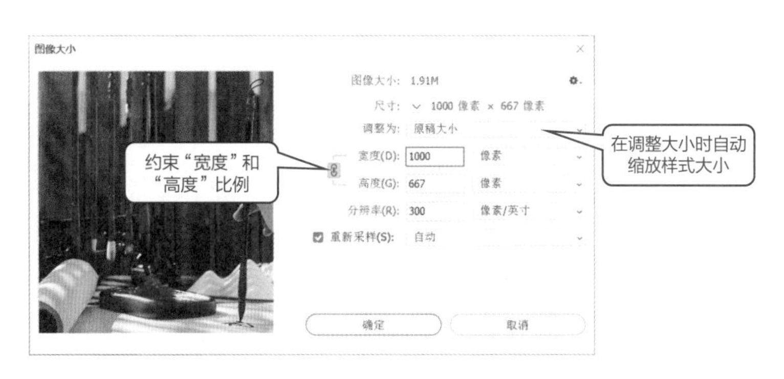

图2-58

不勾选“重新采样”复选框，改变“宽度”“高度”“分辨率”选项其中一项数值时，另外两项会相应改变，如图2-59所示。在“调整为”下拉列表中选择“自动分辨率”，弹出“自动分辨率”对话框，系统将自动调整图像的分辨率和品质，如图2-60所示。

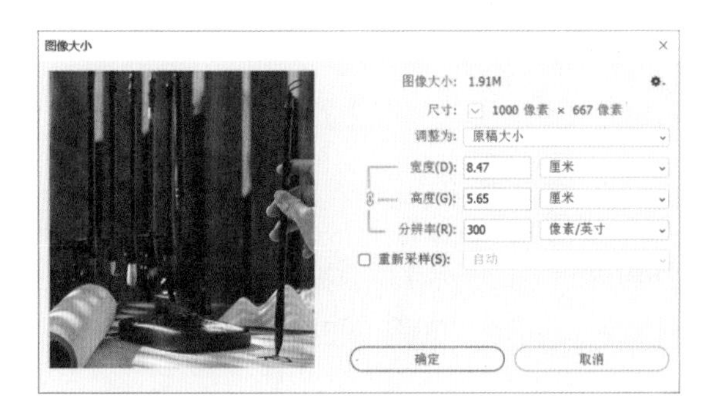

图2-59

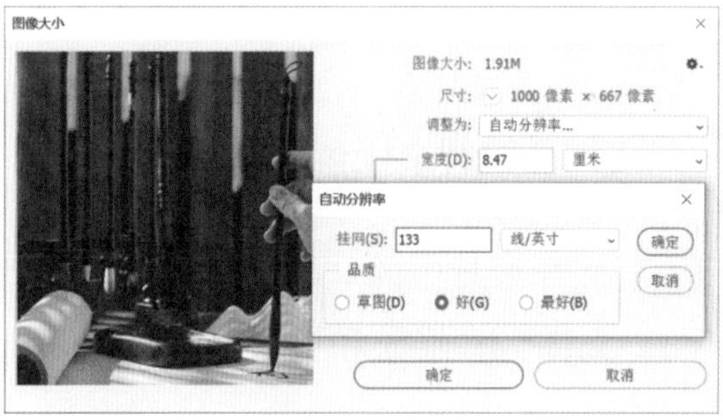

图2-60

3 画布尺寸的调整

打开一张照片，如图2-61所示。选择“图像 > 画布大小”命令，弹出“画布大小”对话框，如图2-62所示。设置需要的选项调整画布尺寸，如图2-63所示。单击“确定”按钮，效果如图2-64所示。

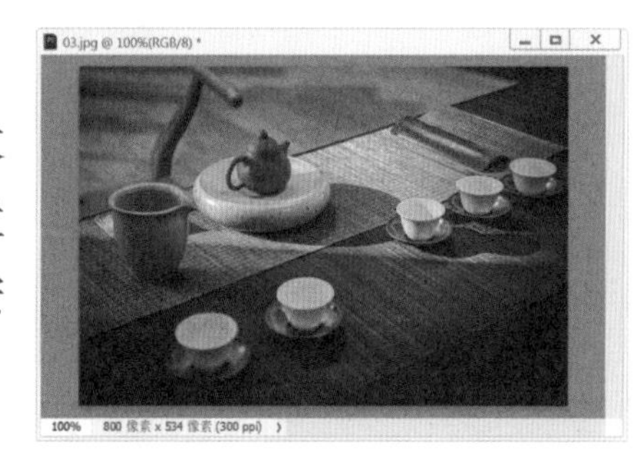

图2-61

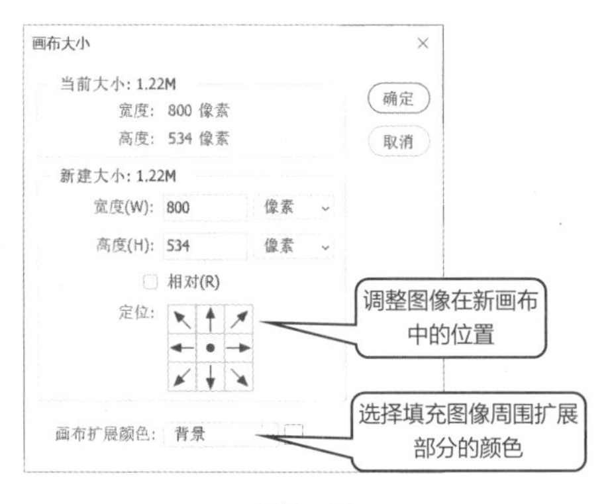

图2-62

图2-63

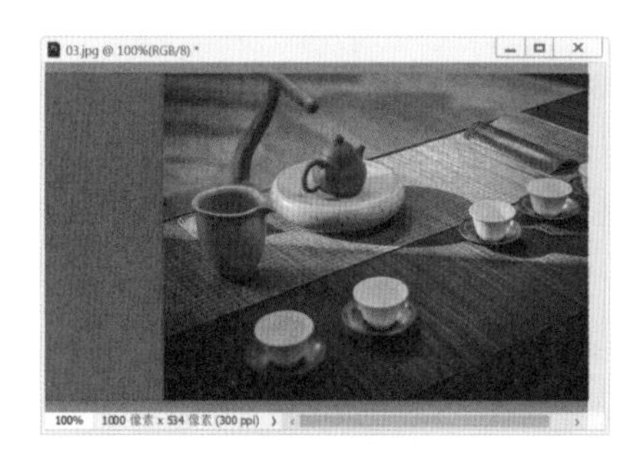

图2-64

4 图像位置的调整

选择“移动工具”，在属性栏中将“自动选择”选项设为“图层”。用鼠标选中“E”图像，如图 2-65所示。图像所在图层被选中，将其向下拖曳到适当的位置，效果如图 2-66所示。

打开一张照片，绘制选区，将选区中的图像向字母图像中拖曳，鼠标指针变为图标，如图2-67所示。松开鼠标，选区中的图像被移动到字母图像中，效果如图2-68所示。

图2-65　图2-66　图2-67　图2-68

2.3.3 任务实施

（1）打开云盘中的“Ch08 > 制作实木双人床Banner> 工程文件”文件，如图2-69所示。新建两个文件，并将床和柜子分别复制到新建的文件中，如图2-70和图2-71所示。

图2-69

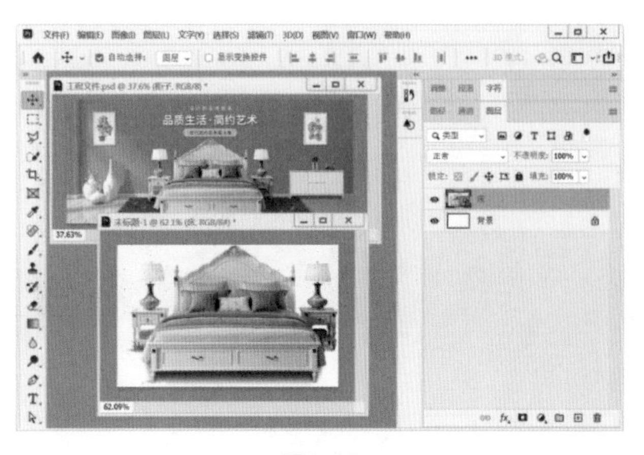

图2-70

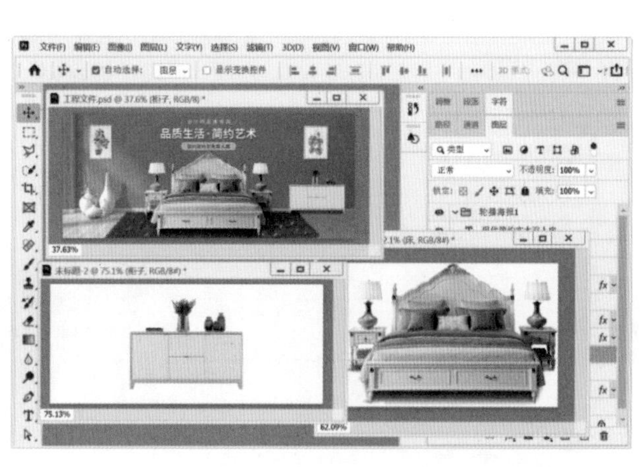

图2-71

（2）选择“窗口 > 排列 > 平铺”命令，可将3个窗口在操作界面中水平排列显示，如图2-72所示。单击“工程文件”图像窗口的标题栏，窗口显示为活动窗口，如图2-73所示。

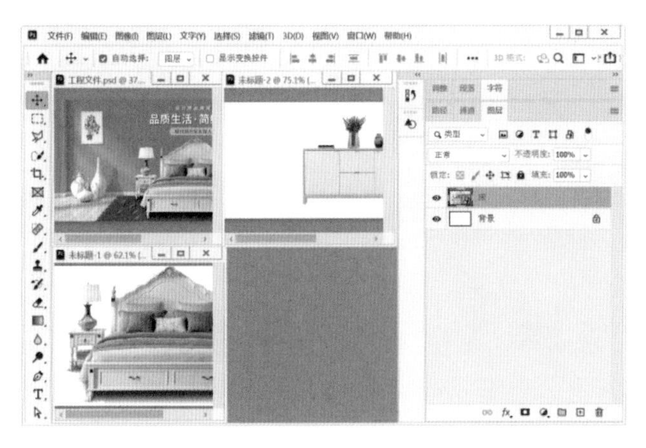

图2-72

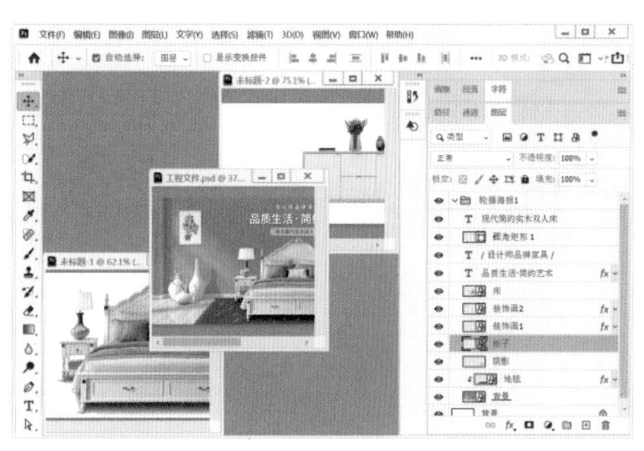

图2-73

（3）选择“缩放工具”，按住Alt键的同时，在图像窗口中单击，使图像缩小，效果如图2-74所示。若不按Alt键，在图像窗口中多次单击，可放大图像，效果如图2-75所示。

（4）双击“抓手工具”，将图像调整为适合窗口大小显示，如图2-76所示。单击“未标题-1”和“未标题-2”图像窗口，分别保存图像。

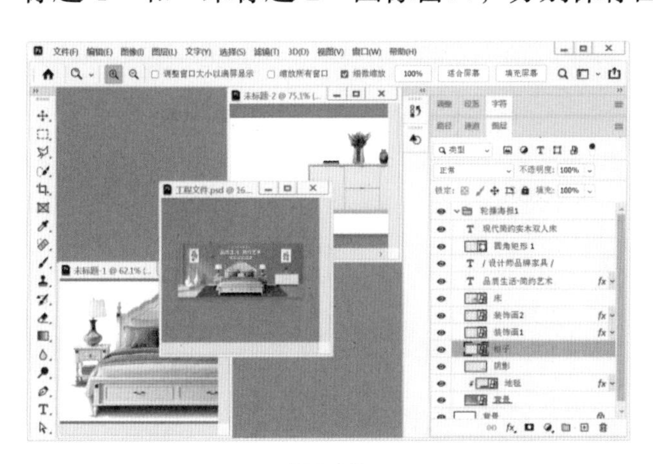

图2-74

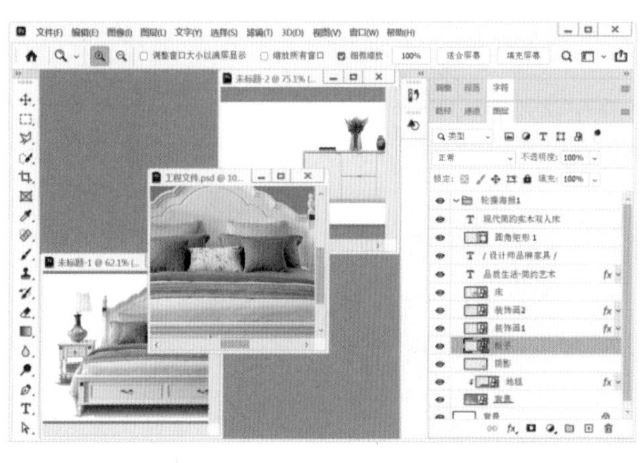

图2-75

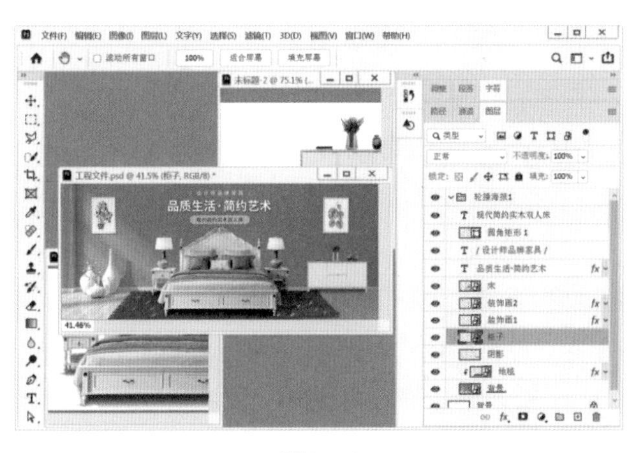

图2-76

03

项目3

掌握数码照片的抠图方法

抠图是数码照片处理中必不可少的步骤，本项目讲解抠图和选区的基础概念，以及根据抠取图像的特征分析图像的方法和常见的抠图技巧。通过本项目的学习，读者能够更合理、高效地抠取图像，达到事半功倍的效果。

知识目标

- 熟悉抠图的相关概念
- 认识抠图的常用工具

能力目标

- 熟练掌握根据图像特征抠取图像的方法和技巧
- 熟练掌握常见的抠图方法和技巧

素养目标

- 培养严谨、细致的工作作风
- 加深对中华传统文化的热爱

相关知识：抠图相关概念

1 抠图的概念

抠图有抠出、分离图像之意。在Photoshop中，抠图指借助抠图工具、抠图命令和选择方法将选取的图像中的一部分或多个部分分离出来，如图3-1所示。

原图

用选区选中对象

将对象从背景中分离出来

图3-1

2 选区的概念

选区是一圈闪烁的边界线，又称为“蚁行线”，是用来定义操作范围的。限定范围之后，可以处理范围内的图像，而不影响其他区域，如图3-2所示。选区内部的图像是被选择的对象，选区外部的图像是被保护的、不可编辑的对象。

图3-2

任务3.1 制作时尚彩妆电商Banner

微课

制作时尚彩妆电商 Banner

3.1.1 任务引入

本任务要求读者设计一款时尚彩妆电商Banner，明确当下彩妆行业Banner图的设计风格，并掌握利用基础工具抠图的方法与Banner的制作流程。

3.1.2 设计理念

在设计时，以产品照片为主导，用卡通图形元素来装饰画面；画面整体明亮鲜丽，使用大胆而丰富的色彩，突出产品特色；版式活而不散，主题明确，能够引发顾客的关注。最终效果参看云盘中的“Ch03 > 制作时尚彩妆电商Banner > 工程文件”文件，如图3-3所示。

图3-3

3.1.3 任务知识：基础抠图工具

1 矩形选框工具

选择“矩形选框工具”，或按Shift+M组合键切换至该工具，其属性栏状态如图3-4所示。

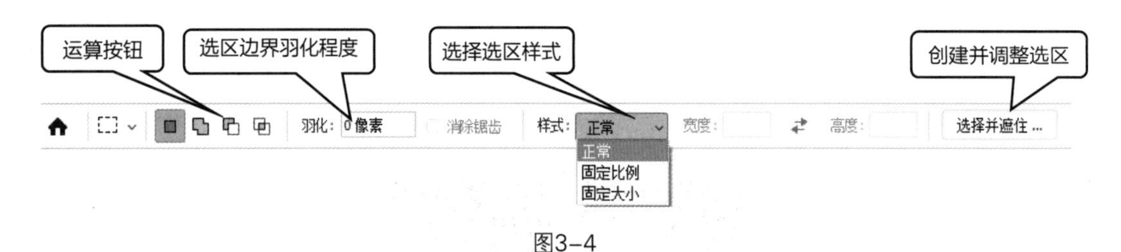

图3-4

在图像窗口中适当的位置拖曳鼠标绘制选区，松开鼠标，矩形选区绘制完成，如图3-5所示。按住Shift键的同时在图像中拖曳，可以绘制出正方形选区，如图3-6所示。

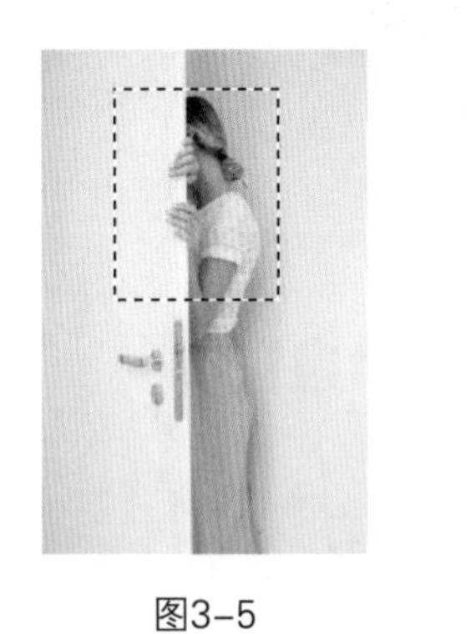

图3-5

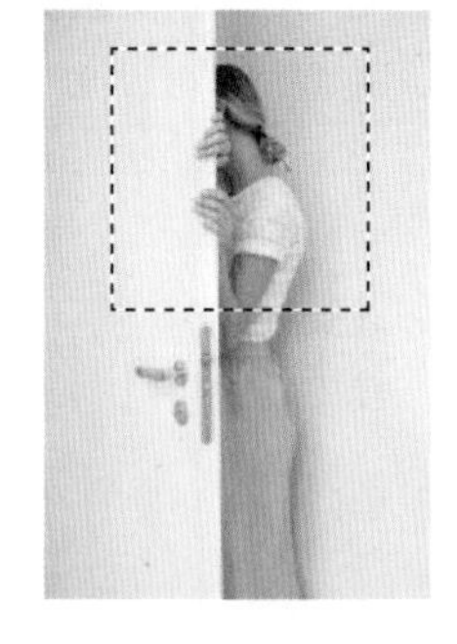

图3-6

2 椭圆选框工具

选择“椭圆选框工具”，或按Shift+M组合键切换至该工具，其属性栏状态如图3-7所示。属性栏选项和“矩形选框工具”属性栏相同，这里不赘述。

图3-7

在图像窗口中适当的位置拖曳鼠标绘制选区，松开鼠标后，椭圆选区绘制完成，如图3-8所示。按住Shift键的同时拖曳鼠标可以绘制圆形选区，如图3-9所示。

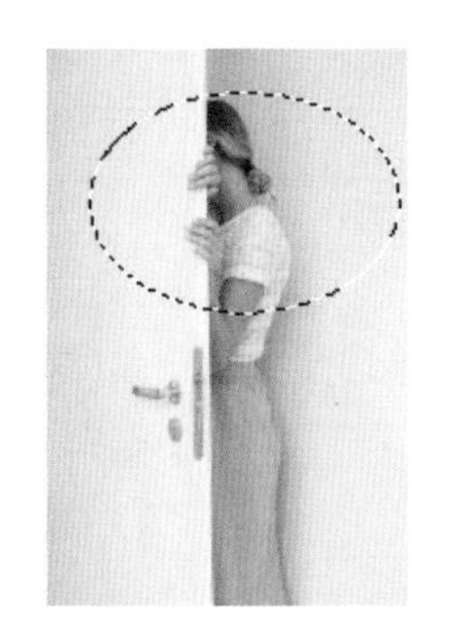
图3-8

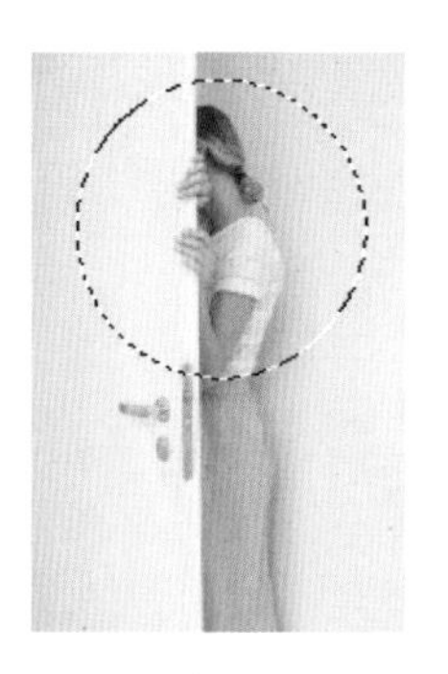
图3-9

③ 多边形套索工具

选择“多边形套索工具”，在图像中单击设置所选区域的起点，接着单击设置选择区域的其他点，效果如图3-10所示。将鼠标指针移回到起点，“多边形套索工具”显示为图标，如图3-11所示。单击即可封闭选区，效果如图3-12所示。

图3-10

图3-11

图3-12

在图像中使用“多边形套索工具”绘制选区时，按Enter键，可封闭选区；按Esc键，可取消选区；按Delete键，可删除刚刚单击建立的选区点。

④ 魔棒工具

选择“魔棒工具”，或按W键切换至该工具，其属性栏状态如图3-13所示。

取样大小： 取样点 容差： 32 消除锯齿 连续 对所有图层取样 选择主体 选择并遮住 ...

图3-13

在图像中单击需要选择的颜色区域，即可得到需要的选区，如图3-14所示。调整属性栏中的“容差”值，再次单击需要选择的颜色区域，不同容差值的选区效果如图3-15所示。

图3-14

图3-15

5 羽化选区

在图像中绘制选区，如图3-16所示。选择“选择 > 修改 > 羽化”命令，弹出“羽化选区”对话框，在其中设置“羽化半径”的数值，如图3-17所示。单击“确定”按钮，选区被羽化。按Shift+Ctrl+I组合键，可将选区反选，如图3-18所示。

图3-16

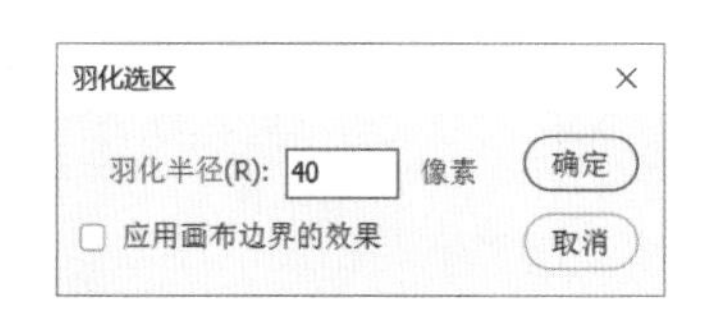

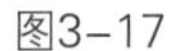
图3-17

图3-18

在选区中填充颜色后，取消选区，效果如图3-19所示。还可以在绘制选区前在所使用工具的属性栏中直接输入羽化的数值，如图3-20所示。此时，绘制的选区自动成为带有羽化边缘的选区。

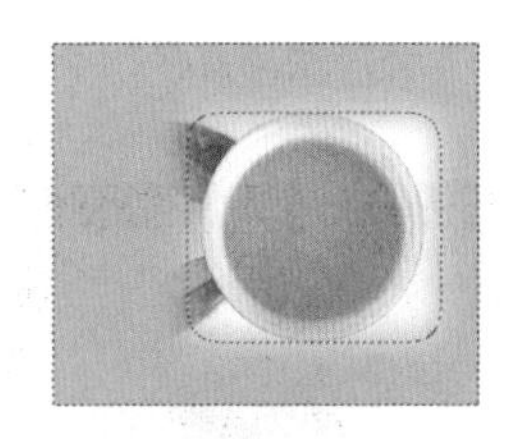
图3-19

图3-20

6 反选命令

选择“选择 > 反选”命令或按Shift+Ctrl+I组合键可以对当前的选区进行反向选取，反选前后效果分别如图3-21和图3-22所示。

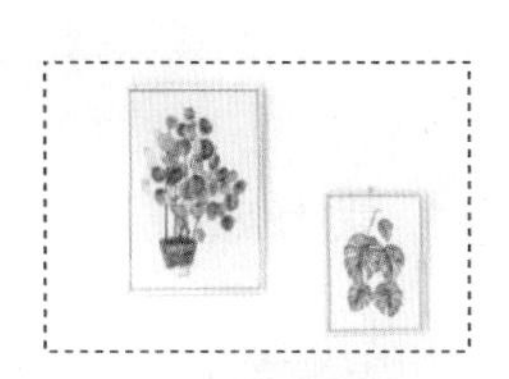
图3-21

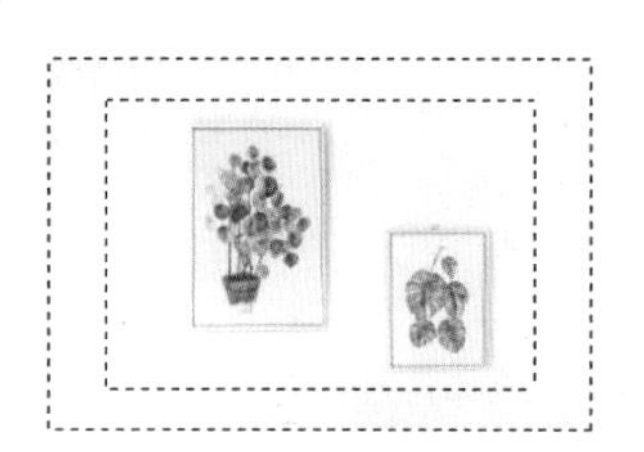
图3-22

7 取消选区

选择“选择 > 取消选择”命令或按Ctrl+D组合键可以取消选区。

3.1.4 任务实施

（1）按Ctrl+O组合键，打开云盘中的“Ch03 > 制作时尚彩妆电商Banner > 素材 > 02”文件，如图3-23所示。选择“矩形选框工具” ，在02图像窗口中沿着化妆品盒边缘拖曳鼠标绘制选区，如图3-24所示。

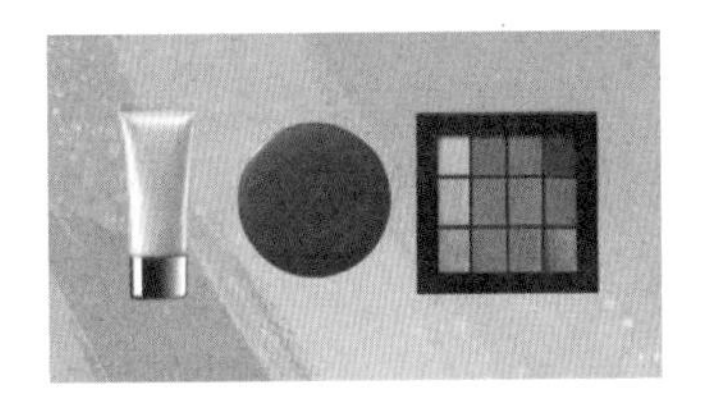

图3-23

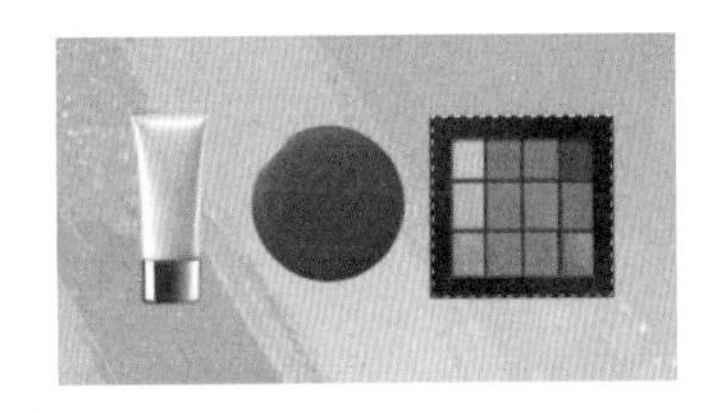

图3-24

（2）按Ctrl+O组合键，打开云盘中的“Ch03 > 制作时尚彩妆电商Banner > 素材 > 01”文件。选择“移动工具”，将02图像窗口中选区中的图像拖曳到01图像窗口中适当的位置，效果如图3-25所示，在“图层”面板中将生成新的图层，将其命名为“化妆品1”。

（3）按Ctrl+T组合键，在图像周围出现变换框，将鼠标指针放在变换框的控制手柄外边，鼠标指针变为旋转图标，拖曳鼠标将图像旋转到适当的角度，按Enter键确定操作，效果如图3-26所示。

图3-25

图3-26

（4）选择“椭圆选框工具”，在02图像窗口中沿着化妆品边缘拖曳鼠标绘制选区，如图3-27所示。选择“移动工具”，将02图像窗口选区中的图像拖曳到01图像窗口中适当的位置，效果如图3-28所示，在“图层”面板中将生成新的图层，将其命名为“化妆品2”。

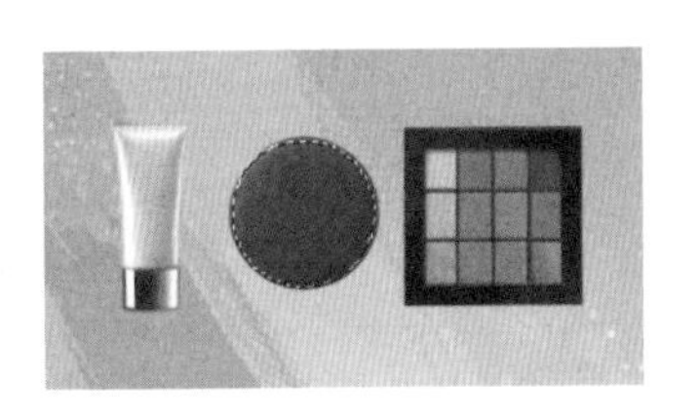

图3-27

图3-28

（5）选择“多边形套索工具”，在02图像窗口中沿着化妆品边缘拖曳鼠标绘制选区，如图3-29所示。选择“移动工具”，将02图像窗口选区中的图像拖曳到01图像窗口中适当的位置，效果如图3-30所示，在“图层”面板中将生成新的图层，将其命名为“化妆品3”。

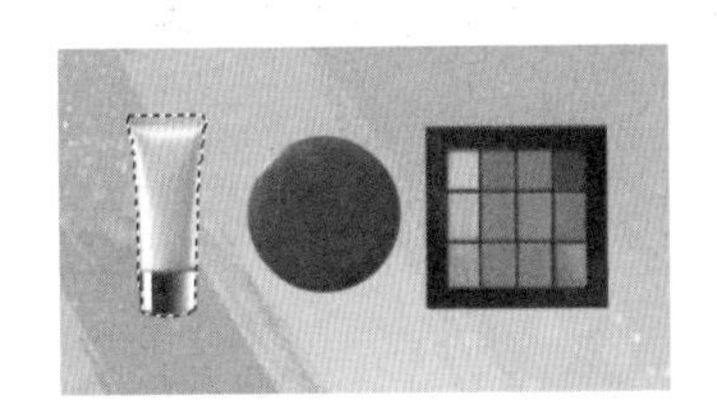

图3-29

图3-30

（6）按Ctrl+O组合键，打开云盘中的“Ch03 > 制作时尚彩妆电商Banner > 素材 > 03”文件。选择“魔棒工具”，在图像窗口的背景区域单击，图像周围生成选区，图像效果如

图3-31所示。按Shift+Ctrl+I组合键，将选区反选，图像效果如图3-32所示。

（7）选择“移动工具”，将03图像窗口中选区中的图像拖曳到01图像窗口中适当的位置，如图3-33所示，在“图层”面板中将生成新的图层，将其命名为“化妆品4”。

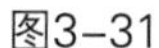

图3-31

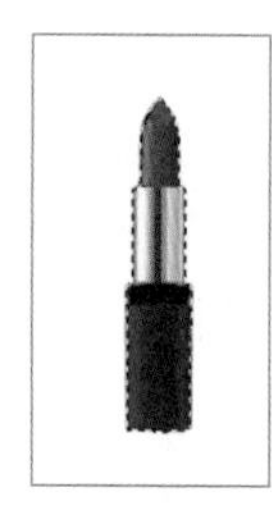

图3-32

图3-33

（8）按Ctrl+O组合键，打开云盘中的“Ch03 > 制作时尚彩妆电商Banner > 素材”文件中的“04”“05”文件，选择“移动工具”，将图片分别拖曳到01图像窗口中适当的位置，如图3-34所示，在“图层”面板中将分别生成新的图层，将其分别命名为“云1”和“云2”，图层面板如图3-35所示。

图3-34

图3-35

（9）在“图层”面板中选中“云1”图层，并将其拖曳到“化妆品1”图层的下方，“图层”面板如图3-36所示，图像窗口中的效果如图3-37所示。时尚彩妆电商Banner制作完成。

图3-36

图3-37

3.1.5 扩展实践：制作果汁广告

使用“椭圆选区工具”和“羽化”命令制作投影效果，使用“魔棒工具”选取图像，使用“反选”命令制作选区反选效果，使用“移动工具”移动选区中的图像。最终效果参看云盘中的“Ch03 > 制作果汁广告 > 工程文件”文件，如图3-38所示。

图3-38

任务3.2 制作端午节海报

3.2.1 任务引入

本任务要求读者设计一款端午节海报，明确当下文化类宣传海报的设计风格，并掌握文化类宣传海报的设计要点与制作方法。

3.2.2 设计理念

在设计时，围绕端午节美食——粽子进行创作。以带有粽叶状几何纹理的图片为背景烘托画面氛围，以粽子、龙舟等节日代表元素进行装饰；色彩以绿色和青色为主，使画面整体色调和谐、淡雅；整体设计别具创意，契合主题。最终效果参看云盘中的“Ch03 > 制作端午节海报 > 工程文件”文件，如图3-39所示。

图3-39

3.2.3 任务知识：“色彩范围”命令和“钢笔工具”

1 快速选择工具

选择“快速选择工具” ，其属性栏状态如图3-40所示。

单击“画笔”选项右侧的按钮，弹出画笔面板，如图3-41所示，在其中可以设置画笔的大小、硬度、间距、角度和圆度等。“自动增强”选项用于调整所绘制选区边缘的粗糙度，“选择主体”按钮用于在图像中最突出的对象上自动创建选区。

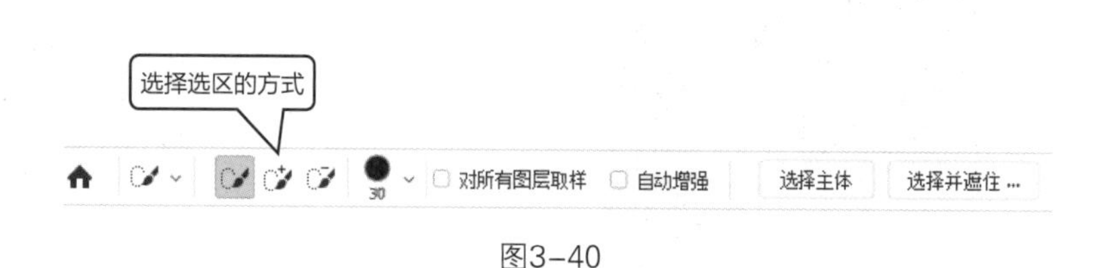

图3-40

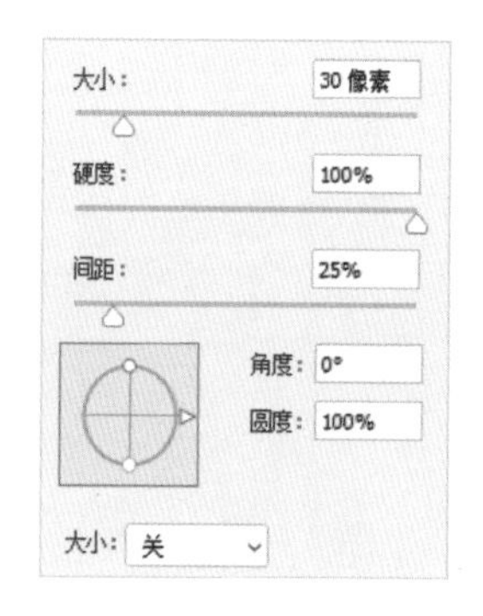

图3-41

2 “色彩范围”命令

使用“色彩范围”命令可以根据选区内或整个图像中的颜色差异更加精确地创建不规则选区。

打开一张照片。选择“选择 > 色彩范围”命令，弹出“色彩范围”对话框，如图3-42所示。

3 “填充”命令

选择“编辑 > 填充”命令，弹出“填充”对话框，如图3-43所示。

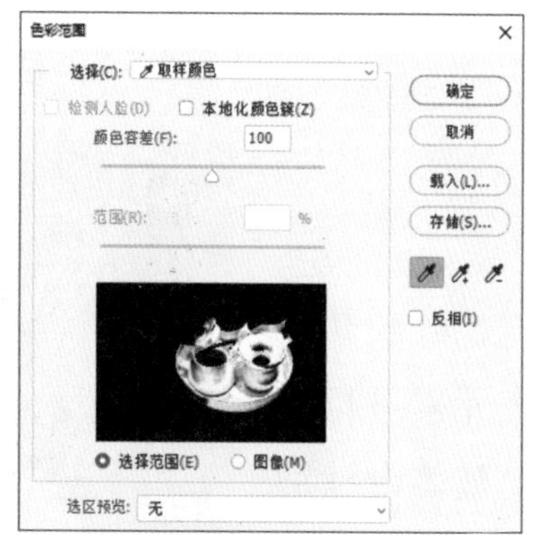

图3-42

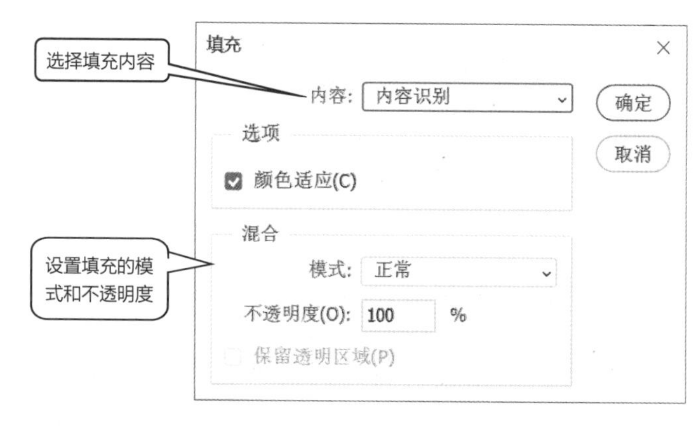

图3-43

打开一张照片，在图像窗口中绘制出选区，如图3-44所示。选择“编辑 > 填充”命令，弹出“填充”对话框，设置如图3-45所示。单击“确定”按钮，效果如图3-46所示。

图3-44

图3-45

图3-46

按Alt+Delete组合键，将用前景色填充选区或图层；按Ctrl+Delete组合键，将用背景色填充选区或图层；按Delete键，将删除选区中的图像。

4 钢笔工具

选择“钢笔工具”，或按Shift+P组合键切换至该工具，其属性栏状态如图3-47所示。

图3-47

按住Shift键创建锚点时，将以45°或45°的倍数绘制路径。按住Alt键，当“钢笔工具”移到锚点上时，“钢笔工具”将暂时转换为“转换点工具”。按住Ctrl键，“钢笔工具”将暂时转换为“直接选择工具”。

绘制直线：新建一个文件，选择“钢笔”工具，在属性栏中的“选择工具模式”下拉列表中选择“路径”选项，“钢笔工具”绘制的将是路径。如果选择“形状”选项，将创建形状图层。勾选“自动添加/删除”复选框，可以在选取的路径上自动添加和删除锚点。

在图像中任意位置单击，创建一个锚点，将鼠标指针移动到其他位置再单击，创建第2个锚点，两个锚点之间自动以直线进行连接，如图3-48所示。再将鼠标指针移动到其他位置单击，创建第3个锚点，在第2个和第3个锚点之间将生成一条新的直线路径，如图3-49所示。

图3-48

图3-49

绘制曲线：选择“钢笔工具”，单击建立新的锚点并按住鼠标不放，拖曳鼠标，建立曲线段和曲线锚点，如图3-50所示。释放鼠标，按住Alt键的同时单击刚建立的曲线锚点，如图3-51所示，将其转换为直线锚点。在其他位置再次单击建立下一个新的锚点，在曲线段后绘制出直线，如图3-52所示。

图3-50

图3-51

图3-52

5 添加锚点工具

将“钢笔工具”移动到建立好的路径上，若当前此处没有锚点，则“钢笔工具”转换成“添加锚点工具”，如图3-53所示。在路径上单击可以添加一个锚点，效果如图3-54所示。

图3-53

图3-54

单击添加锚点后按住鼠标不放，如图3-55所示，拖曳鼠标可以建立曲线段和曲线锚点，效果如图3-56所示。

图3-55

图3-56

6 删除锚点工具

将“钢笔工具”放到直线路径的锚点上，则“钢笔工具”转换成“删除锚点工具”，如图3-57所示。单击锚点可将其删除，效果如图3-58所示。

图3-57

图3-58

将“钢笔工具”放到曲线路径的锚点上，则“钢笔工具”转换成“删除锚点工具”，如图3-59所示。单击锚点可将其删除，效果如图3-60所示。

图3-59

图3-60

7 转换点工具

使用“钢笔工具”在图像中绘制三角形路径，如图3-61所示。当要闭合路径时，鼠标指针变为图标，单击即可闭合路径，完成三角形路径的绘制，如图3-62所示。

选择“转换点工具”，将鼠标指针放置在三角形左上角的锚点上，如图3-63所示，将锚点向右上方拖曳形成曲线锚点，如图3-64所示。使用类似的方法将三角形其他的锚点转换为曲线锚点，如图3-65所示。绘制完成后，路径的效果如图3-66所示。

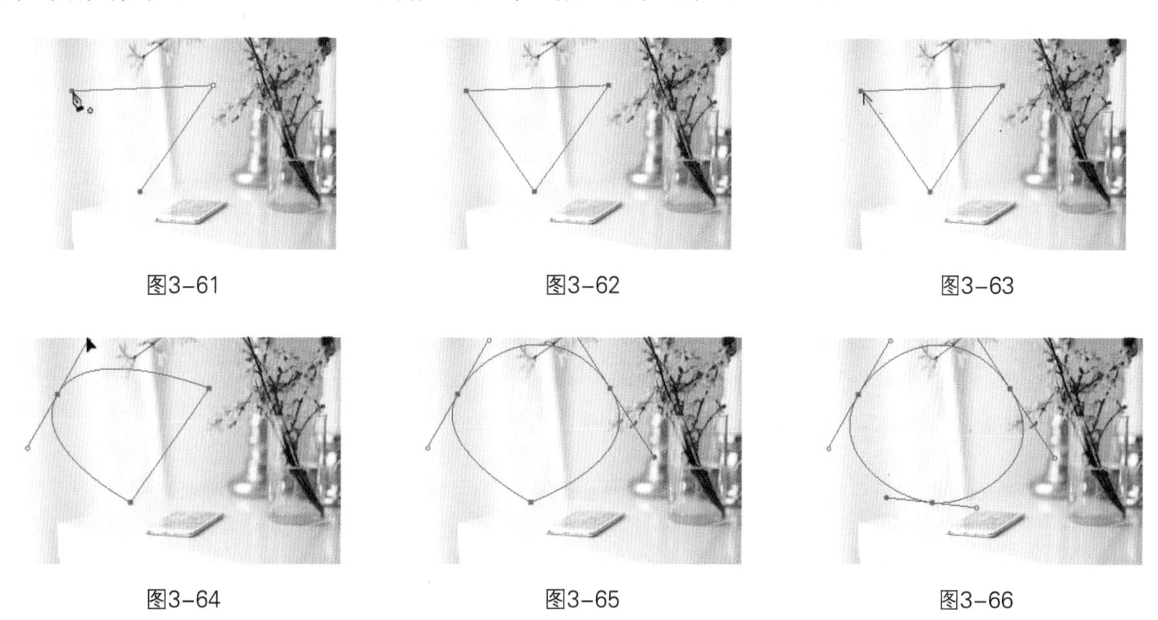

图3-61 图3-62 图3-63

图3-64 图3-65 图3-66

8 转换路径与选区

◎ 将选区转换为路径

在图像上绘制选区，如图3-67所示。单击“路径”面板右上角的≡按钮，在弹出的菜单中选择“建立工作路径”命令，弹出“建立工作路径”对话框。“容差”项用来设置转换时的误差允许范围，数值越小越精确，路径上的锚点也越多。如果要编辑生成的路径，在此处设置的数值最好为2，如图3-68所示。单击“确定”按钮，将选区转换为路径，效果如图3-69所示。

图3-67 图3-68 图3-69

单击“路径”面板中的“从选区生成工作路径”按钮，也可以将选区转换为路径。

◎ 将路径转换为选区

在图像中创建路径。单击“路径”面板右上角的≡按钮，在弹出的菜单中选择“建立选区”命令，弹出“建立选区”对话框，如图3-70所示。设置完成后，单击“确定”按钮，将路径转换为选区，效果如图3-71所示。

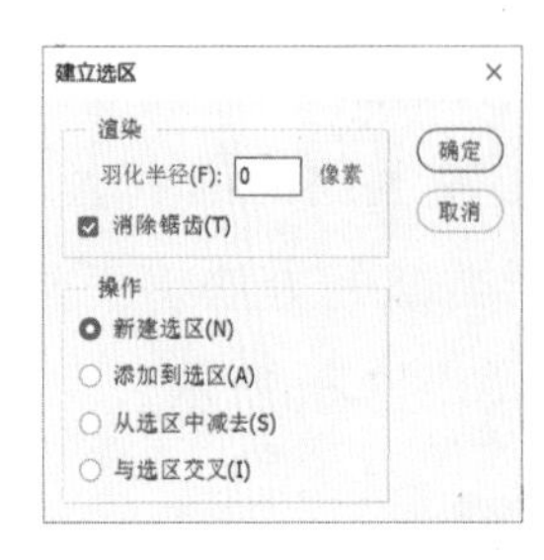

图3-70

图3-71

单击“路径”面板中的“将路径作为选区载入”按钮，也可以将路径转换为选区。

3.2.4 任务实施

（1）按Ctrl+O组合键，打开云盘中的“Ch03 > 制作端午节海报 > 素材 > 02”文件，如图3-72所示。选择“视图 > 新建参考线版面”命令，在弹出的对话框中进行设置，如图3-73所示。单击“确定”按钮，效果如图3-74所示。

图3-72

图3-73

图3-74

（2）按Ctrl+O组合键，打开云盘中的“Ch03 > 制作端午节海报 > 素材 > 01”文件。选择“快速选择工具”，在属性栏中进行设置，如图3-75所示。在图像窗口中拖曳鼠标选取图像，效果如图3-76所示。

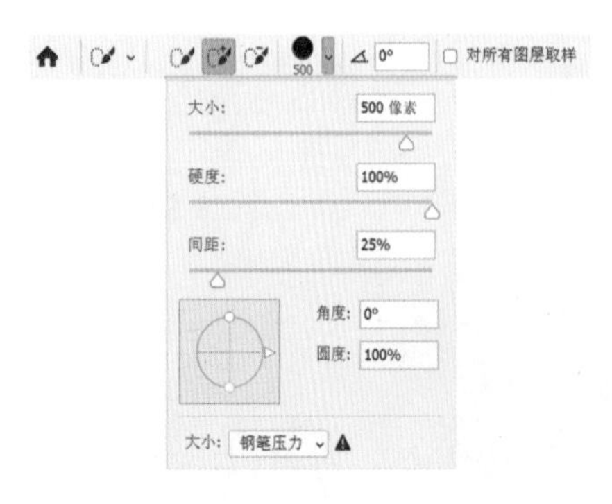

图3-75

图3-76

（3）选择“移动工具”，将01图像窗口中选区中的图像拖曳到02图像窗口中适当的位置并调整其大小，效果如图3-77所示。按Ctrl+T组合键，在图像周围出现变换框，单击鼠标右键，在弹出的菜单中选择“变形”命令，拖曳控制手柄到适当的位置调整图像，如图3-78所示。按Enter键确定操作，在“图层”面板中将生成新的图层，将其命名为“粽子”，如图3-79所示。

（4）选择“污点修复画笔工具”，在属性栏中进行设置，如图3-80所示。在图像窗口中拖曳鼠标修复斑点，效果如图3-81所示。

（5）选择“仿制图章工具”，在属性栏中单击“画笔”选项，在弹出的画笔选择面板中选择需要的画笔形状，选项的设置如图3-82所示。在图像窗口中拖曳鼠标修补图像，效果如图3-83所示。

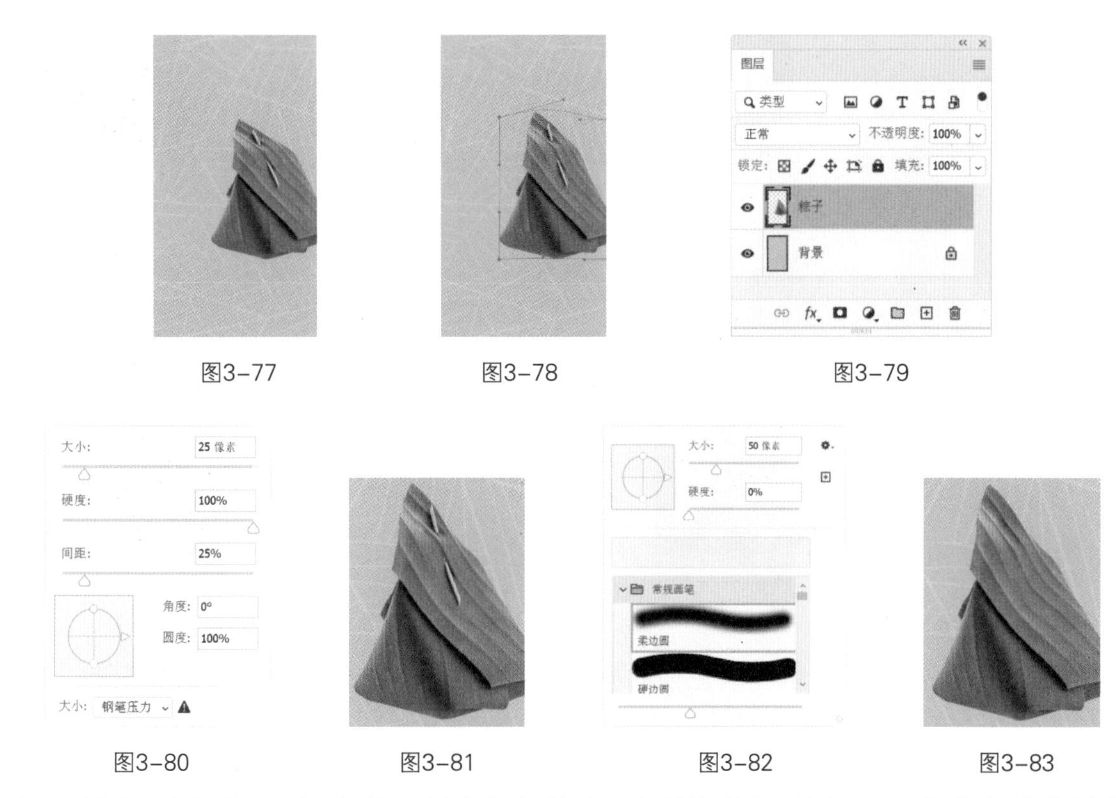

图3-77　图3-78　图3-79

图3-80　图3-81　图3-82　图3-83

（6）单击“图层”面板中的“创建新的填充或调整图层”按钮，在弹出的菜单中选择“色相/饱和度”命令，在“图层”面板中将生成“色相/饱和度1”图层，同时弹出“色相/饱和度”面板。单击“此调整影响下面的所有图层”按钮使其显示为“此调整剪切到此图层”按钮，其他选项设置如图3-84所示。按Enter键确定操作，图像效果如图3-85所示。

（7）单击“图层”面板中的“创建新的填充或调整图层”按钮，在弹出的菜单中选择“色阶”命令，在“图层”面板中将生成“色阶1”图层，同时弹出“色阶”面板，选项的设置如图3-86所示。单击“此调整影响下面的所有图层”按钮使其显示为“此调整剪切到此图层”按钮，效果如图3-87所示。

（8）按住Shift键的同时选择“色阶1”图层、“色相/饱和度1”图层和“粽子”图层，按Ctrl+J组合键复制选取的图层，按Ctrl+E组合键合并图层。将合并后的图层拖曳到“粽子”

图层下方并将其命名为“粽子2”，如图3-88所示。按Ctrl+T组合键，在图像周围出现变换框，拖曳鼠标调整其大小并将其拖曳到适当的位置，效果如图3-89所示。

（9）选择“滤镜 > 模糊 > 高斯模糊”命令，在弹出的对话框中进行设置，如图3-90所示。单击“确定”按钮，效果如图3-91所示。

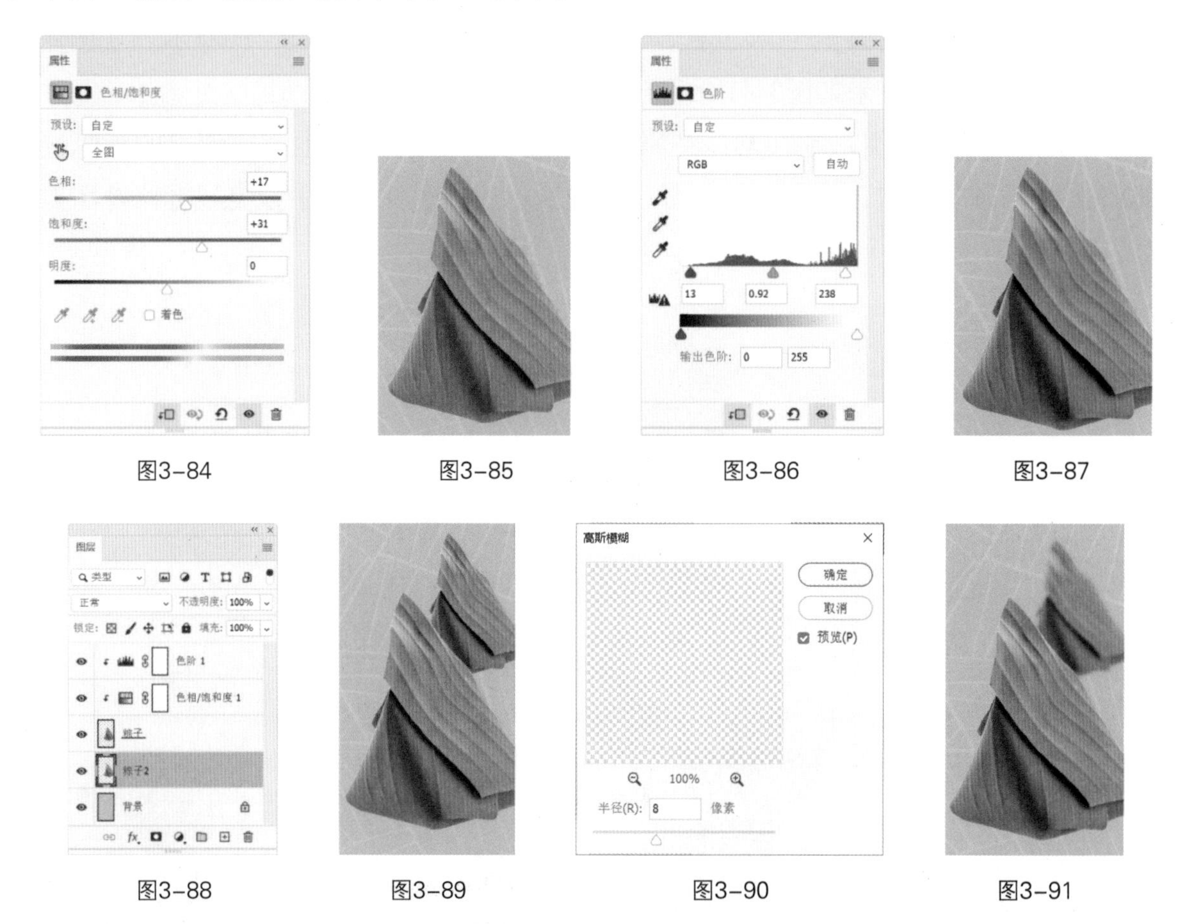

图3-84 图3-85 图3-86 图3-87

图3-88 图3-89 图3-90 图3-91

（10）在“图层”面板中选择“色阶1”图层。按Ctrl+O组合键，打开云盘中的“Ch03 > 制作端午节海报 > 素材 > 04”文件。选择“选择 > 色彩范围”命令，弹出“色彩范围”对话框，在图像窗口中单击吸取颜色，如图3-92所示，其他选项的设置如图3-93所示。单击“确定”按钮，效果如图3-94所示。

图3-92

图3-93

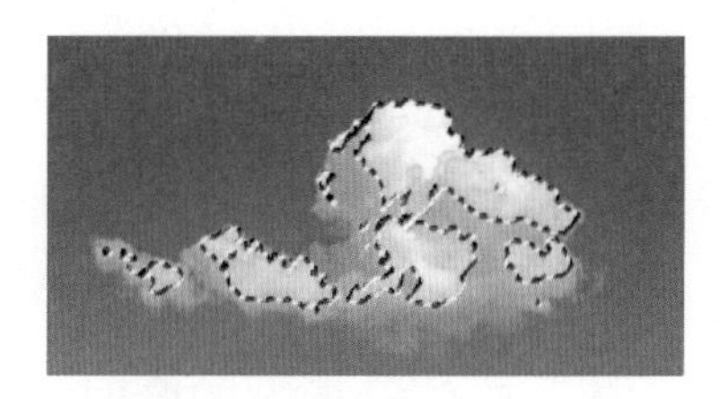

图3-94

（11）选择“移动工具” ，将选区中的图像拖曳到02图像窗口中适当的位置调整其大小，并将其命名为“云1”，效果如图3-95所示。用类似的方法添加其他云，效果如图3-96所示。在“图层”面板中将生成新的图层，将其命名为“云2”，如图3-97所示。

（12）重复按Ctrl+J组合键复制图层两次，在“图层”面板中将“云2拷贝2”图层拖曳至“粽子”图层下方，如图3-98所示。按Ctrl+T组合键，拖曳鼠标调整其大小并将其拖曳到适当的位置，效果如图3-99所示。

（13）选择“滤镜 > 模糊 > 方框模糊”命令，在弹出的对话框中进行设置，如图3-100所示。单击“确定”按钮，效果如图3-101所示。

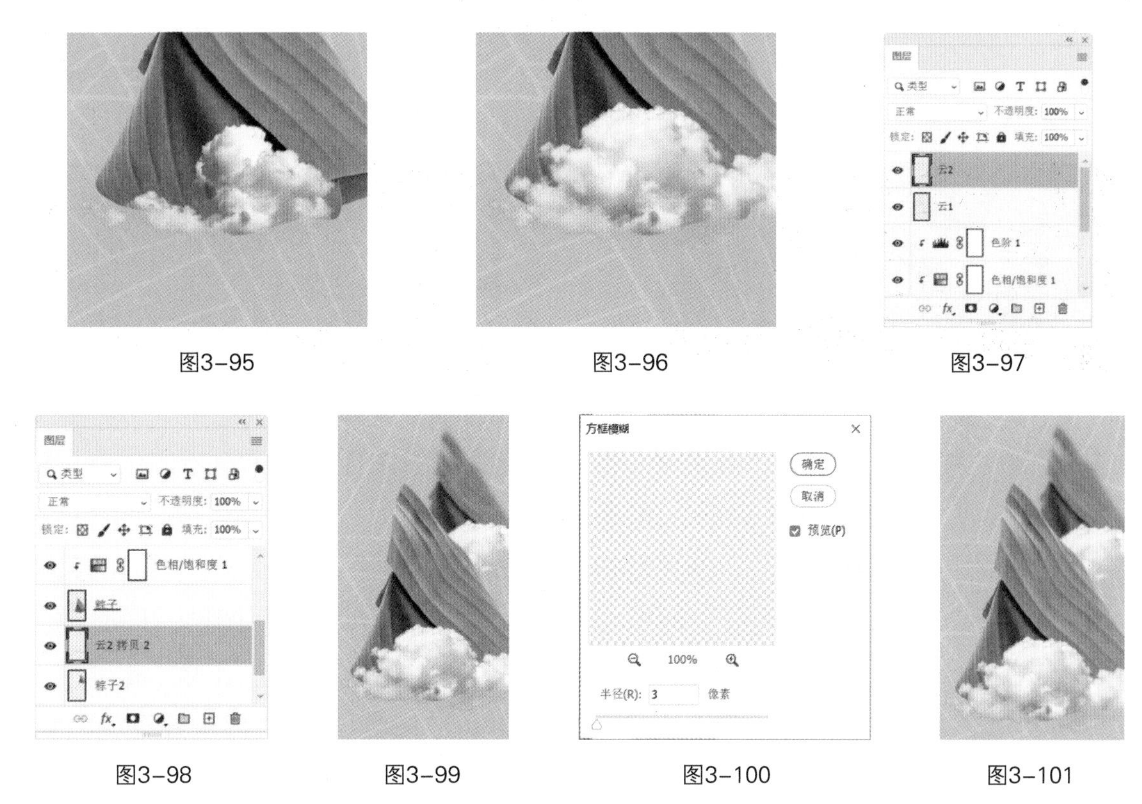

图3-95　图3-96　图3-97

图3-98　图3-99　图3-100　图3-101

（14）选择“移动工具” ，在“图层”面板中选择“云2拷贝”图层。选择“文件>置入嵌入对象”命令，在弹出的对话框中选择“05”文件，单击“置入”按钮置入文件，并将其重命名为“相关信息”，效果如图3-102所示。

（15）按Ctrl+O组合键，打开云盘中的“Ch03 > 制作端午节海报 > 素材 > 06”文件。选择“椭圆选框工具” ，按住Shift键的同时在图像窗口中拖曳鼠标绘制选区，如图3-103所示。选择“移动工具” ，将选区中的图像拖曳到02图像窗口中适当的位置调整其大小，并将其命名为“大枣”，效果如图3-104所示。

（16）按Ctrl+O组合键，打开云盘中的“Ch03 > 制作端午节海报 > 素材 > 07”文件。选择“钢笔工具” ，在属性栏的“选择工具模式”下拉列表中选择“路径”，在图像窗口中沿着物体轮廓绘制路径，如图3-105所示。按Ctrl+Enter组合键，将路径转换为选区，如

图3-106所示。

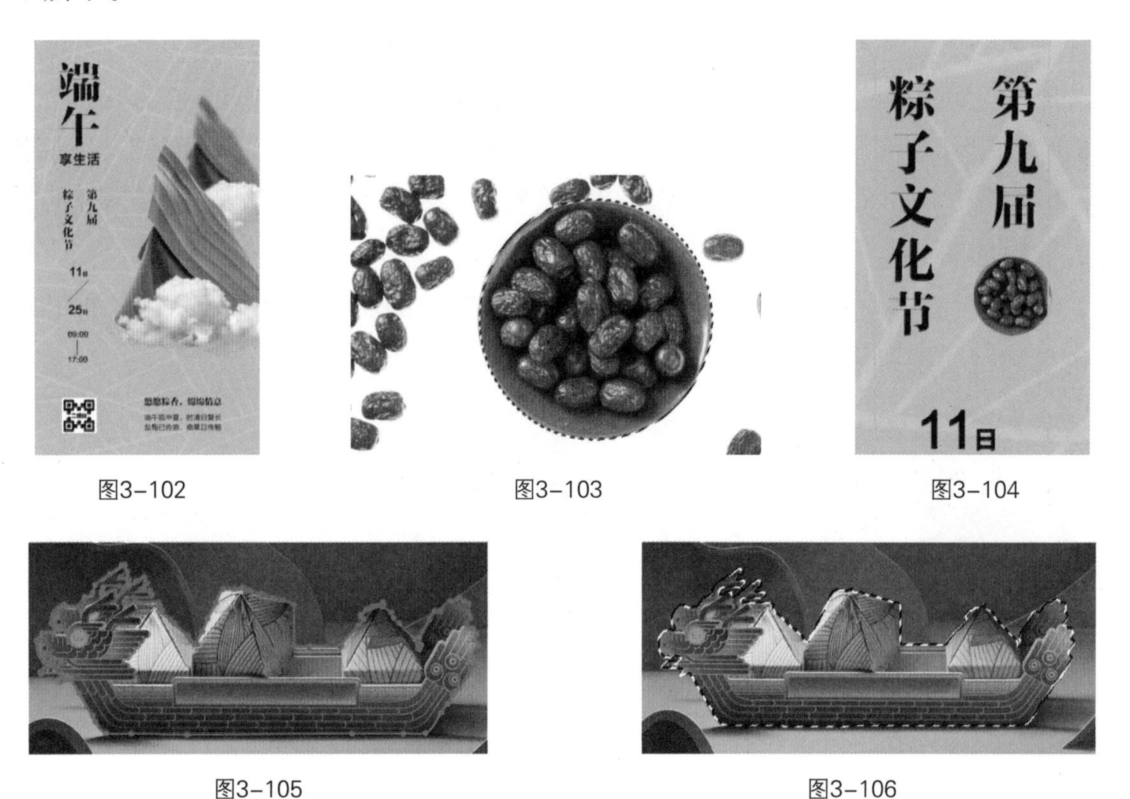

图3-102　图3-103　图3-104

图3-105　图3-106

（17）选择“移动工具”，将选区中的图像拖曳到02图像窗口中适当的位置调整其大小，并将其命名为“龙舟”，效果如图3-107所示。

（18）单击“图层”面板中的“创建新的填充或调整图层”按钮，在弹出的菜单中选择“色相/饱和度”命令，在“图层”面板中将生成“色相/饱和度2”图层，同时弹出“色相/饱和度”面板。单击“此调整影响下面的所有图层”按钮使其显示为“此调整剪切到此图层”按钮，其他选项设置如图3-108所示。按Enter键确定操作，图像效果如图3-109所示。端午节海报制作完成。

图3-107

图3-108

图3-109

3.2.5　扩展实践：制作箱包App主页Banner

使用“钢笔工具”、“添加锚点工具”和“转换点工具”绘制路径，使用选区和路径的转换命令进行转换，使用“移动工具”添加包包和文字，使用“椭圆工具”和“填充”命令制作投影，最终效果参看云盘中的“Ch03 > 制作箱包App主页Banner > 工程文件”文件，如图3-110所示。

图3-110

微课

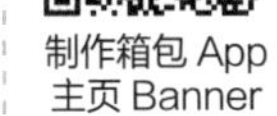

制作箱包 App 主页 Banner

任务3.3　制作婚纱摄影广告

3.3.1　任务引入

本任务要求读者设计一个婚纱摄影广告，明确当下婚庆类宣传广告的设计风格，并掌握婚庆类宣传广告的设计要点与制作方法。

3.3.2　设计理念

在设计时，以身穿婚纱的模特为主导，突出婚纱摄影主题；通过浅色背景烘托文艺清新的风格；通过艺术设计的标题文字，展现出时尚感和现代感。最终效果参看云盘中的“Ch03 > 制作婚纱摄影广告 > 工程文件”文件，如图3-111所示。

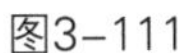

图3-111

3.3.3 任务知识：“通道”面板

1 “通道”面板

选择“窗口 > 通道”命令，弹出“通道”面板，如图3-112所示，在其中可以管理所有的通道并对通道进行编辑。单击“通道”面板右上角的 ≡ 按钮，弹出其面板菜单，如图3-113所示，使用这些菜单命令也可以对通道进行编辑。

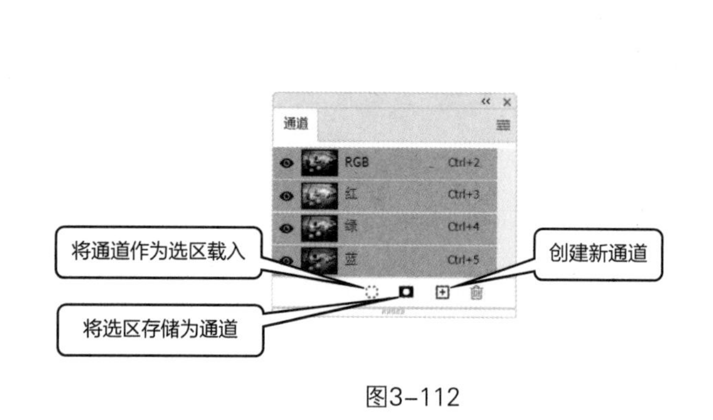

图3-112

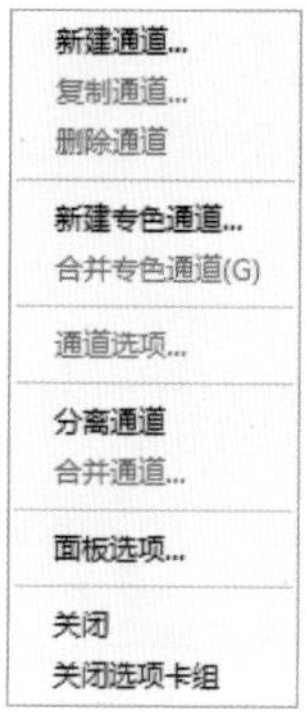

新建通道...
复制通道...
删除通道
新建专色通道...
合并专色通道(G)
通道选项...
分离通道
合并通道...
面板选项...
关闭
关闭选项卡组

图3-113

2 “色阶”命令

打开一张照片，如图3-114所示。选择“图像 >调整 > 色阶”命令，或按Ctrl+L组合键，弹出“色阶”对话框，如图3-115所示。设置需要的选项，如图3-116所示，单击“确定”按钮，效果如图3-117所示。

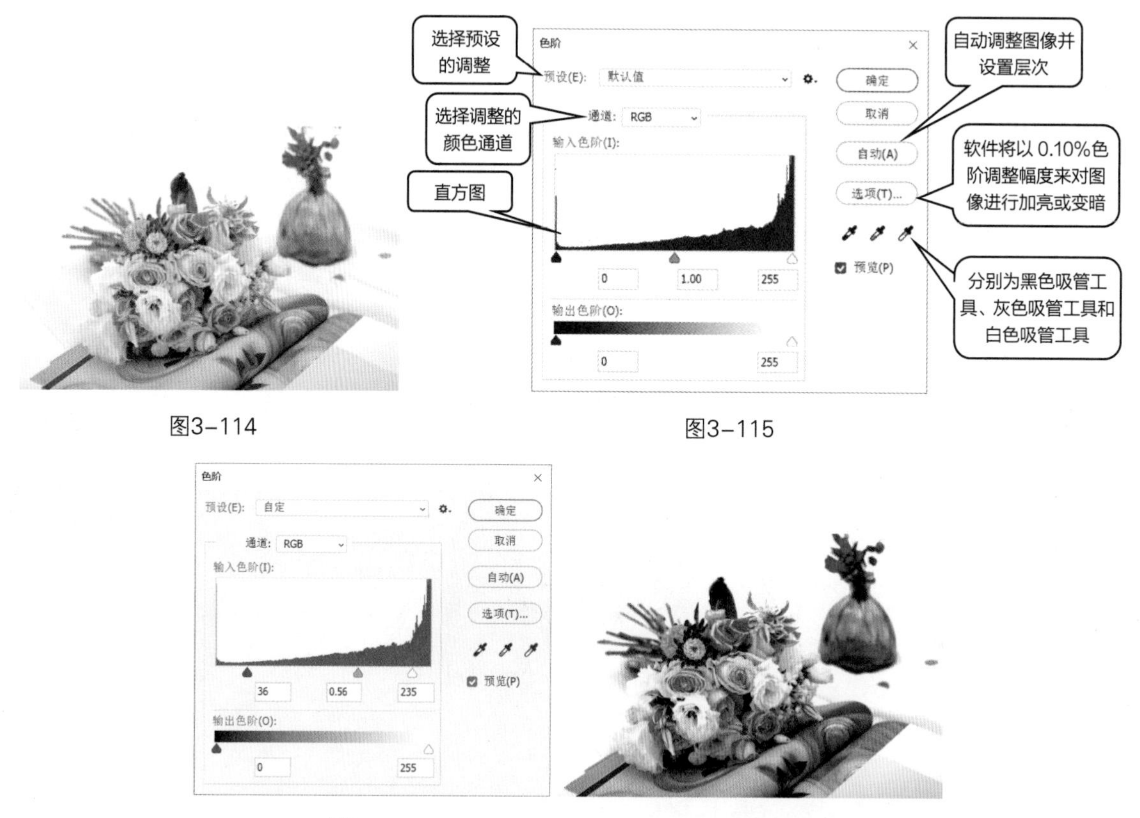

图3-114　图3-115

图3-116　图3-117

3 文字工具

选择“横排文字工具” T.，或按T键切换至该工具，其属性栏状态如图3-118所示。

图3-118

选择“直排文字工具” ↓T.，可以在图像中创建直排文字。“直排文字工具”属性栏和“横排文字工具”属性栏的功能基本相同，这里不赘述。

4 画笔工具

选择“画笔工具” ，或按Shift+B组合键切换至该工具，其属性栏状态如图3-119所示。

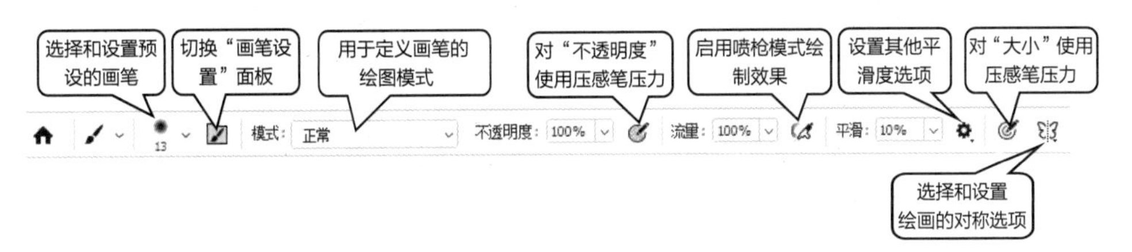

图3-119

3.3.4 任务实施

（1）按Ctrl+O组合键，打开云盘中的“Ch03 > 制作婚纱摄影广告 >素材 > 01”文件，如图3-120所示。

（2）选择“钢笔工具” ，在属性栏的“选择工具模式”下拉列表中选择“路径”，沿着人物的轮廓绘制路径，绘制时要避开半透明的婚纱，如图3-121所示。

图3-120

图3-121

（3）选择“路径选择工具” ，将绘制的路径同时选取。按Ctrl+Enter组合键，将路径转换为选区，效果如图3-122所示。按Shift+Ctrl+I组合键，反选选区。单击“通道”面板中的“将选区存储为通道”按钮 ，将选区存储为通道，如图3-123所示。

图3-122

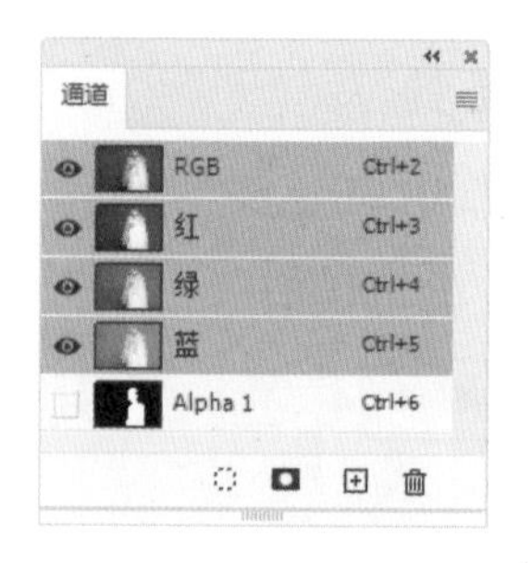

图3-123

（4）将“红”通道拖曳到面板中的“创建新通道”按钮 上，复制通道，如图3-124所示。选择“钢笔工具” ，在图像窗口中沿着婚纱边缘绘制路径，如图3-125所示。按Ctrl+Enter组合键，将路径转换为选区，效果如图3-126所示。

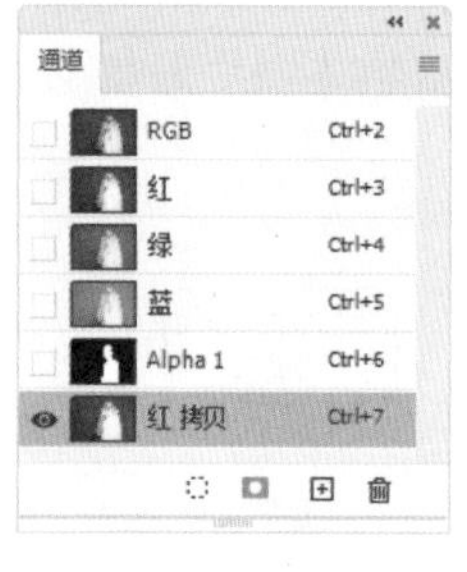

图3-124

图3-125

图3-126

（5）按Ctrl+Shift+I组合键，反选选区，如图3-127所示。将前景色设为黑色。按Alt+Delete组合键，用前景色填充选区。按Ctrl+D组合键，取消选区，效果如图3-128所示。选择“图像 > 计算”命令，在弹出的对话框中进行设置，如图3-129所示。单击“确定”按钮，得到新的通道图像，效果如图3-130所示。

图3-127

图3-128

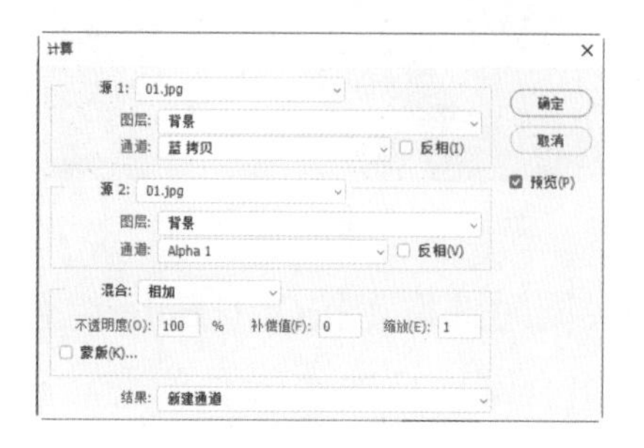

图3-129

图3-130

（6）选择“图像 > 调整 > 色阶”命令，在弹出的对话框中进行设置，如图3-131所示，单击“确定”按钮，调整图像，效果如图3-132所示。按住Ctrl键的同时单击“Alpha 2”通道的缩览图，如图3-133所示，载入婚纱选区，效果如图3-134所示。

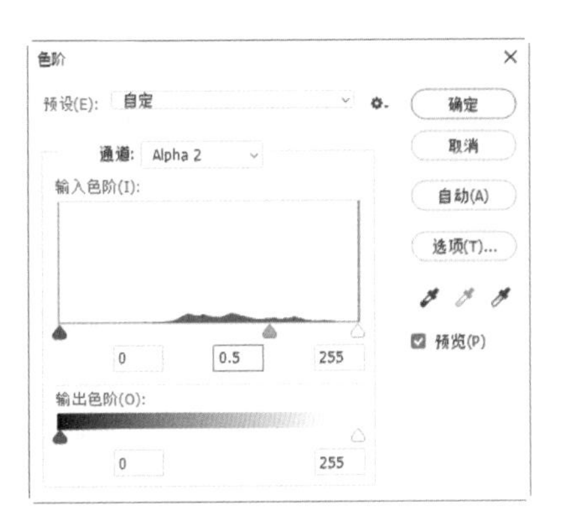

图3-131

图3-132

图3-133

图3-134

（7）单击“RGB”通道，显示彩色图像。单击“图层”面板中的“添加图层蒙版”按钮 ，添加图层蒙版，如图3-135所示，抠出婚纱图像，效果如图3-136所示。按Ctrl+N组合键，弹出“新建文档”对话框，设置“宽度”为265mm、“高度”为417mm、“分辨率”为72像素/英寸、背景内容为灰蓝色（R：143，G：153，B：165），单击“创建”按钮，新建一个文件，如图3-137所示。

（8）选择“横排文字工具” T，在适当的位置输入需要的文字并选取文字，在属性栏中选择合适的字体并设置大小，将文本颜色设置为浅灰色（R：235，G：235，B：235），效果如图3-138所示，在“图层”面板中将生成新的文字图层。

图3-135

图3-136

图3-137

图3-138

（9）按Ctrl+T组合键，在文字周围出现变换框，拖曳左侧中间的控制手柄到适当的位置，调整文字，并拖曳到适当的位置，按Enter键确定操作，效果如图3-139所示。选择“移动工具” ，将“01”文件拖曳到新建的图像窗口中的适当位置并调整大小，效果如图3-140所示。在“图层”面板中将生成新的图层，将其命名为“人物”，如图3-141所示。

图3-139

图3-140

图3-141

（10）按Ctrl+L组合键，弹出“色阶”对话框，选项的设置如图3-142所示。单击“确定”按钮，图像效果如图3-143所示。

（11）按Ctrl+O组合键，打开云盘中的“Ch03 > 制作婚纱摄影广告 > 素材 > 02”文件。选择“移动工具” ，将图像拖曳到新建的图像窗口中适当的位置，效果如图3-144所示。在“图层”面板中将生成新的图层，将其命名为“文字”。婚纱摄影广告制作完成。

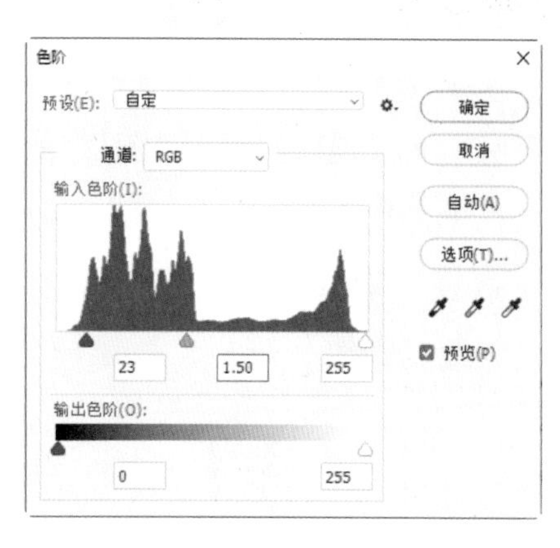

图3-142

图3-143

图3-144

3.3.5 扩展实践：制作柠檬茶宣传广告

使用“钢笔工具”“画笔工具”“图层”面板和“通道”面板抠出玻璃杯，使用“移动工具”添加背景和文字。最终效果参看云盘中的“Ch03 > 制作柠檬茶宣传广告 > 工程文件”文件，如图3-145所示。

图3-145

任务3.4 项目演练——制作美妆护肤类公众号封面首图

3.4.1 任务引入

本任务要求读者设计美妆护肤类公众号封面首图，明确当下美妆护肤类公众号封面图的设计风格，并掌握美妆护肤类公众号封面首图的设计要点与制作方法。

3.4.2 设计理念

在设计时，以模特和产品照片为主导，选择粉色系的背景，给人以干净、柔美的感觉；添加装饰光点，为画面增添活力与朝气；以简洁的文字作为画面的点缀。最终效果参看云盘中的“Ch03 > 制作美妆护肤公众号封面首图 > 工程文件”文件，如图3-146所示。

微课
制作美妆护肤类公众号封面首图

图3-146

04

项目4

掌握数码照片的修图方法

修图的目的是使数码照片更精美。本项目讲解修图的概念和分类、修图的思路和方法，以及如何选择合适的工具进行修图。通过本项目的学习，读者能够合理使用相关工具将数码照片修整得更加美观，以符合应用的需求。

知识目标

- 认识常用的修图工具
- 了解常见的修图要求

能力目标

- 能够熟练掌握修图工具的使用方法和应用技巧
- 能够根据不同的修整需求，完成修图任务

素养目标

- 培养精益求精的工作作风
- 提高沟通表达能力

相关知识：修图基础

1 修图概念

修图是指对已有的照片进行修饰加工，不仅可以为原图增光添彩、弥补缺陷，还能实现在拍摄中很难做到的特殊效果，以及对照片进行再次创作。

2 修图的分类

修图根据照片的不同应用领域，分为不同的种类，如用于电商相关领域和广告业的商品图，用于人像摄影或影视相关领域的人像图，对照片进行二次构图、适度调色的新闻图等，如图4-1所示。

图4-1

任务4.1 制作茶文化类公众号内文配图

微课

制作茶文化类公众号内文配图

4.1.1 任务引入

本任务要求读者设计茶文化类公众号内文配图，明确当下文化类公众号内文配图的设计风格，并掌握文化类公众号内文配图的设计要点与制作方法。

4.1.2 设计理念

在设计时，以茶具照片为主导，突出主题；用水墨画装饰茶具，营造悠远的意境；画面色彩淡雅，符合茶文化类公众号的特质。最终效果参看云盘中的“Ch04 > 制作茶文化类公众号内文配图 > 工程文件”文件，如图4-2所示。

图4-2

4.1.3 任务知识：“减淡工具”“加深工具”“模糊工具”

1 减淡工具

选择“减淡工具”，或按Shift+O组合键切换至该工具，其属性栏状态如图4-3所示。

图4-3

范围：用于设定图像中所要提高亮度的区域。曝光度：用于设定曝光的强度。

在属性栏中进行设置，如图4-4所示。在图像窗口中拖曳鼠标，使图像产生减淡效果。原图和减淡后的图像效果如图4-5所示。

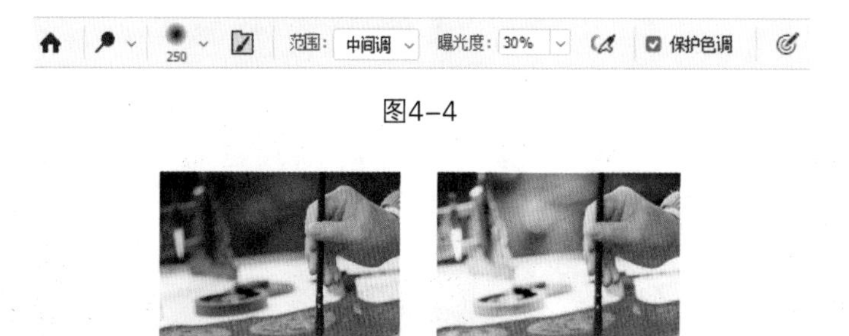

图4-4

原图　　减淡

图4-5

2 加深工具

选择“加深工具”，或按Shift+O组合键切换至该工具，其属性栏状态如图4-6所示。

图4-6

在属性栏中进行设置，如图4-7所示。在图像窗口中拖曳鼠标，使图像产生加深效果。原图和加深后的图像效果如图4-8所示。

图4-7

原图　　加深

图4-8

3 模糊工具

选择“模糊工具” ，其属性栏状态如图4-9所示。

图4-9

强度：用于设定压力的大小。对所有图层取样：用于确定“模糊工具”是否对所有可见层起作用。

在属性栏中进行设置，如图4-10所示。在图像窗口中拖曳鼠标，使图像产生模糊效果。原图和模糊后的图像效果如图4-11所示。

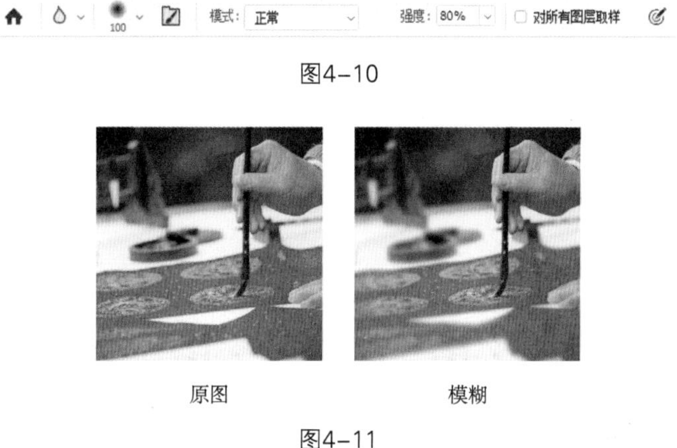

图4-10

原图　　模糊

图4-11

4.1.4 任务实施

（1）按Ctrl+O组合键，打开云盘中的“Ch04 > 为茶具添加水墨画 > 素材 ”文件夹中的“01”“02”文件。选择01图像窗口，选择“钢笔工具” ，在属性栏的“选择工具模式”下拉列表中选择“路径”，在图像窗口中沿着茶壶轮廓绘制路径，如图4-12所示。

（2）按Ctrl+Enter组合键，将路径转换为选区，如图4-13所示。按Ctrl+J组合键，复制选区中的图像，在“图层”面板中将生成新的图层，将其命名为“茶壶”，如图4-14所示。

图4-12

图4-13

图4-14

（3）选择“移动工具” ，将“02”图片拖曳到01图像窗口中适当的位置，如图4-15所示，在“图层”面板中将生成新的图层，将其命名为“水墨画”。在面板中，将该图层的混合模式设为“正片叠底”，如图4-16所示，图像效果如图4-17所示。按Alt+Ctrl+G组合键，为图层创建剪贴蒙版，图像效果如图4-18所示。

图4-15

图4-16

图4-17

图4-18

（4）选择“减淡工具”，在属性栏中单击“画笔”选项，在弹出的画笔选择面板中选择需要的画笔形状，选项的设置如图4-19所示。在图像窗口中进行涂抹弱化水墨画边缘，效果如图4-20所示。

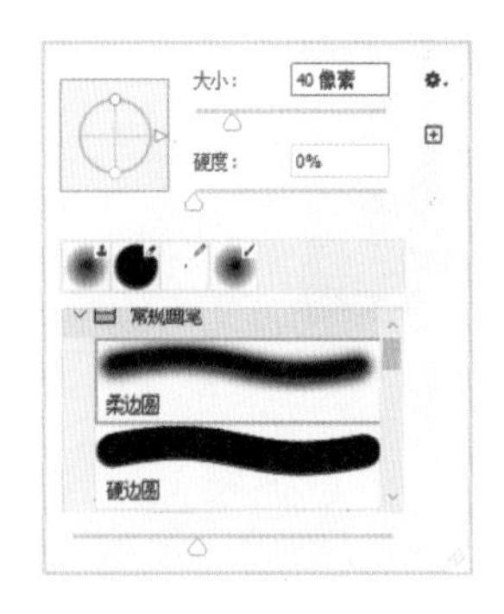

图4-19

图4-20

（5）选择“加深工具”，在属性栏中单击“画笔”选项，在弹出的画笔选择面板中选择需要的画笔形状，选项的设置如图4-21所示。在图像窗口中进行涂抹加深水墨画暗部，图像效果如图4-22所示。

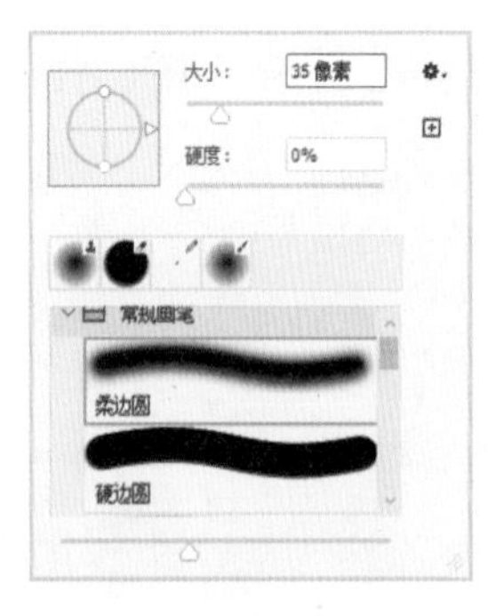

图4-21

图4-22

（6）选择“模糊工具”，在属性栏中单击“画笔”选项，在弹出的画笔选择面板中选择需要的画笔形状，选项的设置如图4-23所示。在图像窗口中拖曳鼠标模糊图像，效果如图4-24所示。为茶具添加水墨画完成。

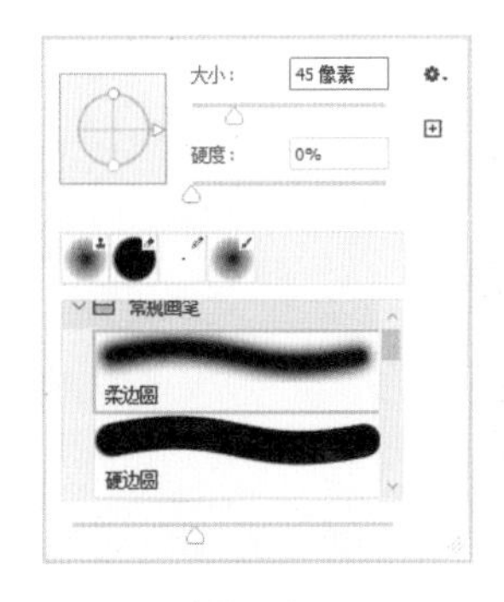

图4-23

图4-24

4.1.5 扩展实践：制作七夕活动Banner

使用“减淡工具”提高照片中模特脸和胳膊的亮度，使用“加深工具”加深衣服图案颜色，使用“模糊工具”模糊头部外围，使用“移动工具”添加文字、灯笼和浪花，使用图层样式为文字添加样式，使用调整图层调整图像颜色。最终效果参看云盘中的“Ch04 > 制作七夕活动Banner > 工程文件”文件，如图4-25所示。

图4-25

任务4.2 制作文化传媒类公众号封面次图

4.2.1 任务引入

本任务要求读者设计文化传媒类公众号封面次图，明确当下文化传媒类公众号封面次图的设计风格，并掌握文化类公众号封面次图的设计要点与制作方法。

4.2.2 设计理念

在设计时，以人物照片为主导，通过对人物照片的修饰与雪花元素的装饰，营造浪漫氛围；画面色彩清新唯美，使人产生愉悦感。最终效果参看云盘中的“Ch04 > 制作文化传媒公众号封面次图 > 工程文件”文件，如图4-26所示。

图4-26

微课

制作文化传媒类公众号封面次图

4.2.3 任务知识：“画笔工具”“橡皮擦工具”“高斯模糊”命令、剪贴蒙版命令

1 画笔工具

使用“画笔工具”可以模拟画笔效果在图像或选区中进行绘制。

启用“画笔工具” 有以下几种方法。

- 单击工具箱中的“画笔工具” 。
- 按Shift+B组合键。

启用“画笔工具” ，属性栏如图4-27所示。

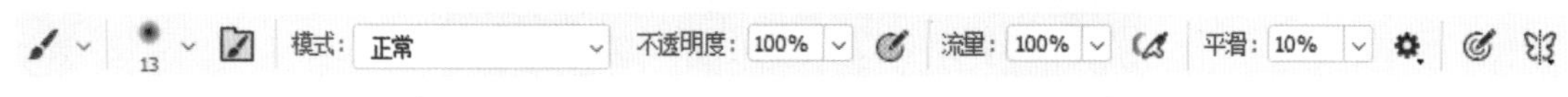

图4-27

2 橡皮擦工具

使用“橡皮擦工具”可以用背景色擦除背景图像，也可以用透明色擦除图层中的图像。启用“橡皮擦工具” 有以下两种方法。

- 单击工具箱中的“橡皮擦工具” 。
- 按Shift+E组合键。

启用“橡皮擦工具” ，属性栏如图4-28所示。

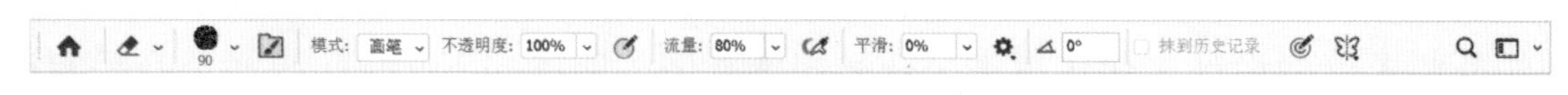

图4-28

3 “高斯模糊”命令

“高斯模糊”滤镜的模糊程度比较强烈，可以在很大程度上对图像进行高斯模糊处理，使图像产生难以辨认的模糊效果。

4 剪贴蒙版命令

打开一张照片，如图4-29所示，“图层”面板如图4-30所示。按住Alt键的同时，将鼠标指针放置到“图片”图层和“矩形”图层的中间位置，指针变为 图标，如图4-31所示。

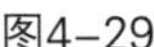
图4-29

图4-30

图4-31

单击创建剪贴蒙版，如图4-32所示，图像效果如图4-33所示。选择“移动工具”，移动带有蒙版的图像，效果如图4-34所示。

图4-32

图4-33

图4-34

选中剪贴蒙版组中上方的图层，选择“图层 > 释放剪贴蒙版”命令，或按Alt+Ctrl+G组合键，即可删除剪贴蒙版。

4.2.4 任务实施

（1）按Ctrl+O组合键，打开云盘中“Ch04 > 制作文化传媒类公众号封面次图 > 素材”文件夹中的“01”“02”文件，如图4-35所示。进入02图像窗口中，按Ctrl+A组合键全选图像，效果如图4-36所示。

图4-35

图4-36

（2）选择“编辑 > 定义画笔预设”命令，弹出“画笔名称”对话框，在“名称”选项文本框中输入“点.psd”，如图4-37所示，单击“确定”按钮，将图像定义为画笔。

（3）在01图像窗口中，单击“图层”面板中的“创建新图层”按钮，生成新的图层并将其命名为“装饰点1”。将前景色设为白色。选择“画笔工具”，在属性栏中单击“画笔”选项右侧的按钮，在弹出的画笔选择面板中选择刚定义好的点形状画笔，如图4-38所示。

图4-37

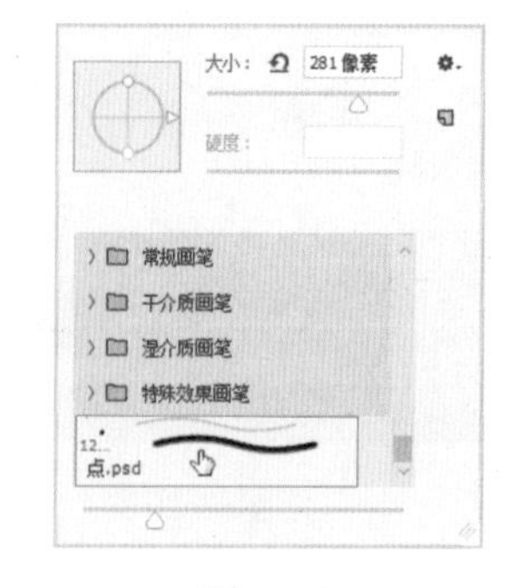

图4-38

（4）在属性栏中单击“切换画笔设置面板”按钮，弹出“画笔设置”面板，选择“形状动态”选项进行设置，如图4-39所示。选择“散布”选项进行设置，如图4-40所示。选择“传递”选项进行设置，如图4-41所示。

图4-39

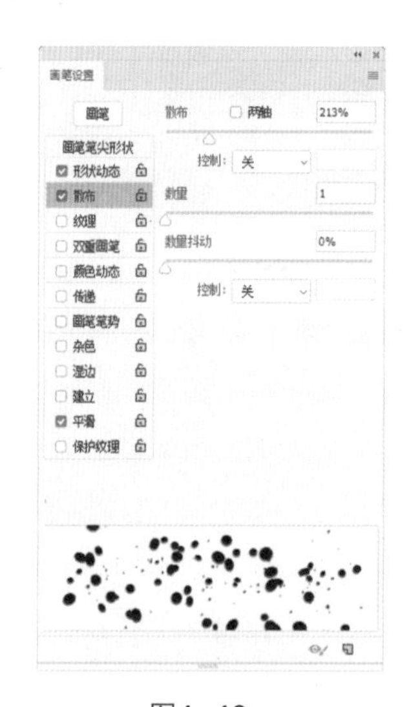

图4-40

图4-41

（5）在图像窗口中拖曳鼠标绘制装饰点图形，效果如图4-42所示。选择“橡皮擦工具”，在属性栏中单击“画笔”选项右侧的按钮，在弹出的画笔选择面板中选择需要的形状，如图4-43所示。在图像窗口中拖曳鼠标擦除不需要的小圆点，效果如图4-44所示。

图4-42

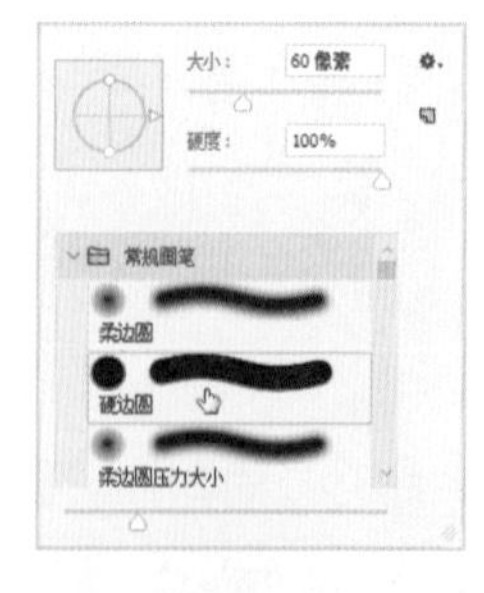

图4-43

图4-44

（6）选择“滤镜 > 模糊 > 高斯模糊”命令，在弹出的对话框中进行设置，如图4-45所示。单击“确定”按钮，效果如图4-46所示。用类似的方法绘制“装饰点2”，效果如图4-47所示。至此，文化传媒类公众号封面次图制作完成。

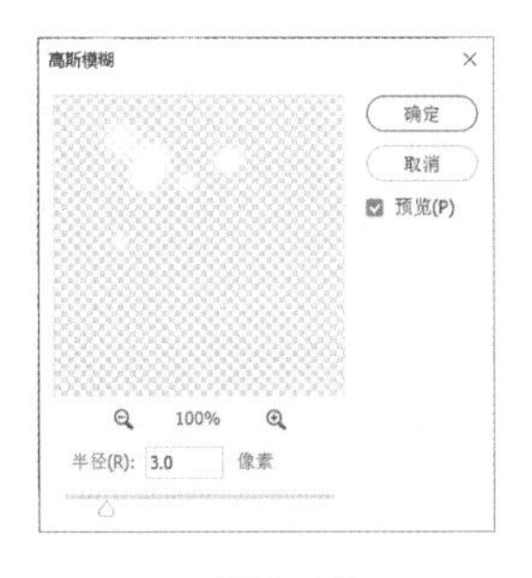

图4-45

图4-46

图4-47

4.2.5 扩展实践：制作音乐App引导页

使用“椭圆工具”绘制装饰图形，使用“智能锐化”命令和“高斯模糊”命令调整照片，使用剪贴蒙版命令调整照片显示区域，使用“横排文字工具”添加文字信息。最终效果参看云盘中的“Ch04 > 制作音乐App引导页 > 工程文件”文件，如图4-48所示。

图4-48

任务4.3 制作健康生活类公众号封面次图

4.3.1 任务引入

本任务要求读者设计健康生活类公众号封面次图，明确当下生活类公众号封面次图的设计风格，并掌握生活类公众号封面次图的设计要点与制作方法。

4.3.2 设计理念

在设计时，以人物照片为主导，修饰过后的人像给人以朝气蓬勃的感觉，风格与公众号内容相呼应。最终效果参看云盘中的“Ch04 > 制作健康生活类公众号封面次图 > 工程文件”文件，如图4-49所示。

图4-49

4.3.3 任务知识：修复工具

1 缩放工具

选择“缩放工具”，图像中鼠标指针变为“放大”工具图标，每单击一次，图像就会放大一级。当图像以100%的比例显示时，用鼠标在图像窗口中单击一次，图像则以200%的比例显示，效果如图4-50所示。

图4-50

当要放大一个指定的区域时，则需要在此区域按住鼠标左键不放，选中的区域会进行放大显示，当放大到需要的大小后释放鼠标左键。取消勾选“细微缩放”复选框，可以在图像上框选出矩形选区，如图4-51所示，从而将选中的区域放大，如图4-52所示。

按Ctrl++组合键，可逐级放大图像。例如，从100%的显示比例放大到200%、300%、400%等。

图4-51

图4-52

缩小显示图像，一方面可以用有限的屏幕空间显示出更多的图像，另一方面可以看到较大图像的全貌。

选择“缩放工具”🔍，在图像中鼠标指针变为“放大”工具图标🔍，按住Alt键不放，鼠标指针变为“缩小”工具图标🔍。每单击一次，图像将缩小显示一级。缩小显示前效果如图4-53所示。按Ctrl+–组合键，也可逐级缩小图像，如图4-54所示。

图4-53　　图4-54

也可在“缩放工具”属性栏中单击“缩小”按钮🔍，如图4-55所示，则鼠标指针变为“缩小”工具图标🔍，每单击一次，图像将缩小显示一级。

图4-55

2 红眼工具

使用“红眼工具”可以去除用闪光灯拍摄的人物照片中的红眼，也可以去除拍摄照片中的白色或绿色反光。

选择“红眼工具”，或按Shift+J组合键切换至该工具，其属性栏状态如图4-56所示。

瞳孔大小：用于设置瞳孔的大小。变暗量：用于设置瞳孔的暗度。

3 污点修复画笔工具

使用“污点修复画笔工具”可以快速地修除照片中的污点和其他不理想部分。启用“污点修复画笔”工具有以下两种方法。

- 单击工具箱中的“污点修复画笔工具”。
- 按Shift+J组合键。

启用“污点修复画笔工具”，属性栏将显示图4-57所示的状态。

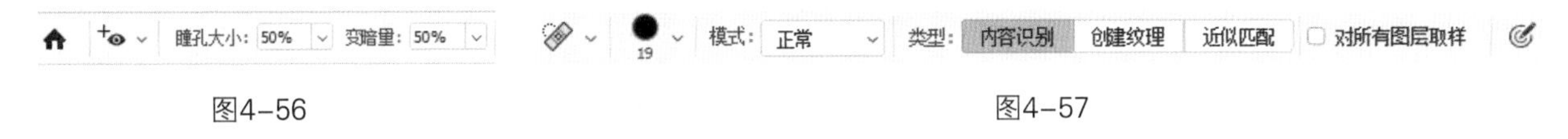

图4-56　　图4-57

4 修补工具

使用“修补工具”可以用图像中的其他区域来修补当前选中的需要修补的区域，也可以使用图案来修补需要修补的区域。

启用“修补工具”有以下两种方法。

- 单击工具箱中的“修补工具”。

➔ 按Shift+J组合键。

启用“修补工具”，属性栏如图4-58所示。

图4-58

5 仿制图章工具

使用“仿制图章工具”可以以指定的像素点为复制基准点，将其周围的图像复制到其他地方。启用“仿制图章工具”有以下两种方法。

➔ 单击工具箱中的“仿制图章工具”。

➔ 按Shift+S组合键。

启用“仿制图章工具”，属性栏如图4-59所示。

图4-59

6 液化滤镜命令

使用“液化”滤镜可以制作出各种类似“液化”的图像变形效果。

打开一张照片，如图4-60所示。选择“滤镜 > 液化”命令，或按Shift+Ctrl+X组合键，弹出“液化”对话框，如图4-61所示。

图4-60

图4-61

4.3.4 任务实施

（1）按Ctrl+O组合键，打开云盘中的“Ch04 > 制作健康生活类公众号封面次图 > 素材 > 01”文件，如图4-62所示。将“背景”图层拖曳到“图层”面板中的“创建新图层”按钮上进行复制，生成新的图层“背景 拷贝”，如图4-63所示。

（2）选择“缩放工具”，在图像窗口中鼠标指针变为“放大”工具图标，单击将图片放大到适当的大小，如图4-64所示。

图4-62

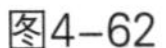

图4-63

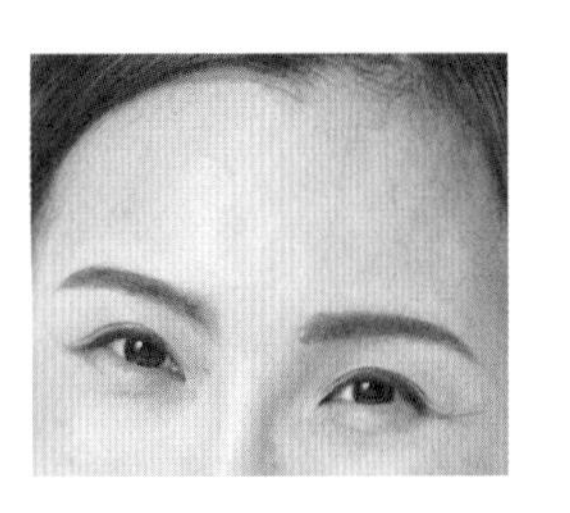

图4-64

（3）选择“红眼工具”，属性栏中的设置如图4-65所示。在人物右侧眼睛上单击，去除红眼，效果如图4-66所示。用类似的方法去除左侧眼睛红眼，效果如图4-67所示。

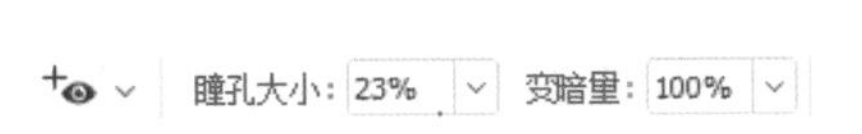

图4-65

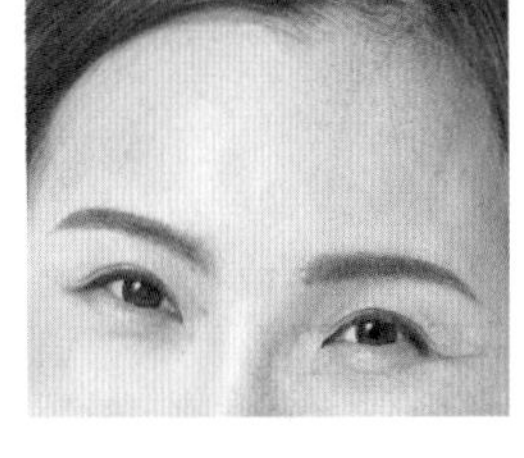

图4-66

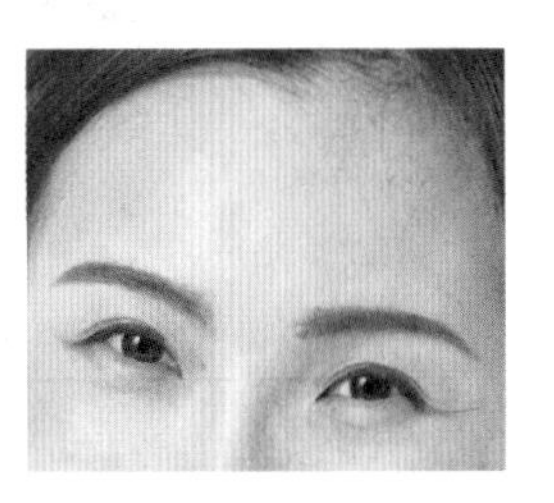

图4-67

（4）选择“污点修复画笔工具”，将鼠标指针放置在要修复的污点图像上，如图4-68所示。单击去除污点，效果如图4-69所示。用类似的方法继续去除脸部所有的雀斑、痘痘和眼角皱纹，效果如图4-70所示。

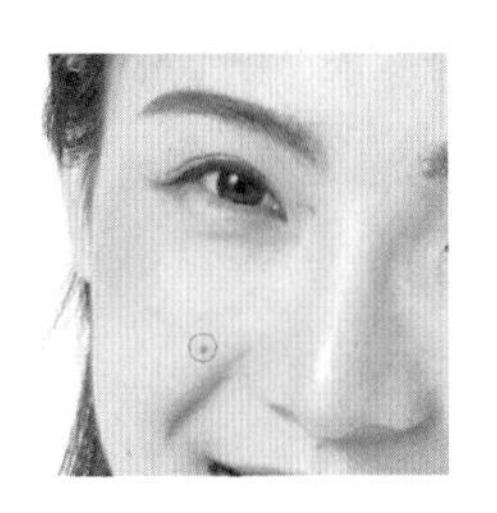

图4-68

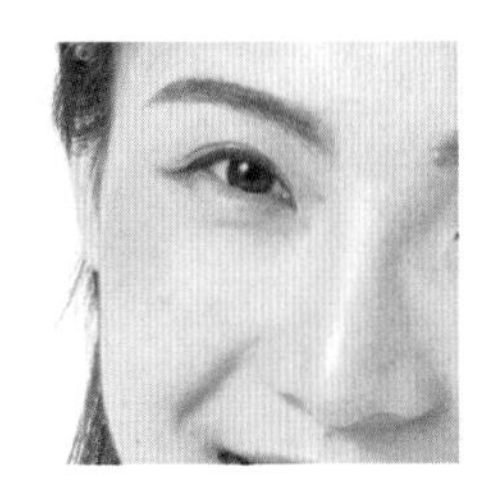

图4-69

图4-70

（5）选择“修补工具”，在图像窗口中圈选眼袋部分，如图4-71所示。在选区中按住鼠标左键并拖曳到适当的位置，如图4-72所示，释放鼠标，修补眼袋。按Ctrl+D组合键取消选区，效果如图4-73所示。用类似的方法继续修补眼袋，效果如图4-74所示。

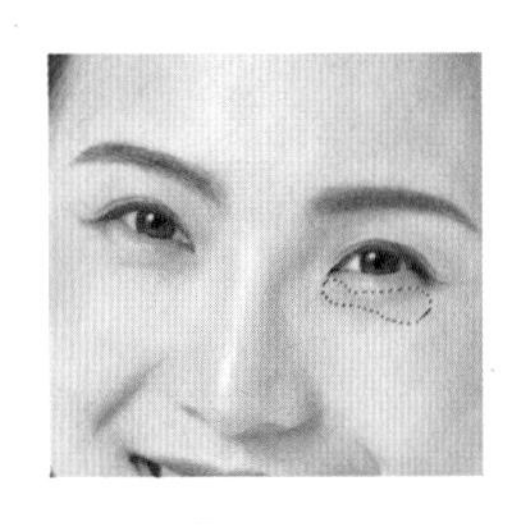

图4-71

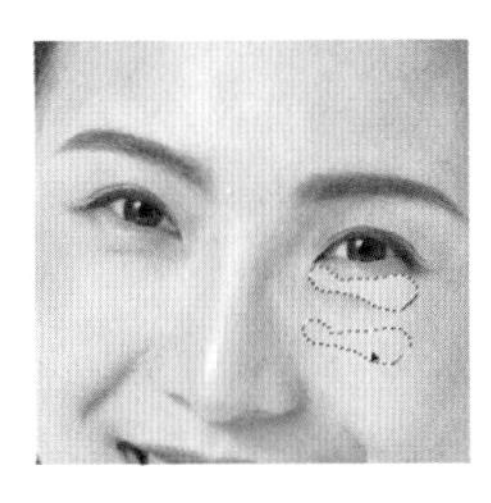

图4-72

图4-73

图4-74

（6）选择“仿制图章工具”，在属性栏中单击“画笔”选项，弹出画笔面板，在面板中选择需要的画笔形状，将“大小”选项设为30像素，硬度设为40%，如图4-75所示。将鼠标指针放置在肩部需要取样的位置，按住Alt键的同时，光标变为圆形十字图标⊕，如图4-76所示，单击确定取样点。

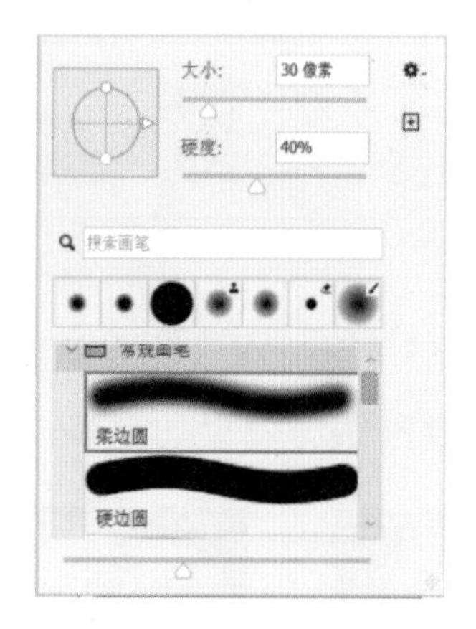

图4-75

图4-76

（7）将鼠标指针放置在需要修复的位置上，单击去掉碎发，效果如图4-77所示。用类似的方法继续修复肩部的碎发，效果如图4-78所示。

（8）双击“缩放工具”，将图像调整为100%比例显示，效果如图4-79所示。在“图层”面板中将“背景 拷贝”图层重命名为“人物”，如图4-80所示。健康生活类公众号封面次图制作完成。

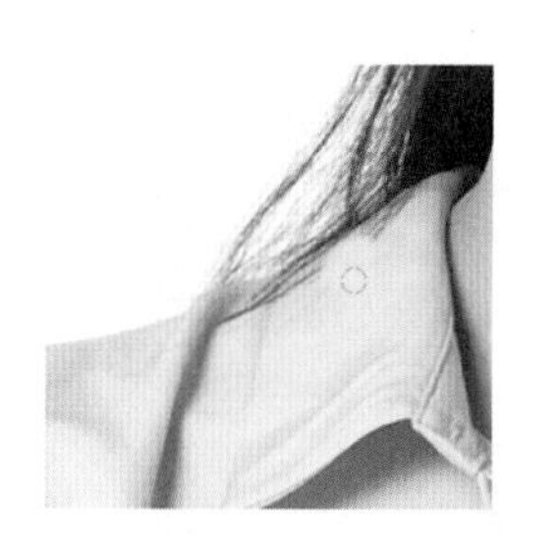

图4-77

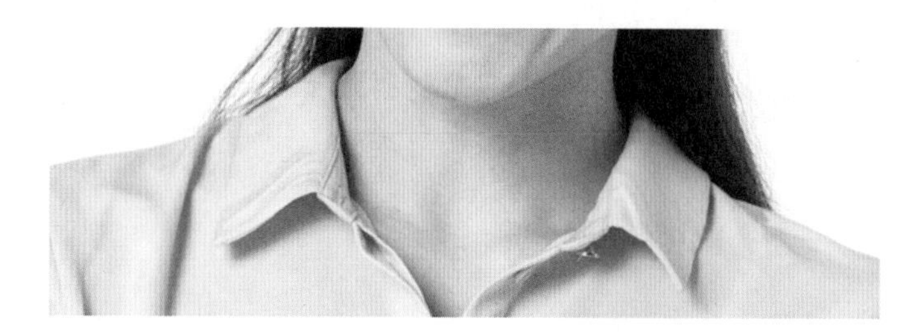

图4-78

图4-79

图4-80

4.3.5 扩展实践：制作美妆教学类公众号封面首图

使用“缩放工具”调整图像大小，使用“仿制图章工具”修饰碎发，使用“加深工具”修饰头发和嘴唇，使用“减淡工具”修饰脸部。最终效果参看云盘中的“Ch04 > 制作美妆教学类公众号封面首图 > 工程文件”文件，如图4-81所示。

图4-81

任务4.4 项目演练——制作美妆护肤类公众号封面首图

4.4.1 任务引入

本任务要求读者设计美妆护肤类公众号封面首图，明确当下美妆护肤类公众号封面图的设计风格，并掌握美妆护肤类公众号封面首图的设计要点与制作方法。

4.4.2 设计理念

在设计时，采用粉色的背景，给人甜美的感觉，搭配俏皮可爱的模特，为画面增添活力与朝气；在文字的下方以各类美妆产品作为点缀，突出宣传主题。最终效果参看云盘中的“Ch04>制作美妆护肤类公众号封面首图>工程文件”文件，如图4-82所示。

图4-82

05

项目5 掌握数码照片的调色方法

数码照片的色彩和色调对于效果的呈现非常重要，为了使照片表现出更加完美的效果，需要对其进行色彩的调整和修正。本项目讲解调色的概念和调色常用语、常用的调色命令和面板，以及如何调出常用的照片色彩和色调。通过本项目的学习，读者能够掌握调整照片色彩和色调的基本方法与操作技巧，制作出绚丽多彩的作品。

知识目标

- 了解照片调色的相关概念
- 认识常用的滤镜

能力目标

- 掌握数码照片调色的方法和技巧
- 掌握不同类型照片调色的技巧

素养目标

- 培养勇于实践的学习精神
- 加深对中华传统文化的热爱

相关知识：调色基础

1 调色的概念

数码相机由于本身原理和构造的特殊性，加之摄影者技术方面的因素，拍摄出来的照片往往存在曝光不足、画面暗淡、偏色等缺憾。在Photoshop中，使用调整命令可以解决原始照片的这些缺憾，并可改变图像的整体或局部颜色以更改照片的意境等。

2 调色常用语

色彩的颜色特性称为色相，色彩的鲜艳程度称为饱和度，色彩的明暗程度称为明度。

图像中亮的区域称为高光，不太亮也不太暗的区域称为中间调，暗的区域称为阴影，如图5-1所示。

图5-1

色调是照片中色彩的倾向。一张照片中虽然有多种颜色，但总体有一种倾向，如偏蓝还是偏红、偏冷还是偏暖等，如图5-2所示。

偏暖　偏冷

图5-2

曝光过度的照片会表现出高色调效果，在人物摄影中可使皮肤色彩变淡、色调洁净，在风光摄影中会产生强烈、醒目的效果。曝光不足的照片会呈现出低色调效果，看起来沉稳、哀伤，如图5-3所示。

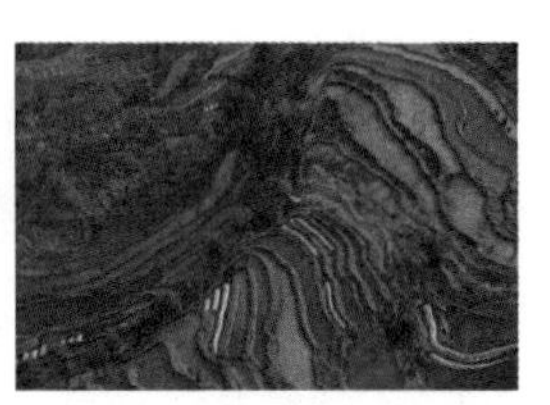
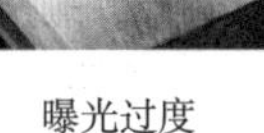

曝光过度　曝光不足

图5-3

任务5.1 制作休闲生活类公众号封面首图

5.1.1 任务引入

本任务要求读者设计休闲生活类公众号封面首图，明确当下生活类公众号封面首图的设计风格，并掌握生活类公众号封面首图的设计要点与制作方法。

5.1.2 设计理念

在设计时，以人物照片为主导，通过对照片色调的调整，营造愉悦、轻松的氛围；点题的文字能令人联想到初夏的快乐。最终效果参看云盘中的“Ch05 > 制作休闲生活类公众号封面首图 > 工程文件”文件，如图5-4所示。

图5-4

5.1.3 任务知识：“自动色调”命令、“色调均化”命令和“替换颜色”命令

1 “自动色调”命令

使用“自动色调”命令可以对图像的色调进行自动调整。软件将以0.10%的色调调整幅度来对图像进行加亮或变暗。按Shift+Ctrl+L组合键，可以对图像的色调进行自动调整。

2 “色调均化”命令

“色调均化”命令用于调整图像或选区像素的过暗部分，使图像变得明亮，并将图像中其他的像素平均分配在亮度色谱中。

选择“图像 > 调整 > 色调均化”命令，在不同的颜色模式下图像将产生不同的效果，如图5-5所示。

原始图像

RGB色调均化的效果

CMYK色调均化的效果

Lab色调均化的效果

图5-5

3 “替换颜色”命令

打开一张照片，选择“图像 > 调整 > 替换颜色”命令，弹出“替换颜色”对话框。在图像中单击要替换的颜色，再调整色相、饱和度和明度，设置“结果”选项为绿色，其他选项的设置如图5-6所示。单击“确定”按钮，效果如图5-7所示。

图5-6

图5-7

5.1.4 任务实施

（1）按Ctrl+N组合键，设置“宽度”为1175像素、“高度”为500像素、“分辨率”为72像素/英寸（1英寸≈2.54厘米）、“颜色模式”为RGB、“背景内容”为白色，单击“创建”按钮，新建文档。

（2）按Ctrl+O组合键，打开云盘中的“Ch05 > 制作休闲生活类公众号封面首图 > 素材 > 01”文件。选择“移动工具” ，将其拖曳到新建的图像窗口中适当的位置，如图5-8所示。在“图层”面板中将生成新的图层，将其命名为“图片”。按Ctrl+J组合键，复制图层，如图5-9所示。

图5-8

图5-9

（3）选择“图像 > 自动色调”命令，调整图像的色调，效果如图5-10所示。选择“图像 > 调整 > 色调均化”命令，调整图像，效果如图5-11所示。

图5-10

图5-11

（4）按Ctrl+O组合键，打开云盘中的“Ch05 > 制作休闲生活类公众号封面首图 > 素材 > 02”文件。选择“移动工具”，将“02”图片拖曳到新建的图像窗口中适当的位置，效果如图5-12所示，在“图层”面板中将生成新的图层，将其命名为“文字”。休闲生活类公众号封面首图制作完成。

图5-12

5.1.5 扩展实践：制作女装网店详情页主图

使用“替换颜色”命令更换照片中人物衣服的颜色，使用“矩形选框工具”绘制选区。最终效果参看云盘中的“Ch05 > 制作女装网店详情页主图 > 工程文件”文件，如图5-13所示。

图5-13

任务5.2 制作电商App主页Banner

5.2.1 任务引入

本任务要求读者设计电商App主页Banner，明确当下电商App主页Banner的设计风格，并掌握电商App主页Banner的设计要点与制作方法。

5.2.2 设计理念

在设计时，以产品照片为主导，用几何元素来装饰画面，增加画面动感；色彩的碰撞增强了画面的视觉冲击力；简洁的文字突出了活动信息，能引发顾客关注。最终效果参看云盘中的“Ch05 > 制作电商App主页Banner > 工程文件”文件，如图5-14所示。

图5-14

5.2.3 任务知识：基础调色命令

1 “色阶”命令

打开一张照片，如图5-15所示。选择“图像 >调整 > 色阶”命令，或按Ctrl+L组合键，弹出“色阶”对话框，如图5-16所示。设置需要的选项，如图5-17所示。单击“确定”按钮，效果如图5-18所示。

图5-15

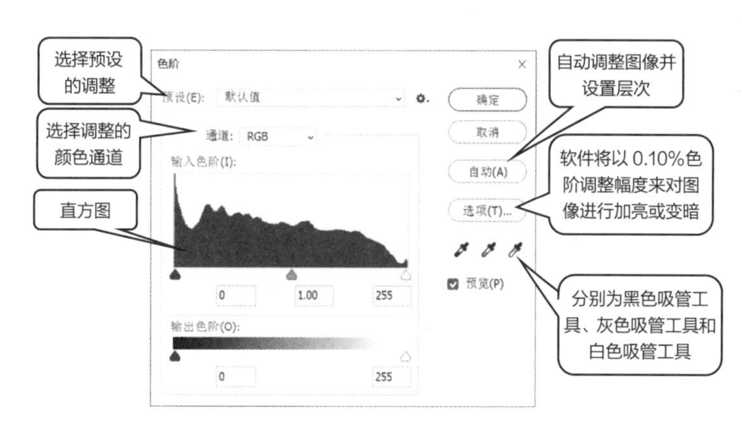

图5-16

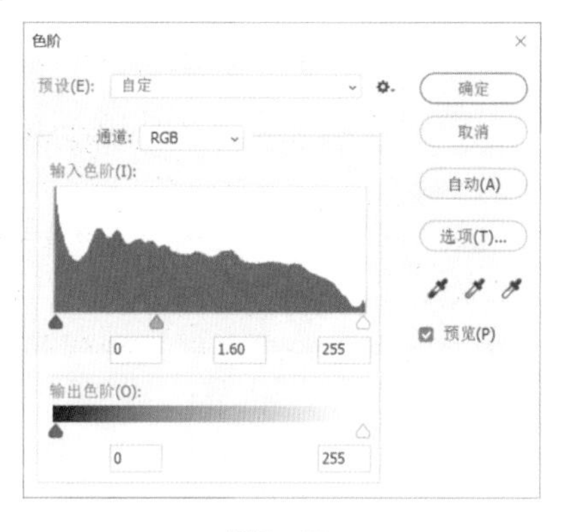

图5-17

图5-18

2 “色相/饱和度”命令

打开一张照片，如图5-19所示。选择“图像 > 调整 > 色相/饱和度”命令，或按Ctrl+U组合键，弹出“色相/饱和度”对话框，如图5-20所示。

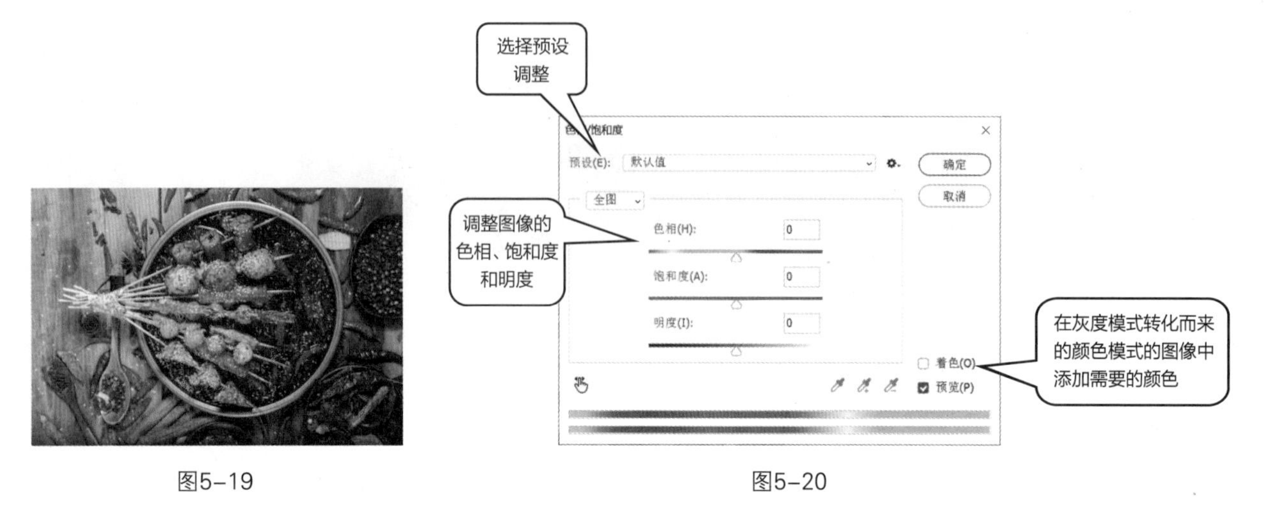

图5-19 图5-20

选项的设置如图5-21所示，单击“确定”按钮，图像效果如图5-22所示。勾选“着色”复选框，选项的设置如图5-23所示。单击“确定”按钮，图像效果如图5-24所示。

图5-21

图5-22

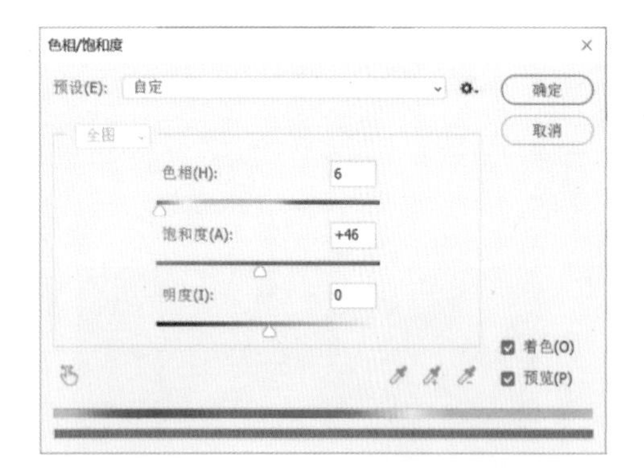

图5-23

图5-24

3 “亮度/对比度”命令

打开一张照片，如图5-25所示。选择“图像 > 调整 > 亮度/对比度”命令，弹出“亮度/对比度”对话框，如图5-26所示。选项的设置如图5-27所示。单击“确定”按钮，效果如图5-28所示。

图5-25

图5-26

图5-27

图5-28

4 “曲线”命令

使用“曲线”命令可以通过调整图像色彩曲线上的任意一个像素点来改变图像的色彩范围。

打开一张照片，选择“图像 > 调整 > 曲线”命令，或按Ctrl+M组合键，弹出对话框，如图5-29所示。在图像中单击，如图5-30所示。对话框中图表的曲线上会出现一个圆圈，横坐标为色彩的输入值，纵坐标为色彩的输出值，如图5-31所示。

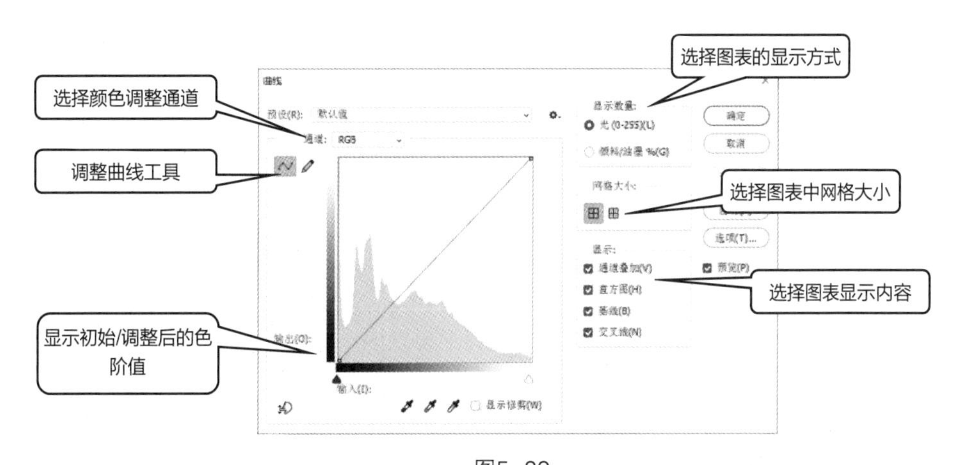

图5-29

图5-30

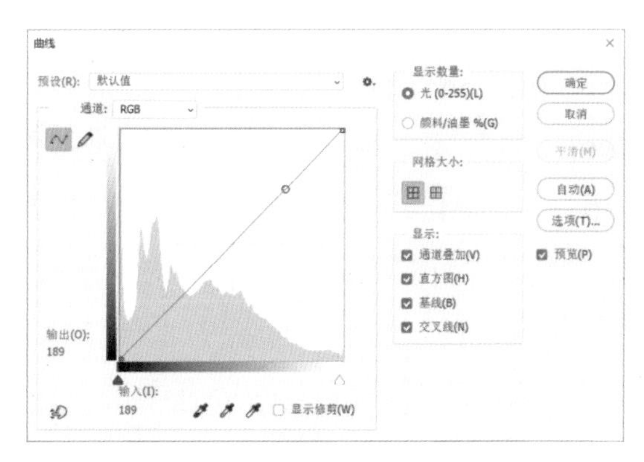

图5-31

5.2.4 任务实施

（1）按Ctrl+N组合键，弹出“新建文档”对话框，设置“宽度”为750像素、“高度”为200像素、“分辨率”为72像素/英寸、“颜色模式”为RGB、“背景内容”为白色，单击“创建”按钮，新建一个文件。

（2）按Ctrl+O组合键，打开云盘中的“Ch05 > 制作电商App主页Banner > 素材”文件夹中的“01”“02”文件。选择“移动工具” ，分别将图片拖曳到新建图像窗口中适当的位置，效果如图5-32所示。在“图层”面板中将分别生成新的图层，将其分别命名为“底图”和“包1”。

图5-32

（3）单击“图层”面板中的“创建新的填充或调整图层”按钮 ，在弹出的菜单中选择“色阶”命令，在“图层”面板中生成“色阶1”图层，同时弹出“色阶”面板。单击“此调整影响下面的所有图层”按钮 使其显示为“此调整剪切到此图层”按钮 ，其他选项设置如图5-33所示。按Enter键确定操作，图像效果如图5-34所示。

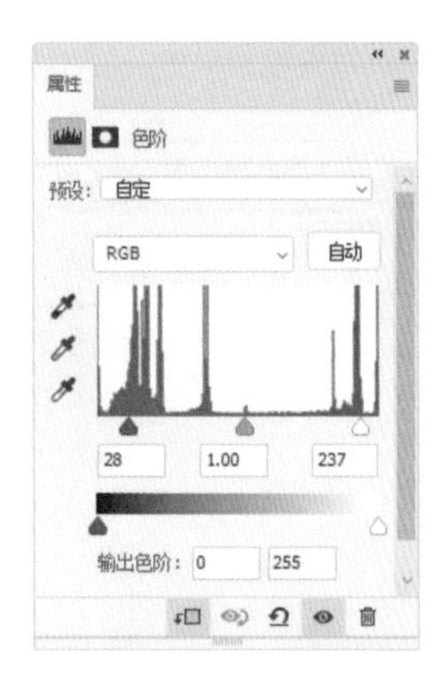

图5-33

图5-34

（4）按Ctrl+O组合键，打开云盘中的“Ch05 > 制作电商App主页Banner > 素材 > 03”文件。选择“移动工具” ，将图片拖曳到新建图像窗口中适当的位置，并调整其大小，效果如图5-35所示。在“图层”面板中将生成新的图层，将其命名为“包2”。

（5）单击“图层”面板中的“创建新的填充或调整图层”按钮 ，在弹出的菜单中选择“色相/饱和度”命令，在“图层”面板中生成“色相/饱和度1”图层，同时弹出“色相/饱和度”面板。单击“此调整影响下面的所有图层”按钮 使其显示为“此调整剪切到此图层”按钮 ，其他选项设置如图5-36所示。按Enter键确定操作，图像效果如图5-37所示。

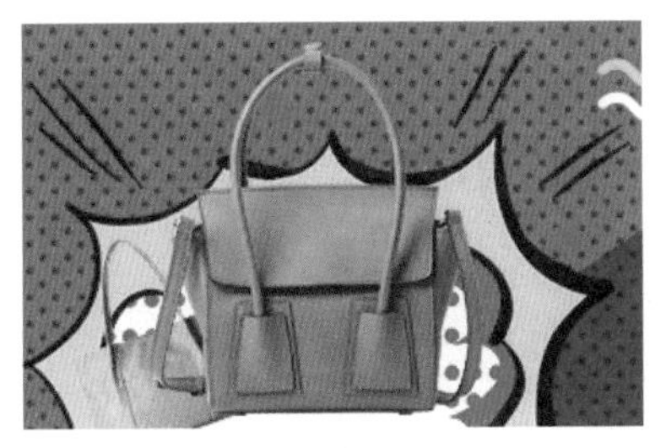

图5-35

图5-36

图5-37

（6）按Ctrl+O组合键，打开云盘中的“Ch05 > 制作电商App主页Banner > 素材 > 04”文件。选择“移动工具”，将图片拖曳到新建图像窗口中适当的位置，效果如图5-38所示。在“图层”面板中将生成新的图层，将其命名为“包3”。

（7）单击“图层”面板中的“创建新的填充或调整图层”按钮，在弹出的菜单中选择“亮度/对比度”命令，在“图层”面板中生成“亮度/对比度1”图层，同时弹出“亮度/对比度”面板。单击“此调整影响下面的所有图层”按钮使其显示为“此调整剪切到此图层”按钮，其他选项设置如图5-39所示。按Enter键确定操作，图像效果如图5-40所示。

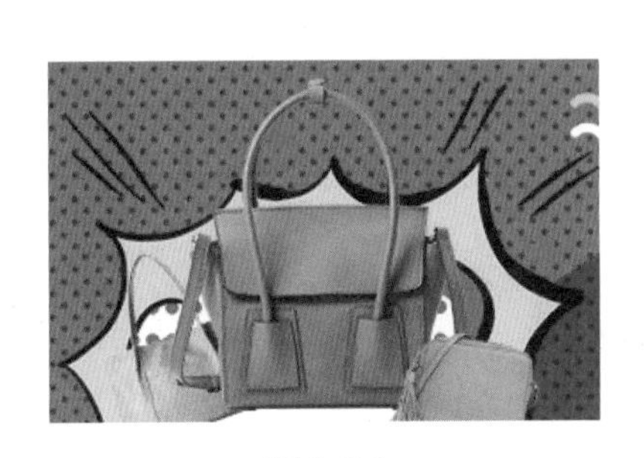

图5-38

图5-39

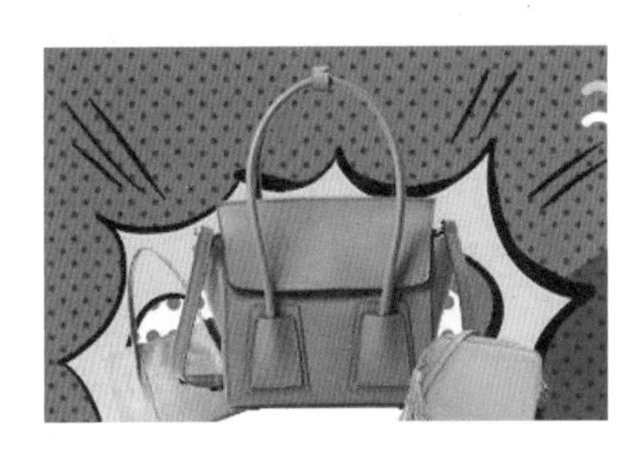

图5-40

（8）选择“横排文字工具”，在适当的位置分别输入需要的文字并选取文字，在属性栏中分别选择合适的字体并设置大小，设置文本颜色为白色，效果如图5-41所示。在“图层”面板中将生成新的文字图层。

图5-41

（9）选择“圆角矩形工具”，在属性栏的“选择工具模式”下拉列表中选择“形状”，将“填充”颜色设为橙黄色（R:255，G:213，B:42），“描边”颜色设为无，“半径”选项设为11像素，在图像窗口中绘制一个圆角矩形，效果如图5-42所示。在“图层”面板中将生成新的形状图层“圆角矩形1”。

（10）选择“横排文字工具” T，在适当的位置分别输入需要的文字并选取文字，在属性栏中分别选择合适的字体并设置大小，设置文本颜色为红色（R:234，G:57，B:34），效果如图5-43所示。在“图层”面板中将生成新的文字图层。

图5-42

图5-43

至此，电商App主页Banner制作完成，效果如图5-44所示。

图5-44

5.2.5 扩展实践：制作家居网站详情页配图

使用“色相/饱和度”命令、“曲线”命令、“自然饱和度”命令和“色阶”命令增强商品照片的色彩鲜艳度，最终效果参看云盘中的“Ch05 > 制作家居网站详情页配图/工程文件”文件，如图5-45所示。

图5-45

任务5.3 制作饰品类公众号内文配图

5.3.1 任务引入

本任务要求读者设计饰品公众号内文配图，明确当下服饰类公众号内文配图的色调风格，并掌握服饰类公众号内文配图的设计要点与制作方法。

5.3.2 设计理念

在设计时，以饰品照片为主导，通过对照片进行调色更好地展现出宝石璀璨夺目的特点；背景色调深沉、幽暗，增强了画面的对比效果，突出饰品的华丽。最终效果参看云盘中的“Ch05 > 制作饰品类公众号内文配图 > 工程文件”文件，如图5-46所示。

图5-46

5.3.3 任务知识：Camera Raw滤镜

1 Camera Raw滤镜

使用Camera Raw滤镜可以调整照片的颜色，包括白平衡、色温和色调等，对图像进行锐化处理、减少杂色、纠正镜头问题及重新修饰。

打开一张照片，如图5-47所示。选择“滤镜 > Camera Raw滤镜”命令，弹出图5-48所示的对话框。

图5-47

图5-48

展开“基本”栏，设置如图5-49所示。单击“确定”按钮，效果如图5-50所示。

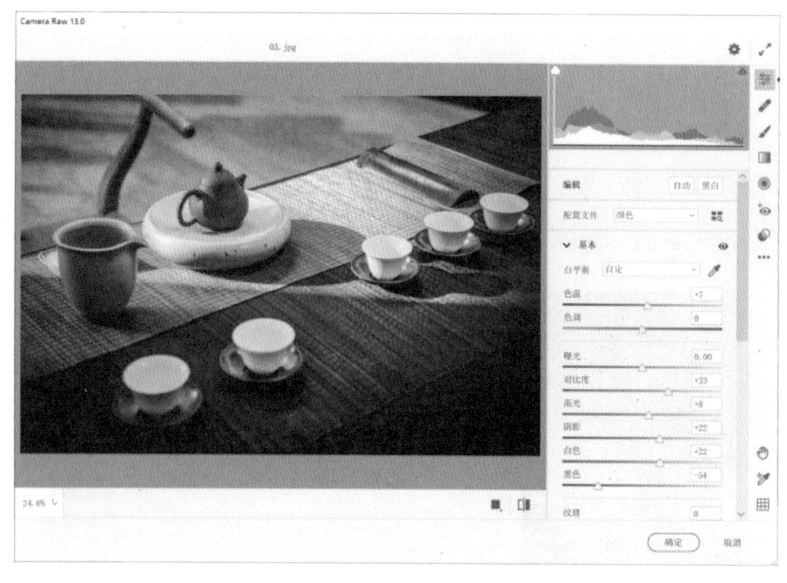

图5-49

图5-50

2 裁剪工具

在Photoshop中可以使用“裁剪工具”裁剪图像，重新定义画布的大小。

选择“裁剪工具”，其属性栏状态如图5-51所示。

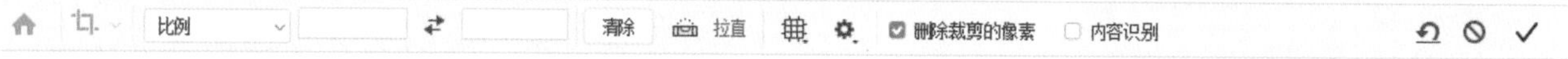

图5-51

比例：用于选择预设的裁剪比例。：用于自定义裁剪框的长宽比。：用于快速拉直倾斜的图像。：用于选择裁剪方式。：用于设置裁剪选项。删除裁剪的像素：用于控制裁掉的图像是否彻底删除。

打开一张照片，在图像窗口中绘制裁剪框，如图5-52所示。按Enter键确定操作，效果如图5-53所示。

图5-52

图5-53

5.3.4 任务实施

（1）按Ctrl+O组合键，打开云盘中的“Ch05 > 制作饰品类公众号内文配图 > 素材 > 01”文件，如图5-54所示。在对话框中进行设置，如图5-55所示。展开“校准”栏，设置如

图5-56所示。单击“打开”按钮，效果如图5-57所示。

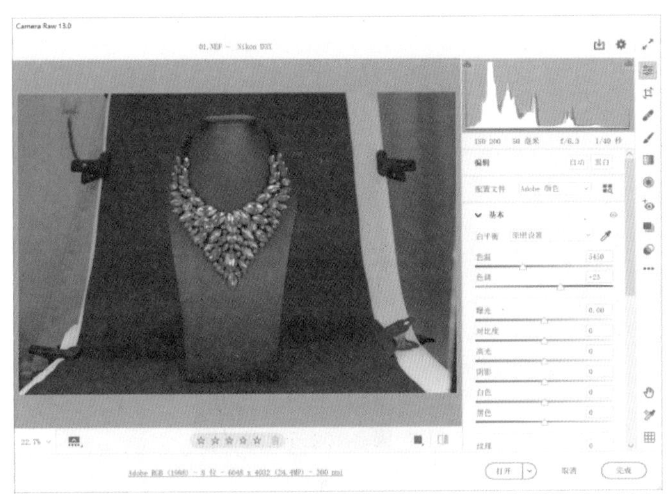

图5-54

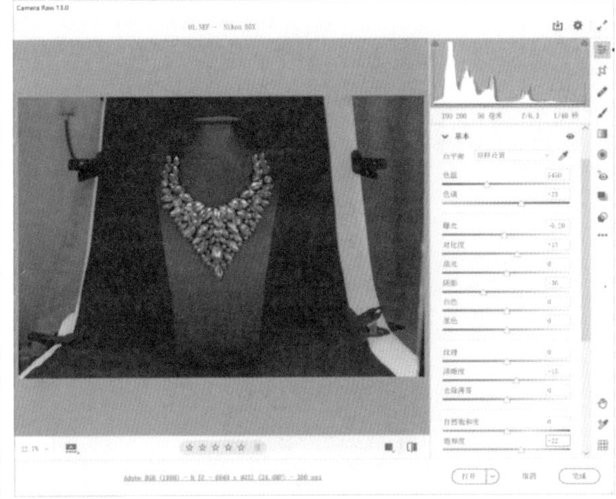

图5-55

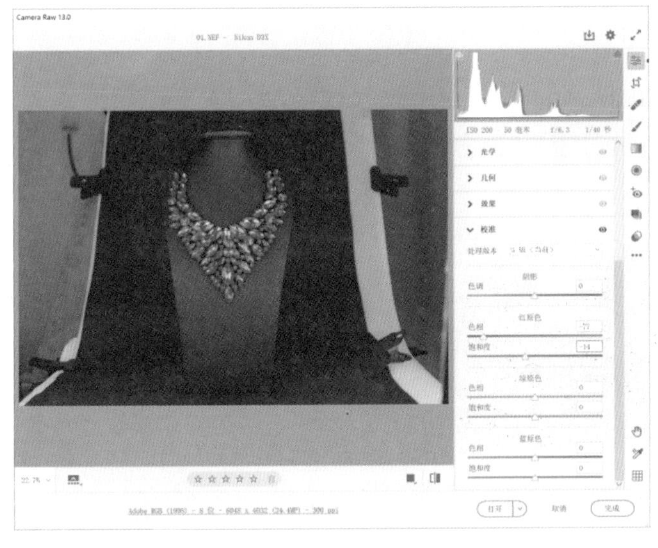

图5-56

图5-57

（2）选择“裁剪工具”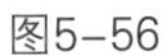，在图像窗口中适当的位置拖曳一个裁剪区域，如图5-58所示。将鼠标指针放在裁剪框外，鼠标指针变为旋转图标↰，按住鼠标左键旋转裁剪框，如图5-59所示。按Enter键确定操作，效果如图5-60所示。

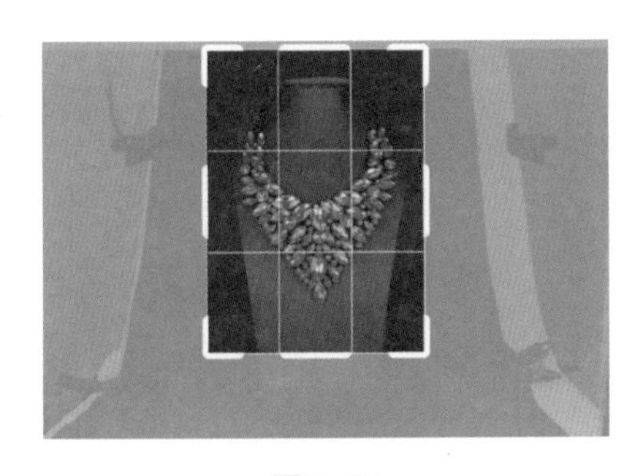

图5-58

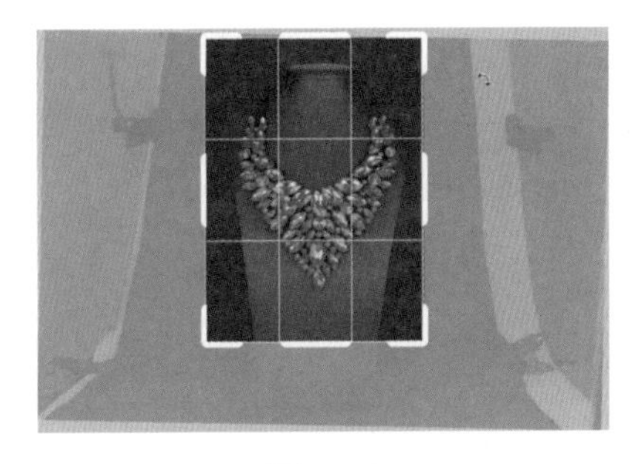

图5-59

图5-60

（3）按Ctrl+O组合键，打开云盘中的“Ch05 > 制作饰品类公众号内文配图 > 素材 > 02”

文件。选择“移动工具” ，将水印图片拖曳到图像窗口中适当的位置并调整大小，效果如图5-61所示。在“图层”面板中将生成新图层，将其命名为“水印”。在“图层”面板中，将“水印”图层的“不透明度”选项设为70%，如图5-62所示。饰品类公众号内文配图制作完成，图像效果如图5-63所示。

图5-61

图5-62

图5-63

5.3.5 扩展实践：制作电商网站详情页配图

使用Camera Raw滤镜调整图像色调，使用“裁剪工具”修改图像尺寸。最终效果参看云盘中的“Ch05>制作电商网站详情页配图>工程文件”文件，如图5-64所示。

图5-64

任务5.4 制作珠宝网站商品图片

5.4.1 任务引入

本任务要求读者设计珠宝网站商品图片，明确当下服饰类网站商品图片的色调风格，并掌握服饰类网站商品图片的设计要点与调色方法。

5.4.2 设计理念

在设计时，以珠宝照片为主导，通过对照片的修饰和调色，突出产品的品质；画面色调柔和，营造了浪漫的氛围，也体现出珠宝的优雅和华美。最终效果参看云盘中的“Ch05 >

制作珠宝网站商品图片 > 工程文件”文件，如图5-65所示。

图5-65

5.4.3 任务知识：可选颜色、色彩平衡

1 可选颜色

打开一张照片，如图5-66所示。选择“图像 > 调整 > 可选颜色”命令，弹出“可选颜色”对话框，设置如图5-67所示。单击“确定”按钮，效果如图5-68所示。

图5-66

图5-67

图5-68

2 色彩平衡

选择“图像 > 调整 > 色彩平衡”命令，或按Ctrl+B组合键，弹出的对话框如图5-69所示。

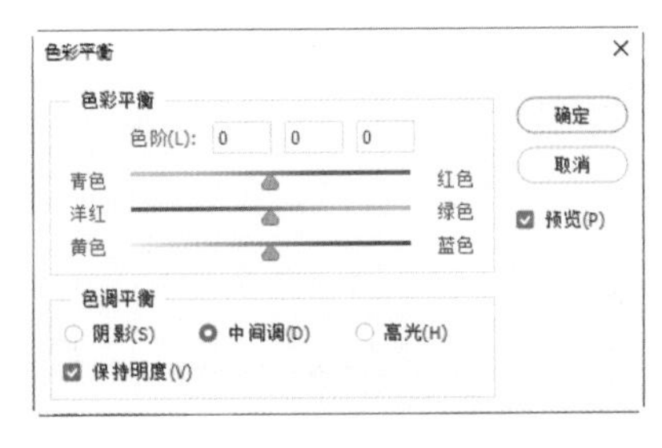

图5-69

色彩平衡：用于添加过渡色来平衡色彩效果，拖曳滑块可以调整整个图像的色彩，也可以在“色阶”选项的文本框中直接输入数值调整图像的色彩。色调平衡：用于选取图像的调整区域，包括阴影、中间调和高光。保持明度：用于保持原图像的明度。

设置不同的色彩平衡参数值后，效果如图5-70所示。

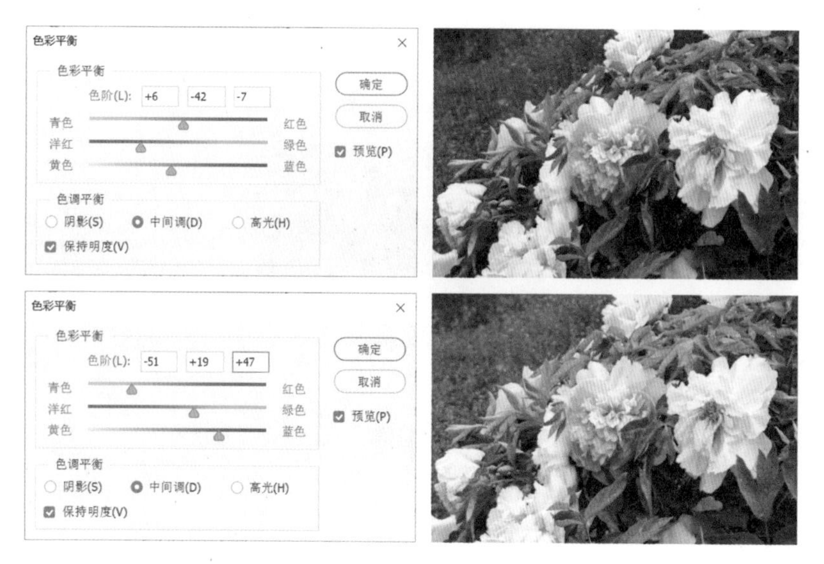

图5-70

5.4.4 任务实施

（1）按Ctrl+O组合键，打开本书云盘中的“Ch05 > 制作珠宝网站商品图片 > 素材 > 01”文件，如图5-71所示。按Alt+Ctrl+2组合键，载入图像高光区域选区，如图5-72所示。

图5-71

图5-72

（2）按Shift+ Ctrl+I组合键，反选选区，如图5-73所示。按Ctrl+J组合键，复制选区中的图像，在“图层”面板中将生成新的图层“图层1”。

（3）在“图层”面板中，将该图层的混合模式设为“滤色”，“不透明度”选项设为30%，如图5-74所示。按Enter键确定操作，图像效果如图5-75所示。

图5-73

图5-74

图5-75

（4）单击“图层”面板中的“创建新的填充或调整图层”按钮，在弹出的菜单中选择“可选颜色”命令，在“图层”面板中将生成“选取颜色1”图层，同时弹出“可选颜色”面板。选择“蓝色”，其他选项的设置如图5-76所示；选择“白色”，其他选项的设置如图5-77所示；选择“黑色”，其他选项的设置如图5-78所示。按Enter键确定操作，效果如图5-79所示。

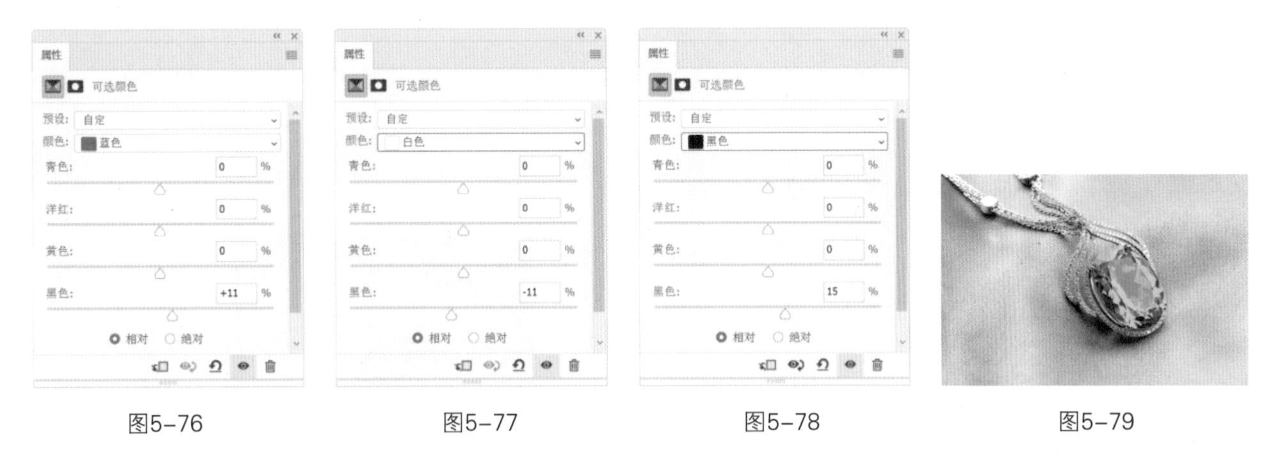

图5-76　　图5-77　　图5-78　　图5-79

（5）单击“图层”面板中的“创建新的填充或调整图层”按钮 ◐，在弹出的菜单中选择“色彩平衡”命令，在“图层”面板中将生成“色彩平衡1”图层。同时弹出“色彩平衡”面板。选择“阴影”，其他选项的设置如图5-80所示；选择“高光”，其他选项的设置如图5-81所示。按Enter键确定操作，效果如图5-82所示。

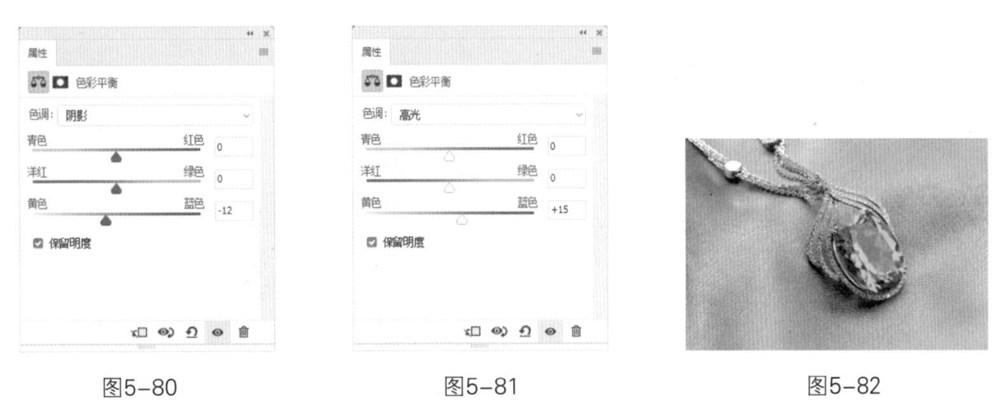

图5-80　　图5-81　　图5-82

（6）按Alt+Shift+Ctrl+E组合键，盖印图层，在“图层”面板中将生成新的图层“图层2”，如图5-83所示。按Alt+Ctrl+2组合键，载入图像高光区域选区，如图5-84所示。按Shift+Ctrl+I组合键，反选选区，如图5-85所示。

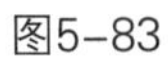

图5-83　　图5-84　　图5-85

（7）单击“图层”面板中的“创建新的填充或调整图层”按钮，在弹出的菜单中选择“曲线”命令，在“图层”面板中将生成“曲线1”图层，同时弹出“曲线”面板。在曲线上单击添加控制点，选项的设置如图5-86所示。按Enter键确定操作，效果如图5-87所示。

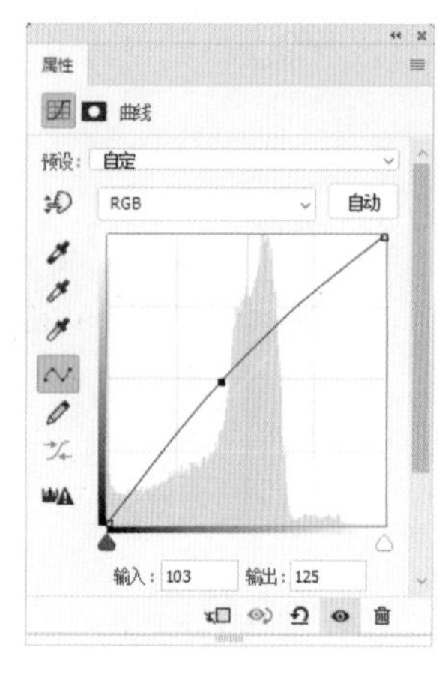

图5-86

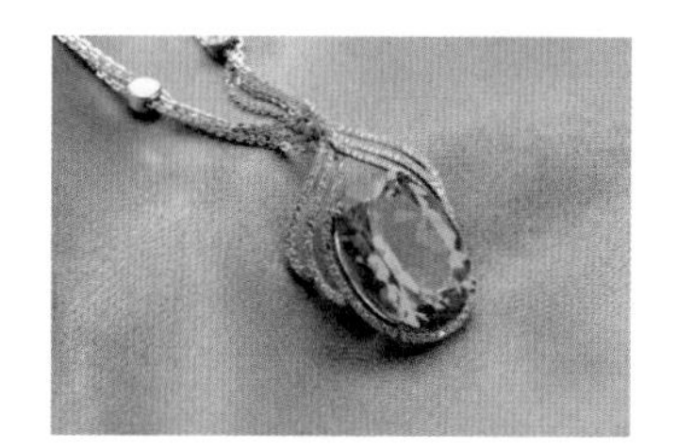

图5-87

（8）单击“图层”面板中的“创建新的填充或调整图层”按钮，在弹出的菜单中选择“色阶”命令，在“图层”面板中将生成“色阶1”图层，同时弹出“色阶”面板。选项的设置如图5-88所示，按Enter键确定操作，效果如图5-89所示。

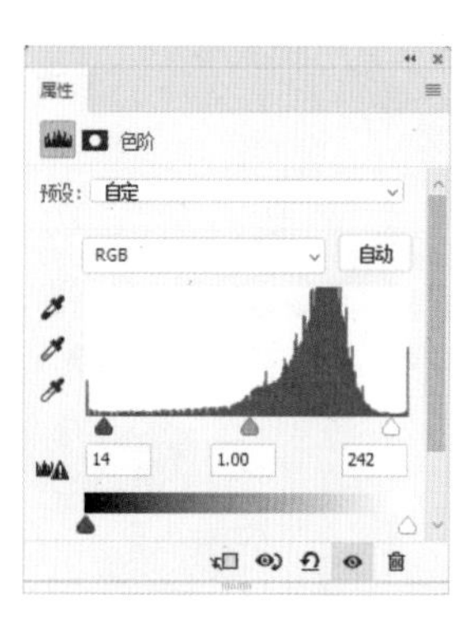

图5-88

图5-89

（9）按Alt+Shift+Ctrl+E组合键，盖印可见层，在“图层”面板中将生成新的图层“图层3”，如图5-90所示。将前景色设为白色。选择“画笔工具”，在属性栏中单击“画笔”选项右侧的按钮，弹出画笔选择面板，单击面板右侧的按钮，在弹出的菜单中选择“旧版画笔 > 混合画笔 > 交叉排线4”画笔形状，将“大小”选项设为150像素，如图5-91所示。在属性栏中将“不透明度”选项设为60%，在图像窗口中的项链上单击绘制高光图形，效果如图5-92所示。

（10）按Ctrl+J组合键，复制图层，在“图层”面板中将生成新的图层“图层3 拷贝”。将该图层的混合模式设为“柔光”，“不透明度”选项设为80%，如图5-93所示。按Enter键确定操作，图像效果如图5-94所示。

（11）选择“横排文字工具”，输入需要的文字并选取文字，在属性栏中选择合适的字体并设置文字大小，设置文字颜色为白色，效果如图5-95所示。珠宝网站商品图片制作完成。

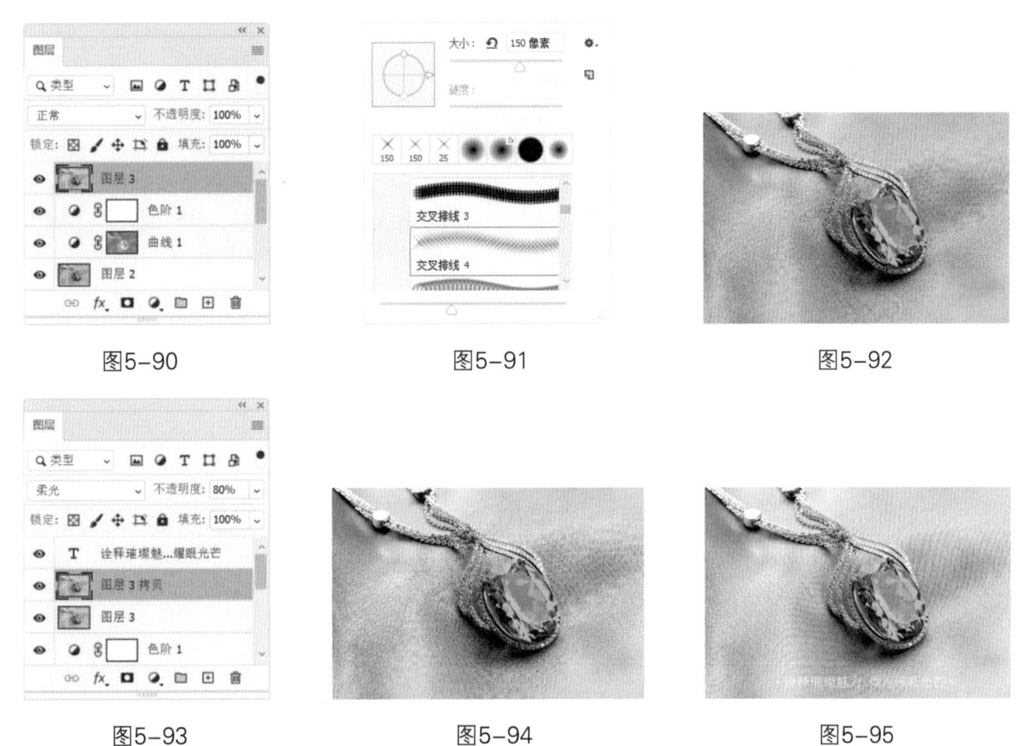

图5-90 图5-91 图5-92

图5-93 图5-94 图5-95

5.4.5 扩展实践：制作夏日风格照片

使用曲线命令、色彩平衡命令和可选颜色命令调整照片的色调。最终效果参看云盘中的“Ch05 > 制作夏日风格照片 > 工程文件”文件，如图5-96所示。

图5-96

微课
制作夏日风格照片

任务5.5 制作唯美风景画

微课
制作唯美风景画

5.5.1 任务引入

本任务要求读者设计唯美风景画，明确当下风景类照片的调色风格，并掌握风景类照片的设计要点与调色方法。

5.5.2 设计理念

图5-97

在设计时，对风景照片进行调色，使画面色彩淡雅，意境悠远，引发人们的向往之情。最终效果参看云盘中的“Ch05 > 制作唯美风景画 > 工程文件”文件，如图5-97所示。

5.5.3 任务知识：特殊调色命令

1 “通道混合器”命令

打开一张照片，如图5-98所示。选择“图像 > 调整 > 通道混合器”命令，在弹出的对话框中进行设置，如图5-99所示。单击“确定”按钮，效果如图5-100所示。

图5-98

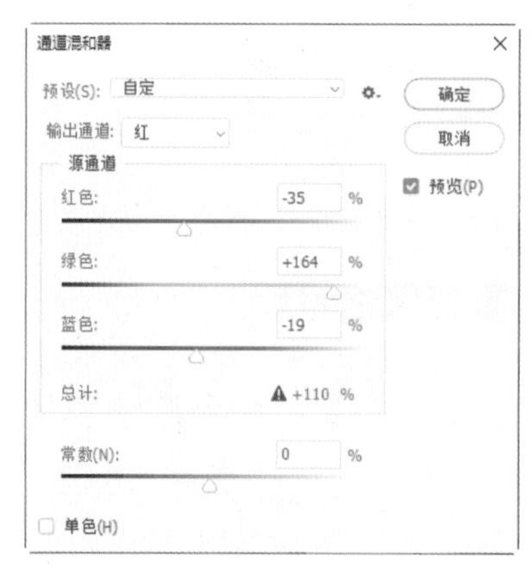

图5-99

图5-100

2 “黑白”命令

使用“黑白”命令可以将彩色图像转换为灰阶图像，也可以为灰阶图像添加单色。

3 “色调分离”命令

原始图像效果如图5-101所示，选择“图像 > 调整 > 色调分离”命令，弹出“色调分离”对话框，按图5-102所示进行设置。单击“确定”按钮，图像效果如图5-103所示。

色阶：用于指定色阶数，软件将以256阶的亮度对图像中的像素亮度进行分配。色阶数值越高，图像产生的变化越小。

图5-101

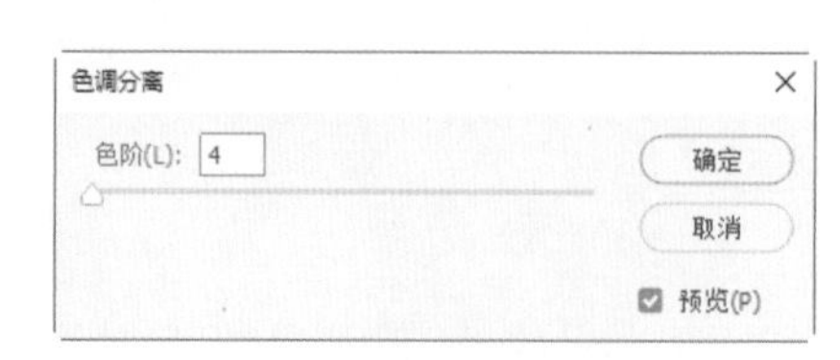

图5-102

图5-103

4 “阈值”命令

使用“阈值”命令可以提高图像色调的反差度。

打开一张照片，如图5-104所示。选择“图像 > 调整 > 阈值”命令，弹出图5-105所示的对话框，选项的设置如图5-106所示。单击“确定”按钮，效果如图5-107所示。

图5-104

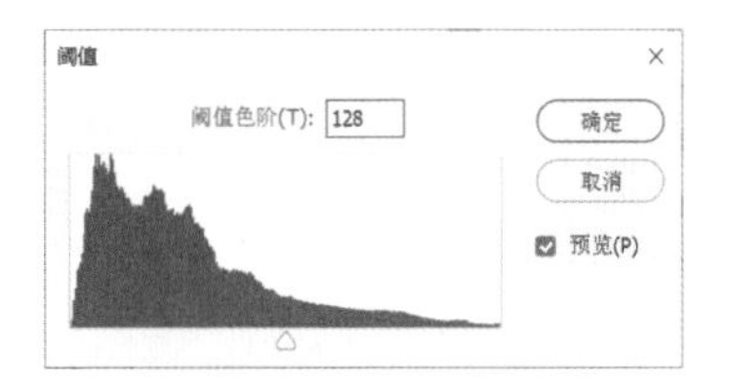

图5-105

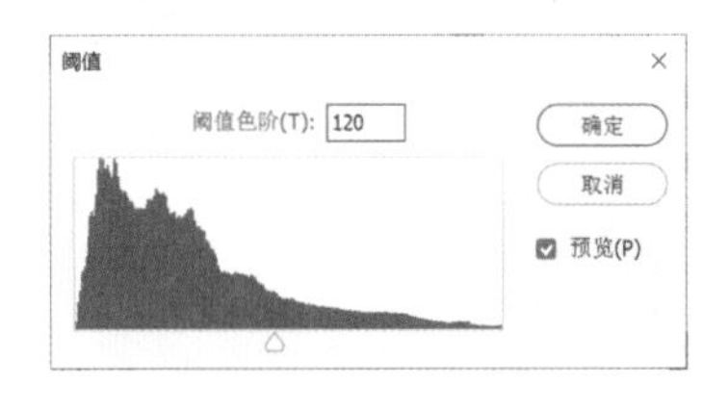

图5-106

图5-107

阈值色阶：用于改变图像的阈值，软件将使大于阈值的像素变为白色，小于阈值的像素变为黑色，使图像具有高度反差。

5.5.4 任务实施

（1）按Ctrl+O组合键，打开本书云盘中的“Ch05 > 唯美风景画 > 素材> 01”文件，如图5-108所示。按Ctrl+J组合键，复制背景图层，在“图层”面板中将生成新的图层“图层1”，如图5-109所示。

图5-108

图5-109

（2）选择“图像 > 调整 > 通道混合器”命令，在弹出的对话框中进行设置，如图5-110所示。单击“确定”按钮，效果如图5-111所示。

（3）按Ctrl+J组合键，复制“图层1”图层，在“图层”面板中将生成新的图层，将其命名为“黑白”，如图5-112所示。

（4）选择“图像 > 调整 > 黑白”命令，在弹出的对话框中进行设置，如图5-113所示。单击“确定”按钮，效果如图5-114所示。

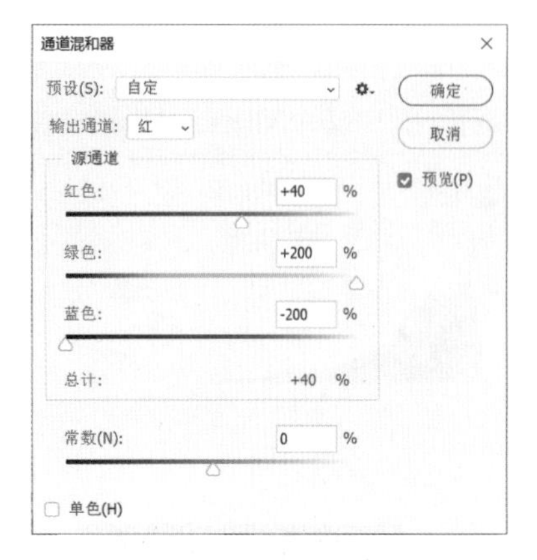

图5-110

图5-111

图5-112

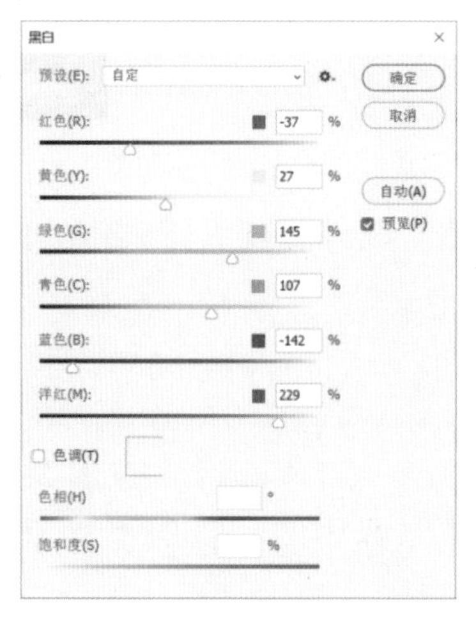

图5-113

图5-114

（5）将“黑白”图层的混合模式设为“滤色”，如图5-115所示，图像效果如图5-116所示。按Alt+Shift+Ctrl+E组合键盖印图层，在“图层”面板中将生成新的图层，将其命名为“效果”，如图5-117所示。

图5-115

图5-116

图5-117

（6）选择“图像 > 调整 > 色相/饱和度”命令，在弹出的对话框中进行设置，如图5-118所示。单击“确定”按钮，效果如图5-119所示。唯美风景画制作完成。

图5-118

图5-119

5.5.5 扩展实践：制作旅游出行类公众号封面首图

使用“自动色调”命令和“色调均化”命令调整照片的颜色。最终效果参看云盘中的“Ch05 > 制作旅游出行类公众号封面首图 > 工程文件”文件，如图5-120所示。

图5-120

任务5.6 项目演练——制作小寒节气宣传海报

5.6.1 任务引入

本任务要求读者设计制作节气海报，明确当下文化类海报的设计风格，并掌握文化类海报的设计要点与制作方法。

5.6.2 设计理念

在设计时，以传统建筑照片为主导，朱墙黄瓦搭配傲雪盛开的梅花，凸显小寒节气特色；画面色彩浓郁，对比强烈，提高了视觉冲击力；经过设计的文字令画面更具悠远意境。最终效果参看云盘中的“Ch05 > 制作小寒节气宣传海报 > 工程文件”文件，如图5-121所示。

图5-121

06

项目6 掌握合成数码照片的方法

合成可以将多幅数码照片合成到一起，生成一幅全新的照片，展现出创作者丰富的想象力。本项目详细讲解合成的概念和形式、常用的合成工具和命令，以及根据设计任务来构思合成数码照片的方法。通过本项目的学习，读者能够掌握数码照片的合成方法和操作技巧，制作出富有特色的作品。

知识目标

- 了解合成的相关概念
- 认识常用的合成工具

能力目标

- 熟练掌握数码照片合成的方法和技巧
- 能够根据设计任务来构思合成数码照片

素养目标

- 培养丰富的想象力
- 培养举一反三的学习能力

相关知识：合成基础

1 合成的概念

合成是指将两幅或多幅图像使用适当的合成工具和面板合并成一幅图像，制作出符合设计者要求的独特效果，如图6-1所示。

图6-1

2 合成的形式

合成按拼合形式的不同，分为3种：由多个纹理或材质的图像拼合，将具有相同光源、定位和视角的图像拼合，以独立标签的形式打开并拼合，如图6-2所示。

图6-2

任务6.1 制作茶叶网站首页Banner

6.1.1 任务引入

本任务要求读者设计茶叶网站首页Banner，明确当下电商网站首页Banner的设计风格，并掌握电商网站首页Banner的设计要点与制作方法。

6.1.2 设计理念

在设计时，以西湖龙井和茶具照片为主导，以茶山照片为背景，主题鲜明；文字的颜色也选择绿色系，呼应主题；飘落的茶叶为画面增加了灵动感。最终效果参看云盘中的“Ch06 > 制作茶叶网站首页Banner > 工程文件”文件，如图6-3所示。

图6–3

6.1.3 任务知识：绘图工具、图层蒙版

使用“置入嵌入对象”命令置入图片，使用“横排文字工具”添加文字，使用“矩形工具”“圆角矩形工具”绘制基本形状，使用“添加图层样式”命令为图像添加效果。

1 矩形工具

选择“矩形工具”，或按Shift+U组合键切换至该工具，其属性栏状态如图6-4所示。

图6–4

打开一张照片，如图6-5所示。在属性栏中将“填充”颜色设为白色。在图像窗口中绘制矩形，效果如图6-6所示。“图层”面板如图6-7所示。

图6–5　　图6–6　　图6–7

2 圆角矩形工具

选择“圆角矩形工具”，或按Shift+U组合键切换至该工具，其属性栏状态如图6-8所示。

图6–8

打开一张照片，在属性栏中将“填充”颜色设为白色，“半径”项设为40像素。在图像窗口中绘制圆角矩形，效果如图6-9所示。“图层”面板如图6-10所示。

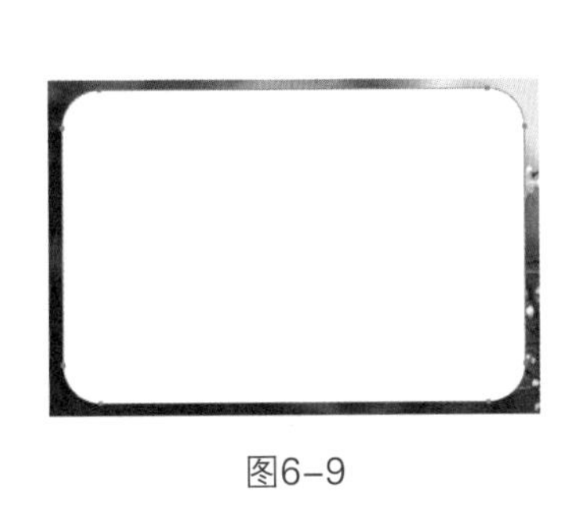

图6–9

图6–10

3 渐变工具

选择“渐变工具”，或按Shift+G组合键切换至该工具，其属性栏状态如图6-11所示。

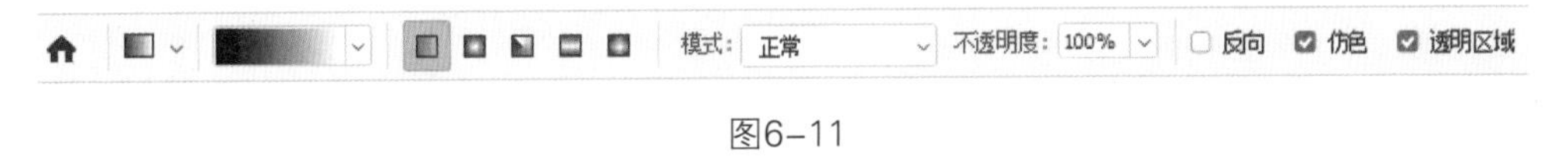

图6–11

按钮：用于选择和编辑渐变的色彩。按钮：用于选择渐变类型，包括线性渐变、径向渐变、角度渐变、对称渐变、菱形渐变。反向：用于反向产生色彩渐变的效果。仿色：用于使颜色过渡得更加平滑。透明区域：用于产生透明区域。

单击“点按可编辑渐变”按钮，弹出“渐变编辑器”对话框，如图6-12所示，在其中可以自定义渐变形式和色彩。

在颜色编辑框下方的适当位置单击，可以增加颜色色标，如图6-13所示。在下方的“颜色”选项中选择颜色，或双击刚建立的颜色色标，弹出“拾色器（色标颜色）”对话框，如图6-14所示。在其中设置颜色，单击“确定”按钮，即可改变色标颜色。在“位置”项的文本框中输入数值或用鼠标直接拖曳颜色色标，可以调整色标位置。

图6–12

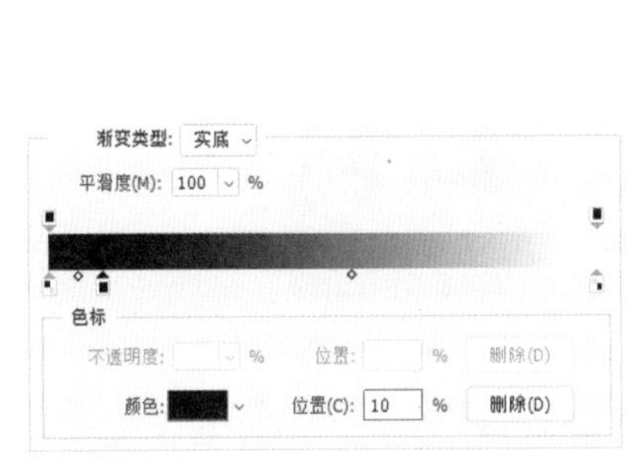

图6–13

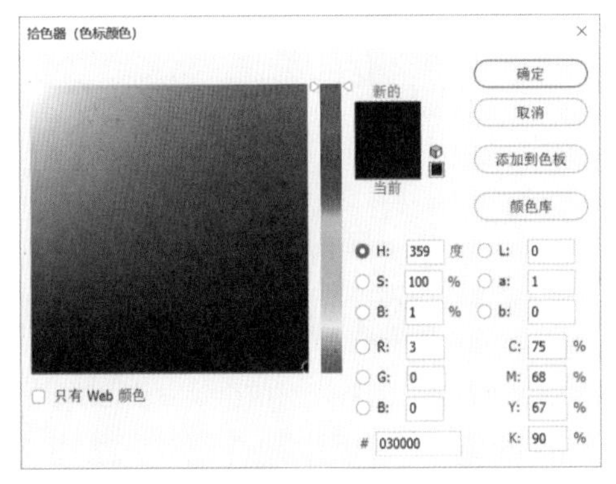

图6–14

任意选择一个颜色色标，如图6-15所示。单击对话框中的 删除(D) 按钮，或按Delete键，可以将颜色色标删除，如图6-16所示。

图6-15

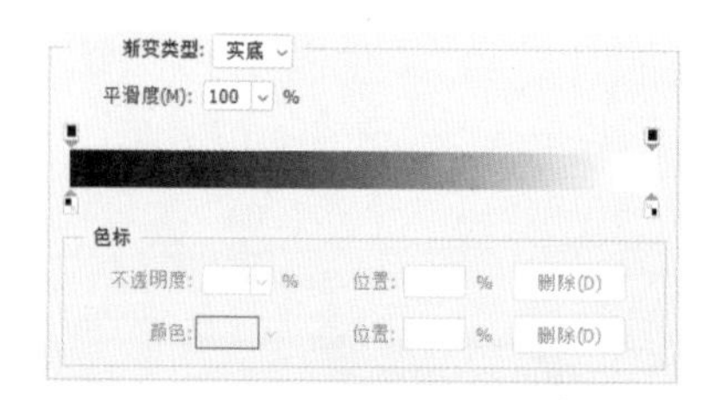

图6-16

单击颜色编辑框左上方的黑色色标，如图6-17所示。调整“不透明度”选项的数值，可以调整色标的不透明度，如图6-18所示。

图6-17

图6-18

在颜色编辑框的上方单击，添加新的色标，如图6-19所示。调整“不透明度”选项的数值，可以调整新色标的不透明度，如图6-20所示。

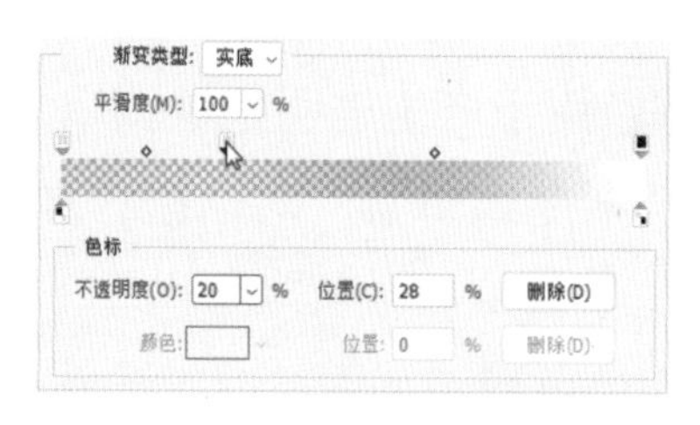

图6-19

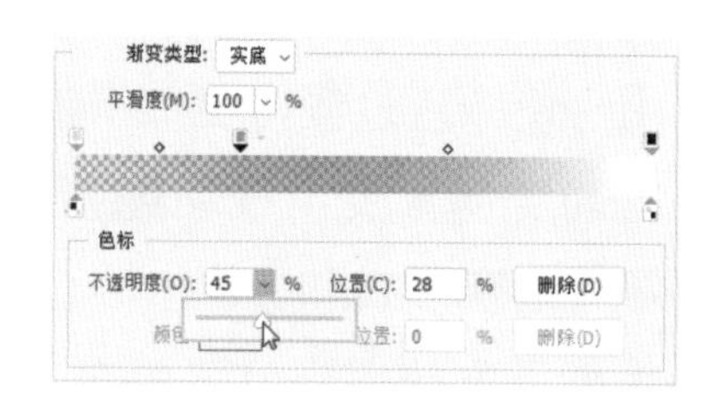

图6-20

4 图层蒙版

打开一张照片，如图6-21所示，“图层”面板如图6-22所示。

图6-21

图6-22

选择“画笔工具”，将前景色设定为黑色，“画笔工具”属性栏如图6-23所示。单击“图层”面板中的“添加图层蒙版”按钮，可以创建一个图层的蒙版，效果如图6-24所示。在图层的蒙版中按所需的效果进行喷绘，图像效果如图6-25所示。

图6-23

图6-24　　图6-25

在“图层”面板中图层的蒙版效果如图6-26所示。选择“通道”面板，面板中出现了图层的蒙版通道，如图6-27所示。

在“图层”面板中，图层图像与蒙版之间的🔗是关联按钮。在图层图像与蒙版关联的情况下，移动图像时蒙版会同步移动，单击关联按钮🔗，将不显示该按钮，图层图像与蒙版可以分别进行操作。

在“通道”面板中，双击“捧花蒙版”通道，弹出“图层蒙版显示选项”对话框，如图6-28所示，可以对蒙版选项中的颜色和“不透明度”进行设置。

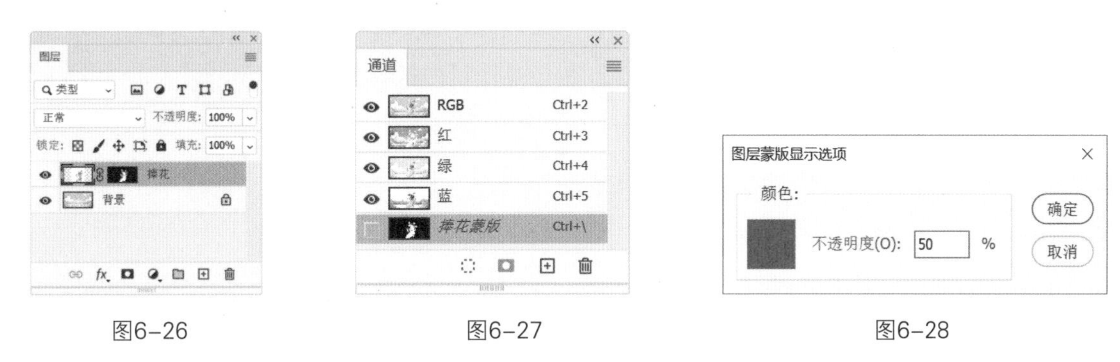

图6-26　　图6-27　　图6-28

选择“图层 > 图层蒙版 > 停用”命令，或在“图层”面板中，按住Shift键的同时单击图层蒙版，如图6-29所示，则图层蒙版被停用，图像将全部显示，效果如图6-30所示。再次按住Shift键的同时单击图层蒙版，将恢复图层蒙版效果。

图6-29　　图6-30

按住Alt键，单击图层蒙版，图层图像就会消失，而只显示图层蒙版，效果分别如图6-31和图6-32所示。再次按住Alt键的同时，单击图层蒙版，将恢复图层图像显示。按住

Alt+Shift组合键的同时单击图层蒙版，将同时显示图像和图层蒙版的内容。

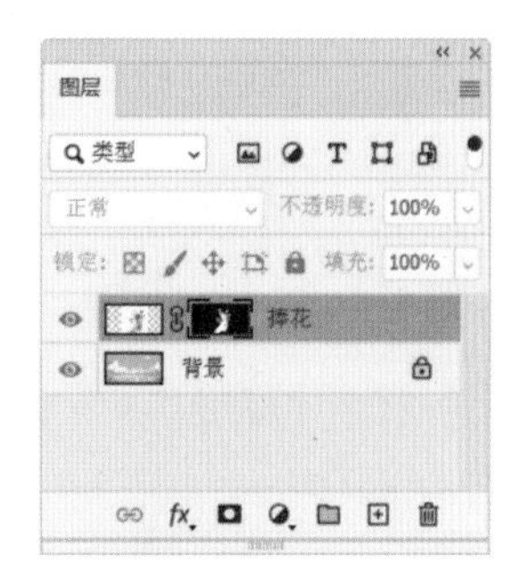

图6-31

图6-32

选择“图层 > 图层蒙版 > 删除”命令，或在图层蒙版上单击鼠标右键，在弹出的菜单中选择“删除图层蒙版”命令，都可以删除图层蒙版。

6.1.4 任务实施

（1）按Ctrl+N组合键，弹出“新建文档”对话框，设置“宽度”为1920像素、“高度”为700像素、“分辨率”为72像素/英寸、“颜色模式”为RGB、“背景内容”为白色，如图6-33所示。单击“创建”按钮，新建一个文件。

（2）选择“矩形工具”，在属性栏的“选择工具模式”下拉列表中选择“形状”，将“填充”颜色设为白色、“描边”颜色设为无，在图像窗口中绘制一个与页面大小相等的矩形，如图6-34所示，在“图层”面板中将生成新的形状图层“矩形1”。

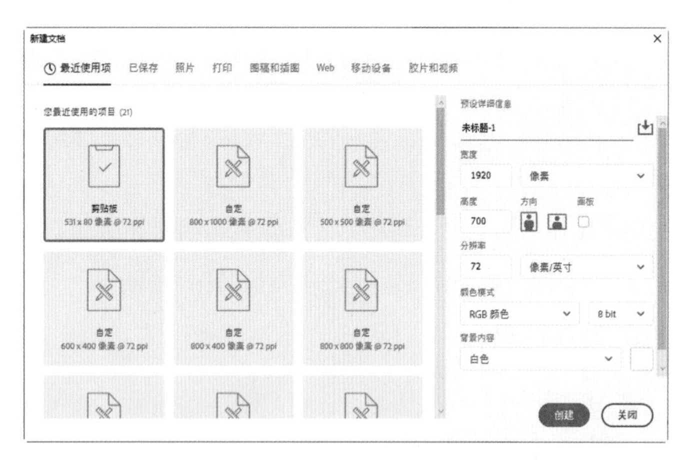

图6-33

图6-34

（3）单击“图层”面板中的“添加图层样式”按钮，在弹出的菜单中选择“渐变叠加”命令。在弹出的对话框中，单击“点按可编辑渐变”按钮，弹出“渐变编辑器”对话框，分别设置两个位置点颜色的RGB值为（152，197，192）（222，236，235），如图6-35所示。单击“确定”按钮，返回“图层样式”对话框，其他选项的设置如图6-36所示。单击“确定”按钮，为形状添加渐变效果。

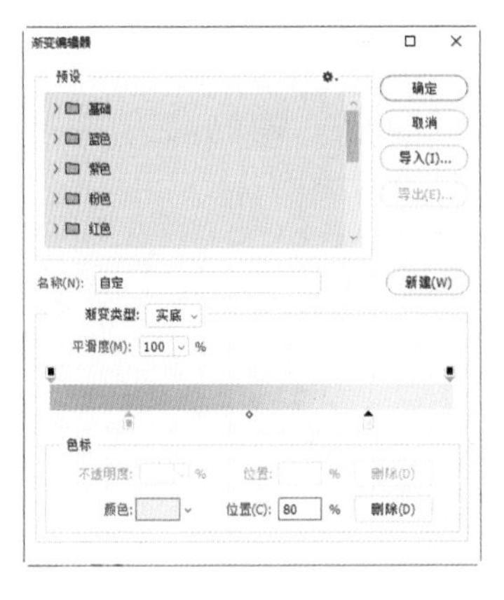

图6-35

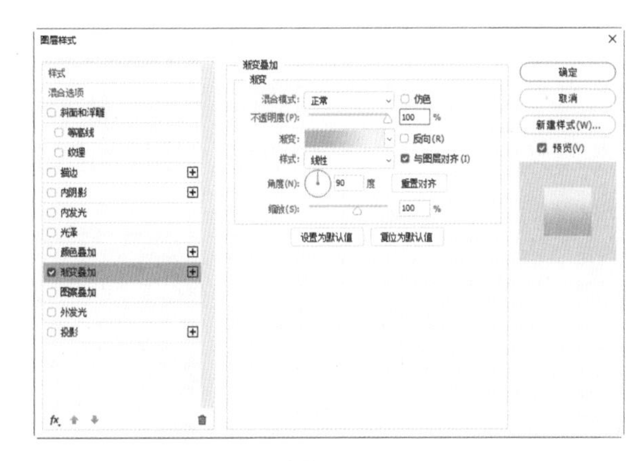

图6-36

（4）选择“文件 > 置入嵌入对象”命令，弹出“置入嵌入的对象”对话框，选择云盘中的“Ch06 >制作茶叶网站首页Banner > 素材 > 01”文件。单击“置入”按钮，将图片置入图像窗口中，将“01”图像拖曳到适当的位置。按Enter键确定操作，如图6-37所示，在“图层”面板中将生成新的图层，将其命名为“山 1”。

（5）在“图层”面板中将图层的混合模式设为“正片叠底”。单击“图层”面板中的“添加图层蒙版”按钮，为“山 1”图层添加图层蒙版，如图6-38所示。按住Ctrl键的同时单击图层前的缩览图，载入选区。

图6-37

图6-38

（6）选择“渐变工具”，单击属性栏中的“点按可编辑渐变”按钮，弹出“渐变编辑器”对话框，将渐变色设为从黑色到白色，单击“确定”按钮，在图像窗口中由下至上拖曳鼠标。

（7）按Ctrl+D组合键，取消选区。选择“画笔工具”，在属性栏中单击“画笔”选项，在弹出的面板中进行设置，如图6-39所示。将前景色设为黑色，在图像窗口中拖曳鼠标擦除不需要的部分，效果如图6-40所示。

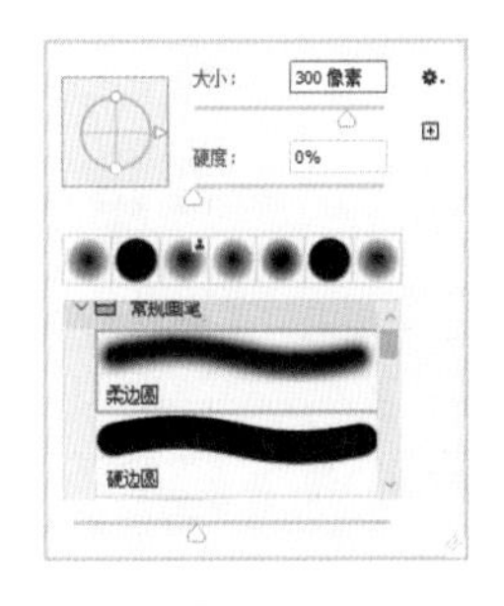

图6-39

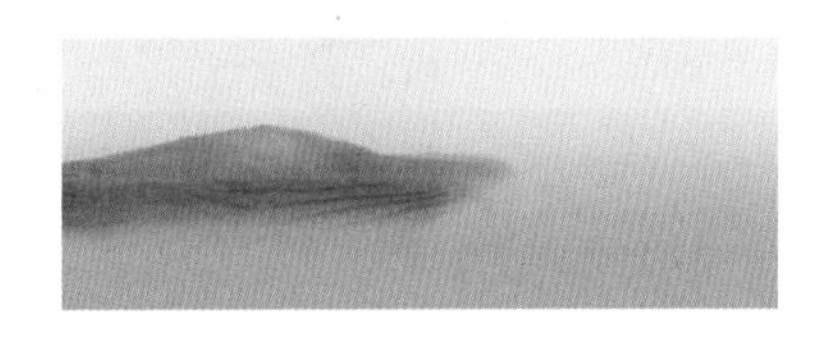

图6-40

（8）使用类似的方法置入图像并添加图层蒙版，如图6-41所示，效果如图6-42所示。选择“椭圆工具”○，在属性栏中将“填充”颜色设为白色、“描边”颜色设为无。按住Shift键的同时在图像窗口中绘制一个圆形，效果如图6-43所示，在“图层”面板中将生成新的形状图层“椭圆 1”。

图6-41

图6-42

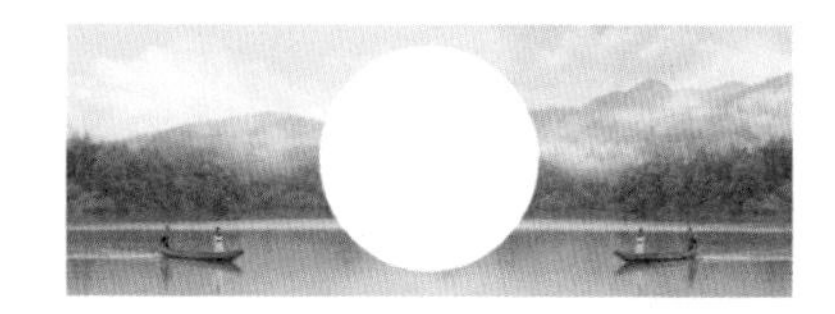
图6-43

（9）在“图层”面板中将“不透明度”选项设为70%，如图6-44所示。在“属性”面板中单击“蒙版”按钮，切换到相应的面板中进行设置，如图6-45所示，效果如图6-46所示。

图6-44

图6-45

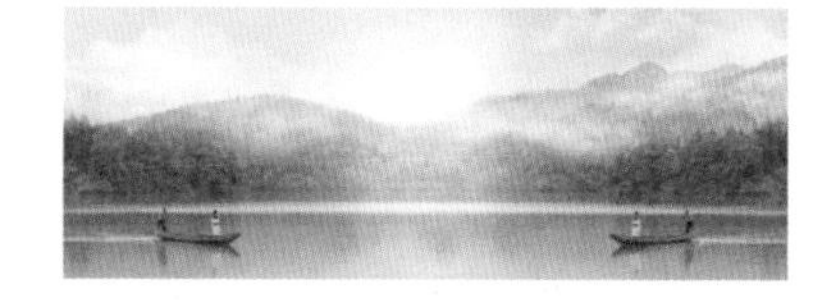
图6-46

（10）按住Shift键的同时单击“矩形 1”图层，同时选取需要的图层，按Ctrl+G组合键将图层编组并命名为“背景”。使用类似的方法置入其他图像，在“图层”面板中将分别生成新的图层，如图6-47所示，效果如图6-48所示。

（11）单击“石头”图层，选择“矩形工具”□，在属性栏中将“填充”设为渐变，设置两个位置点颜色的RGB值分别为（55，20，6）（0，0，0），将“不透明度色标”的位置设为0（100%）、100（0%），如图6-49所示。将“描边”颜色设为无，在图像窗口中适当的位置绘制一个矩形，在“图层”面板中将生成新的形状图层，将其命名为“投影”。

图6-47

图6-48

图6-49

（12）选择“矩形”工具，按住Shift键的同时再次绘制一个矩形。选择“直接选择”工具，按住Shift键的同时分别单击需要的锚点，将其向左移动到适当的位置。在“属性”面板中将羽化值设为4像素，在“图层”面板中将不透明度选项设为70%，效果如图6-50所示。使用上述方法绘制其他形状，在“图层”面板分别生成新的图层，如图6-51所示，效果如图6-52所示。

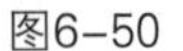

图6-50

图6-51

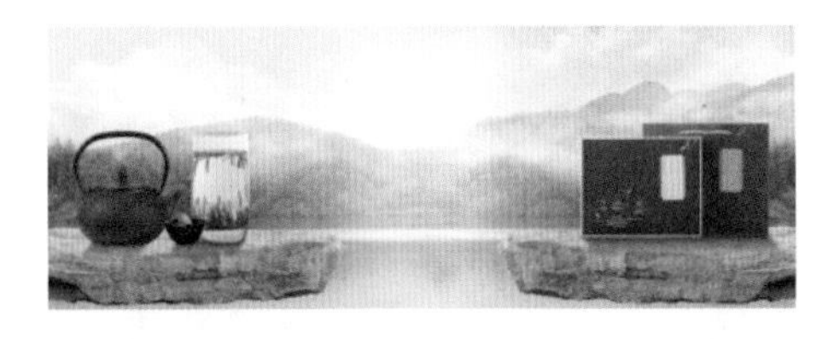

图6-52

（13）选择“茶壶”图层，单击“图层”面板中的“创建新的填充或调整图层”按钮 ，在弹出的菜单中选择“色彩平衡”命令，在“图层”面板中将生成“色彩平衡1”图层。在弹出的“色彩平衡”面板中进行设置，如图6-53所示。按Enter键确定操作，效果如图6-54所示。

（14）选择“礼盒”图层，按住Shift键的同时单击“石头”图层，将需要的图层同时选取，如图6-55所示。按Ctrl+G组合键将图层编组并命名为“商品”，如图6-56所示。

图6-53

图6-54

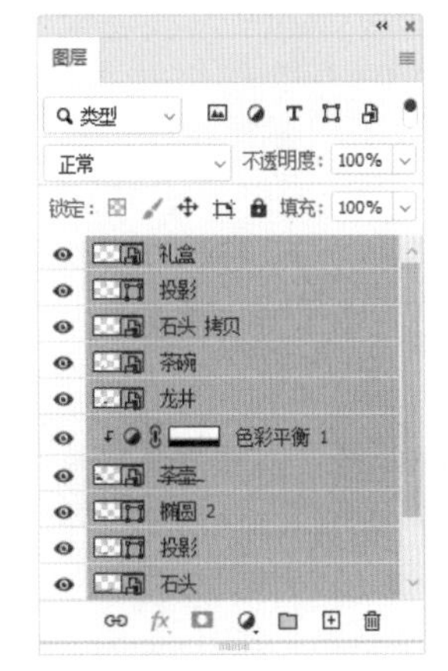

图6-55

图6-56

（15）使用类似的方法置入“10”图片并调整大小，在“图层”面板中将生成新的图层，将其命名为“叶子”。单击“图层”面板中的“创建新的填充或调整图层”按钮 ，在弹出的菜单中选择“色彩平衡”命令，在“图层”面板中将生成“色彩平衡 2”图层。在弹出的“色彩平衡”面板中进行设置，如图6-57所示，效果如图6-58所示。

（16）再次单击“图层”面板中的“创建新的填充或调整图层”按钮 ，在弹出的菜单中选择“曲线”命令，在“图层”面板中将生成“曲线1”图层。在弹出的“曲线”面板中单击左下角的控制点，将“输入”选项设为20、“输出”选项设为0，如图6-59所示，按Enter键确定操作。在“图层”面板中将图层的混合模式设为“正片叠底”，效果如图6-60所示。

图6-57

图6-58

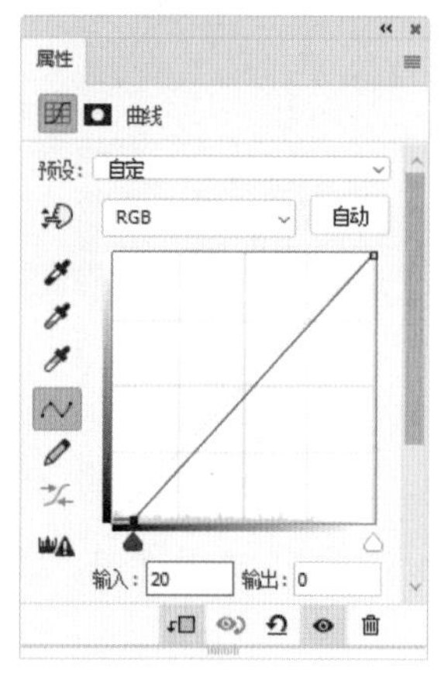

图6-59

图6-60

（17）按住Shift键的同时单击“叶子”图层将需要的图层同时选取，按Ctrl+J组合键复制图层，并将其拖曳到“叶子”图层的下方。按Ctrl+T组合键，在图像周围将出现变换框，拖曳图像到适当的位置，按Enter键确定操作，效果如图6-61所示。

（18）选择“曲线 1”图层，使用类似的方法复制并置入图像，效果如图6-62所示。按住Shift键的同时单击“叶子 拷贝”图层，将需要的图层同时选取，按Ctrl+G组合键将图层编组并命名为“前景”，如图6-63所示。

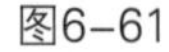

图6-61

图6-62

图6-63

（19）选择“背景”图层组，使用类似的方法置入“茶叶”图像。选择“滤镜 > 模糊 > 高斯模糊”命令，弹出“高斯模糊”对话框进行设置，如图6-64所示，单击“确定”按钮。创建“色彩平衡 3”调整图层，如图6-65所示，效果如图6-66所示。

（20）按住Shift键的同时单击“茶叶”图层，将需要的图层同时选取，按Ctrl+J组合键复制图层，并将其拖曳到“茶叶”图层的下方。按Ctrl+T组合键，在图像周围将出现变换框，拖曳图像到适当的位置，单击鼠标右键，在弹出的菜单中选择“水平翻转”命令，按Enter

键确定操作，效果如图6-67所示。

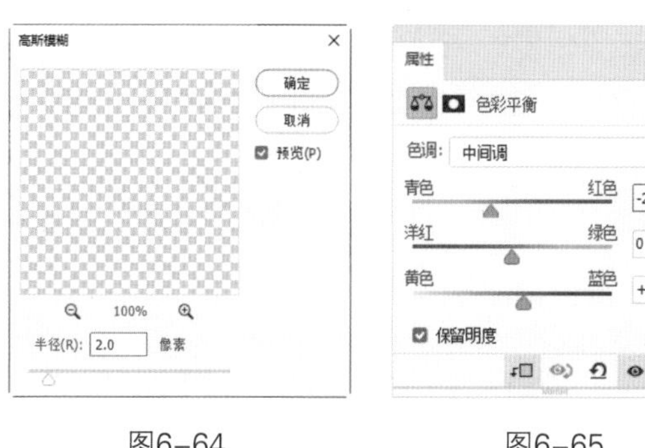

图6-64　　图6-65　　图6-66　　图6-67

（21）选择“色彩平衡 3”调整图层，按住Shift键的同时单击“茶叶 拷贝”图层，将需要的图层同时选取，按Ctrl+G组合键将图层编组，如图6-68所示。

（22）选择“前景”图层组，选择“横排文字工具” T.，在图像窗口中输入需要的文字并选取文字。选择“窗口 > 字符”命令，打开“字符”面板，将“颜色”设为苍绿色（R:44，G:91，B:77），其他选项的设置如图6-69所示。按Enter键确定操作，效果如图6-70所示，在“图层”面板中将生成新的文字图层。

图6-68　　图6-69　　图6-70

（23）使用类似的方法输入其他文字并为文字添加渐变叠加效果，如图 6-71所示，效果如图 6-72所示。选择“圆角矩形工具” ▢.，在属性栏中将“填充”颜色设为枣红色（R:184，G:49，B:27）、“描边”颜色设为无、“半径”选项设为12像素。在图像窗口中适当的位置绘制一个圆角矩形，效果如图 6-73所示，在“图层”面板中将生成新的形状图层“圆角矩形1”。

图6-71　　图6-72　　图6-73

（24）选择“横排文字工具” T.，在图像窗口中输入需要的文字并选取文字。在“字符”面板中将“颜色”设为白色，其他选项的设置如图6-74所示。按Enter键确定操作，效果如图6-75所示，在“图层”面板中将生成新的文字图层。

（25）按住Shift键将需要的图层同时选取，如图6-76所示，按Ctrl+G组合键将图层编组并命名为“文字”。置入“14”图片，在“图层”面板中将生成新的图层，将其命名为“茶叶”，效果如图6-77所示。茶叶网站首页Banner设计制作完成。

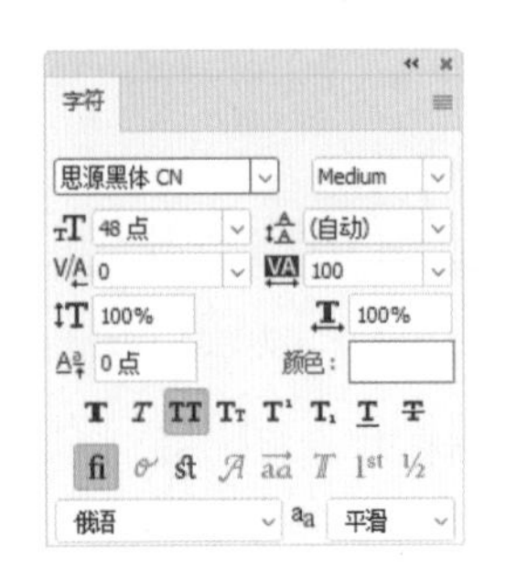

图6-74

图6-75

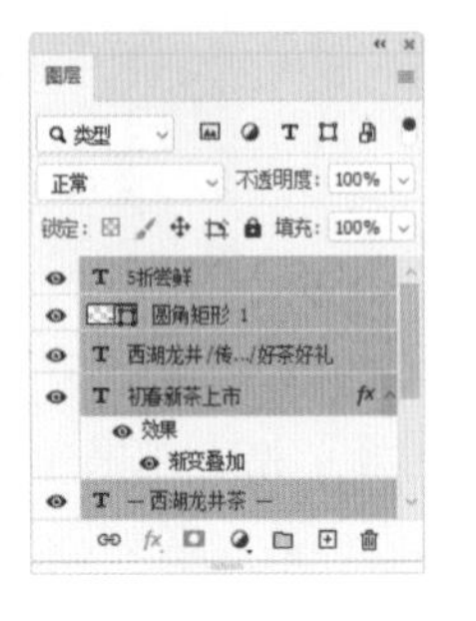

图6-76

图6-77

6.1.5 扩展实践：制作草莓宣传广告

使用绘图工具绘制装饰图形，使用“横排文字工具”添加宣传文字。最终效果参看云盘中的“Ch06 > 制作草莓宣传广告 > 工程文件”文件，如图6-78所示。

图6-78

微课

制作草莓宣传广告

任务6.2 制作旅游出行宣传海报

6.2.1 任务引入

本任务要求读者设计旅游出行宣传海报，明确当下旅游类宣传海报的设计风格，并掌握旅游类宣传海报的设计要点与制作方法。

6.2.2 设计理念

在设计时，以列车照片为主导，以风景照片为背景，突出出行的主题，行驶中的列车为画面增加了动感；白色和黄色的文字醒目突出，活动信息令人一目了然；画面整体色调温暖，给人阳光、愉悦的感觉，激起人们旅游的欲望。最终效果参看云盘中的“Ch06 > 制作旅游出行宣传海报 > 工程文件”文件，如图6-79所示。

图6-79

6.2.3 任务知识：“直线工具”“变换”命令、图层混合模式

1 直线工具

选择“直线工具”，或按Shift+U组合键切换至该工具，其属性栏状态如图6-80所示。属性栏中的内容与“矩形工具”属性栏的选项内容类似，只增加了“粗细”项，用于设定直线的宽度。

图6-80

单击属性栏中的按钮，弹出面板，如图6-81所示。打开一张照片，在属性栏中将“填充”颜色设为白色，在图像窗口中绘制不同效果的直线，如图6-82所示，“图层”面板如图6-83所示。

按住Shift键的同时，可以绘制水平、竖直以及与水平或竖直方向呈45°的直线。

2 “变换”命令

在操作过程中可以根据设计和制作的需要变换已经绘制好的选区。

打开一张照片，选择“椭圆选框工具”，在要变换的图像上绘制选区。选择“编辑 > 自由变换”或“编辑 > 变换”命令，其子菜单如图6-84所示。应用不同的变换命令前后图像的变换效果对比如图6-85所示。

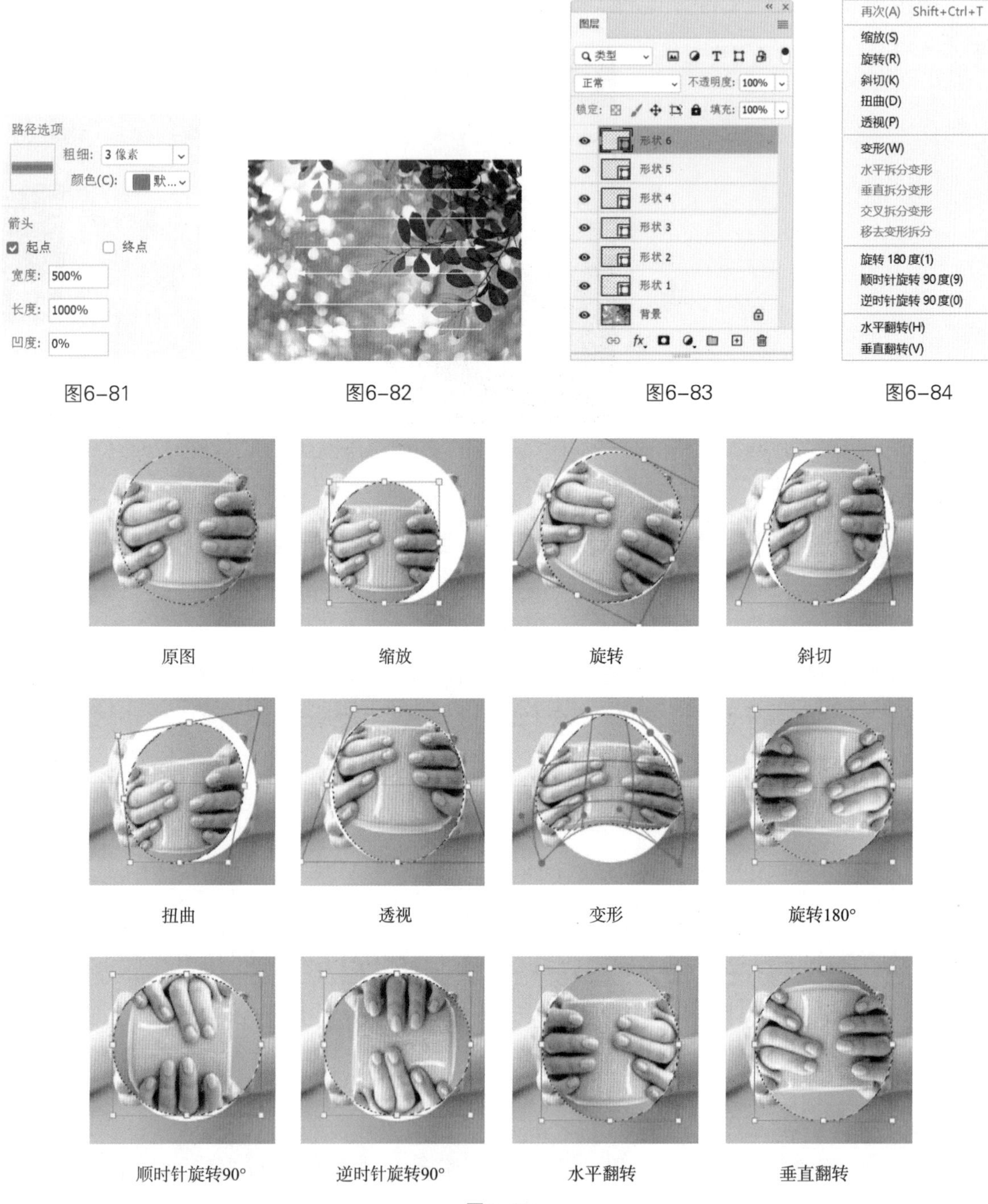

图6-81 图6-82 图6-83 图6-84

图6-85

③ 图层混合模式

图层混合模式的设置，决定了当前图层中的图像与其下面图层中的图像以何种模式进行混合。

在“图层”面板中，正常 选项用于设定图层的混合模式，它包含27种模式。打开图6-86所示的图像，“图层”面板如图6-87所示。

图6-86

图6-87

在对“前景”图层应用不同的图层模式后，图像效果如图6-88所示。

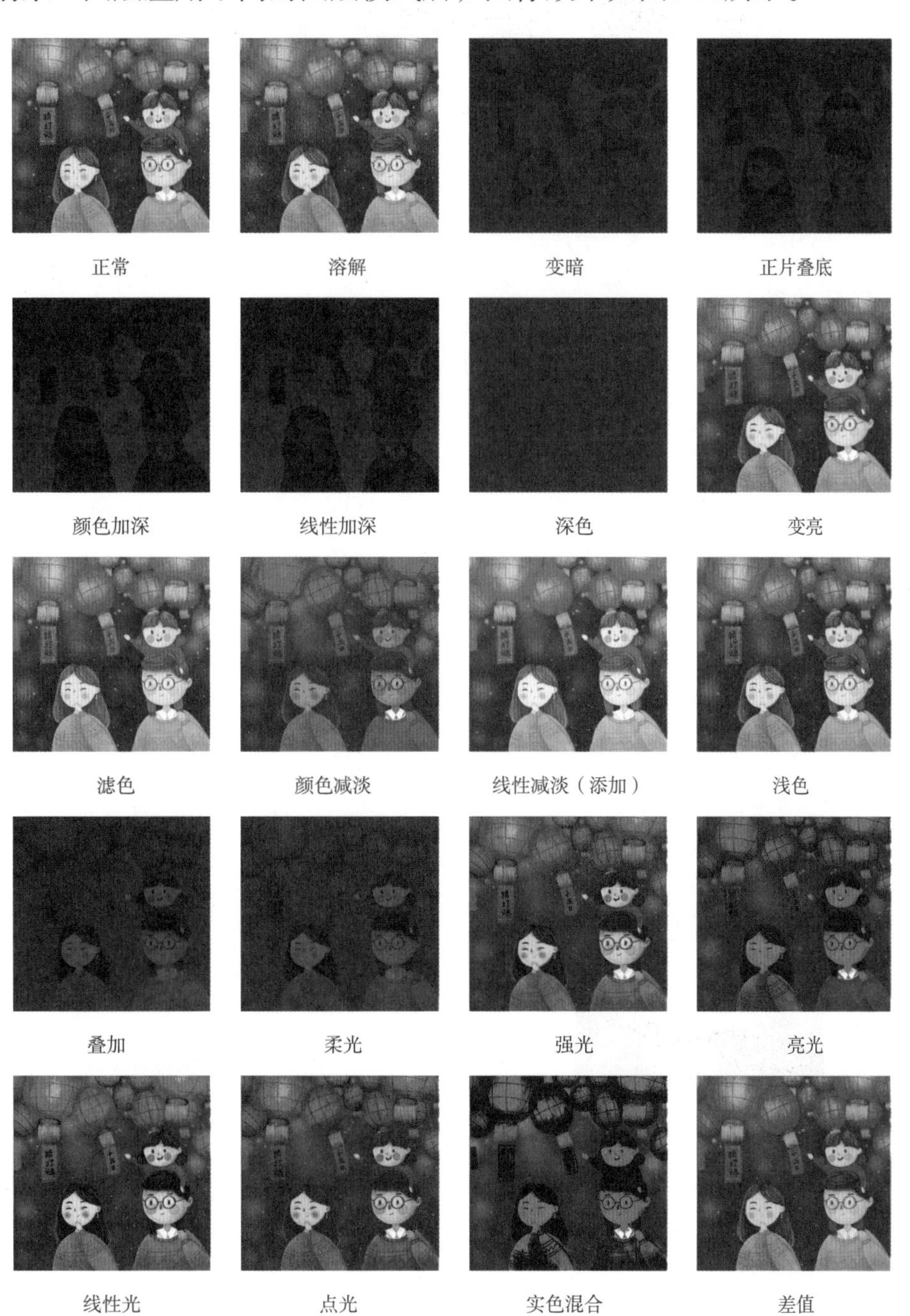

图6-88

图6-88（续）

6.2.4 任务实施

1 制作背景效果

（1）按Ctrl+N组合键，新建一个文件，“宽度”为750像素，“高度”为1181像素，“分辨率”为72像素/英寸，“背景内容”为白色。

（2）按Ctrl+O组合键，打开云盘中的“Ch06 > 制作旅游出行宣传海报 > 素材”文件夹中的“01”“02”“03”文件。选择“移动工具”，分别将图片拖曳到图像窗口中适当的位置，调整其大小，效果如图6-89所示。在“图层”面板中将生成新的图层，将其分别命名为“天空”“大山”“火车”，如图6-90所示。

图6-89

图6-90

（3）选择“大山”图层，为图层添加蒙版，如图6-91所示。将前景色设为黑色。选择“画笔工具”，在属性栏中单击“画笔”选项右侧的按钮，在弹出的面板中选择需要的画笔形状，设置如图6-92所示。在图像窗口中拖曳鼠标擦除不需要的图像，效果如图6-93所示。

图6-91

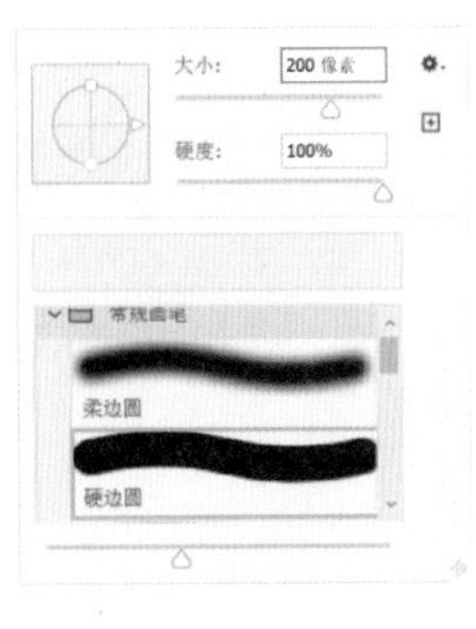
图6-92

图6-93

（4）选择“天空”图层。单击“图层”面板中的“创建新的填充或调整图层”按钮，在弹出的菜单中选择“曲线”命令，在“图层”面板中生成“曲线 1”图层，同时弹出“曲线”面板。选择“绿”通道，切换到相应的面板，在曲线上单击添加控制点，设置如图6-94所示；选择“蓝”通道，切换到相应的面板，在曲线上单击添加控制点，设置如图6-95所示，效果如图6-96所示。

（5）选择“大山”图层。单击“图层”面板中的“创建新的填充或调整图层”按钮，在弹出的菜单中选择“色相/饱和度”命令，在“图层”面板中生成“色相/饱和度 1”图层，同时弹出“色相/饱和度”面板，选项的设置如图6-97所示。按Enter键确定操作，图像效果如图6-98所示。

（6）按Ctrl+O组合键，打开云盘中的“Ch06 > 制作旅游宣传单 > 素材 > 04”文件。选择“移动工具”，将图片拖曳到图像窗口中适当的位置，并调整其大小，效果如图6-99所示，在“图层”面板中将生成新的图层，将其命名为“云雾”。

（7）将“云雾”图层的“不透明度”选项设为80%，如图6-100所示。按Enter键确定操作，图像效果如图6-101所示。

（8）单击“图层”面板中的“添加图层蒙版”按钮，为图层添加蒙版，如图6-102所示。将前景色设为黑色。选择“画笔工具”，在属性栏中单击“画笔”选项右侧的按钮，在弹出的面板中选择需要的画笔形状，设置如图6-103所示。在属性栏中将“不透明度”选项设为50%，在图像窗口中拖曳鼠标擦除不需要的图像，效果如图6-104所示。

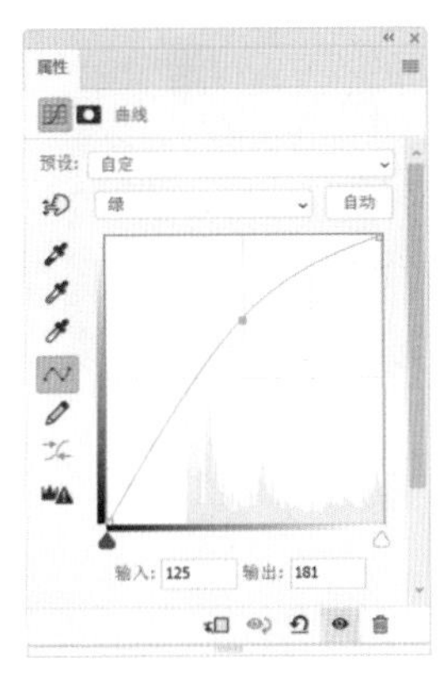
图6-94

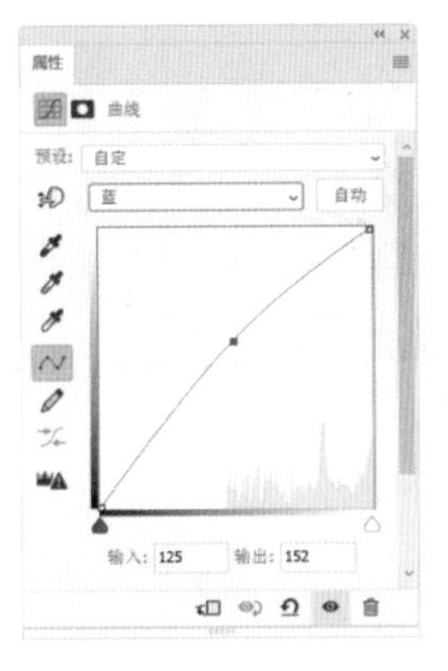
图6-95

图6-96

图6-97

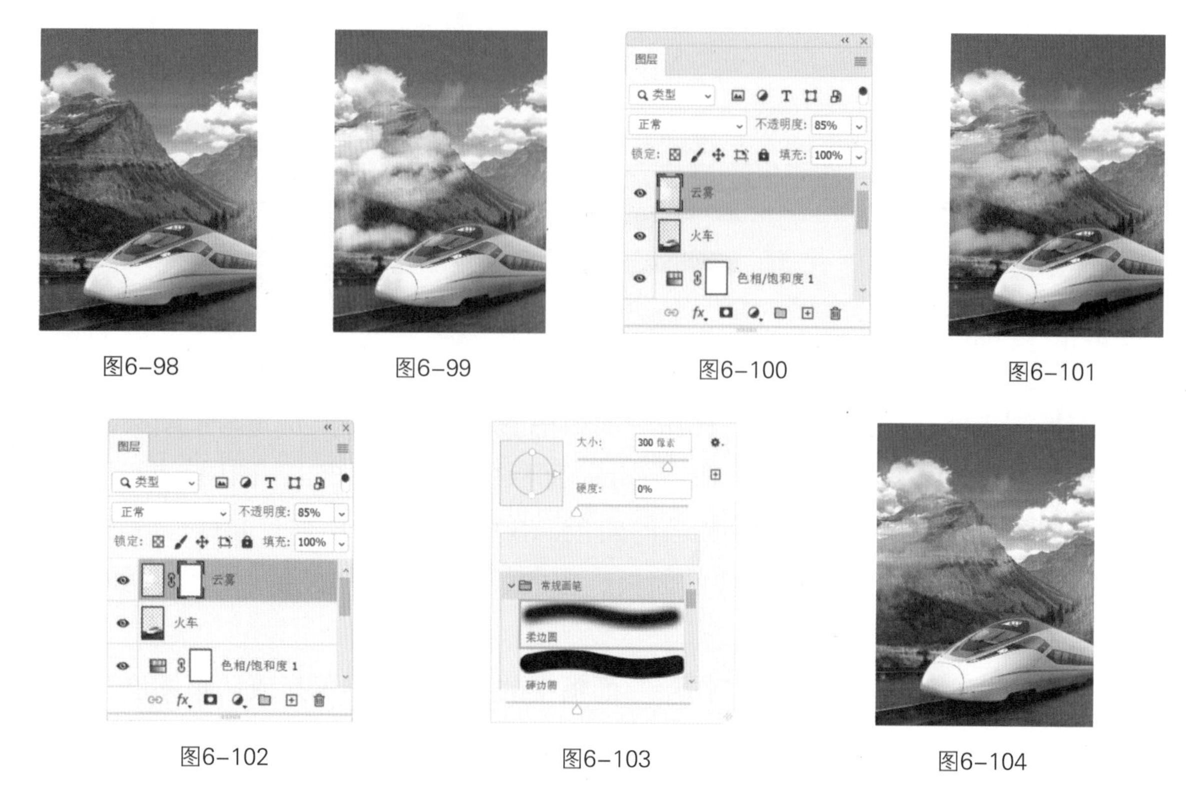

图6-98　图6-99　图6-100　图6-101

图6-102　图6-103　图6-104

（9）单击“图层”面板中的“创建新的填充或调整图层”按钮，在弹出的菜单中选择“色阶”命令，在“图层”面板中将生成“色阶 1”图层，同时弹出“色阶”对话框，设置如图6-105所示。按Enter键确定操作，图像效果如图6-106所示。

（10）新建图层并将其命名为“润色”，将前景色设为蓝色（R:57，G:150，B:254）。选择“椭圆选框工具”，在属性栏中将“羽化”选项的数值设为50，按住Shift键的同时在图像窗口中绘制圆形选区，如图6-107所示。按Alt+Delete组合键，用前景色填充选区。按Ctrl+D组合键取消选区，效果如图6-108所示。

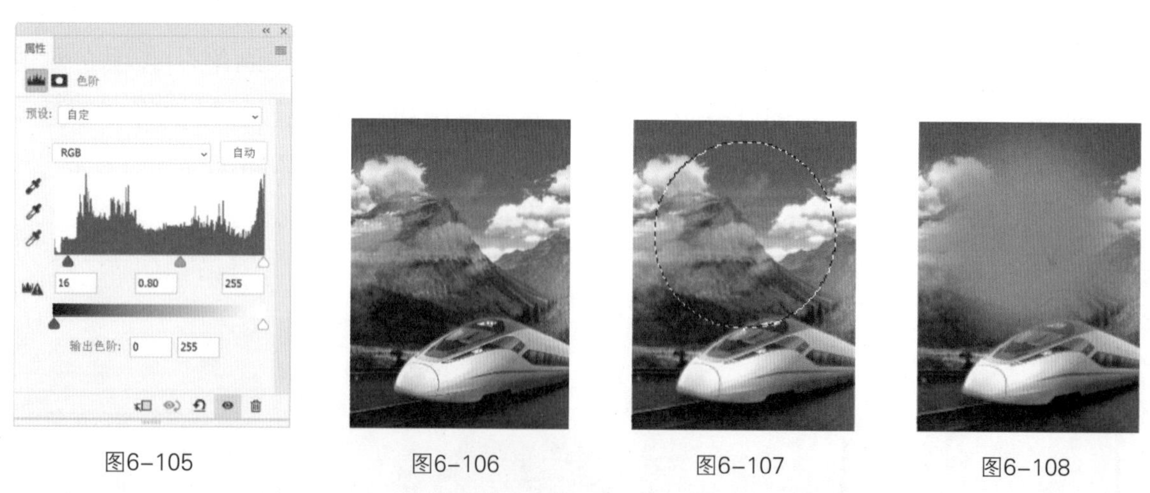

图6-105　图6-106　图6-107　图6-108

（11）在“图层”面板中，将该图层的“不透明度”选项设为60%，如图6-109所示。按Enter键确定操作，效果如图6-110所示。按住Shift键将“润色”图层和“天空”图层之间的所有图层同时选取。按Ctrl+G组合键将图层编组并命名为“背景图”，如图6-111所示。

图6-109

图6-110

图6-111

2 添加标题文字及装饰图形

（1）按Ctrl+O组合键，打开本书云盘中的“Ch06 > 制作旅游出行宣传海报 > 素材”文件夹中的“05”“06”文件。选择“移动工具” ，分别将“05”和“06”图像拖曳到新建的图像窗口中适当的位置，并调整其大小，效果如图6-112所示。在“图层”面板中将分别生成新的图层，分别将其命名为“标志”和“暑期特惠”。

（2）选择“横排文字工具” ，在适当的位置输入需要的文字并选取文字。选择“窗口 > 字符”命令，弹出“字符”面板，将“颜色”设为白色，其他选项的设置如图6-113所示。按Enter键确定操作，效果如图6-114所示，在“图层”面板中将生成新的文字图层。

图6-112

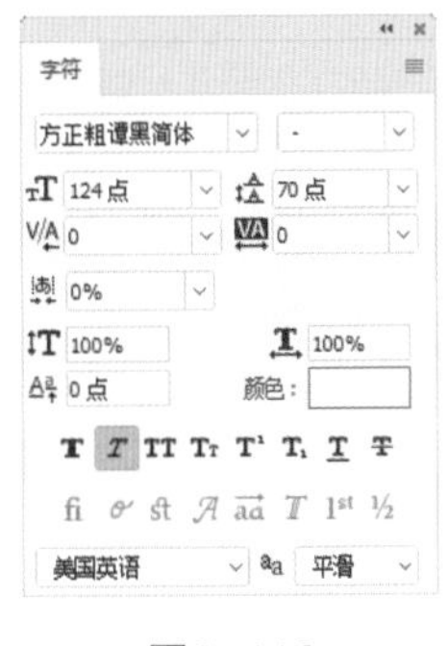

图6-113

图6-114

（3）选取文字“黄金”。在“字符”面板中进行设置，如图6-115所示。按Enter键确定操作，效果如图6-116所示。

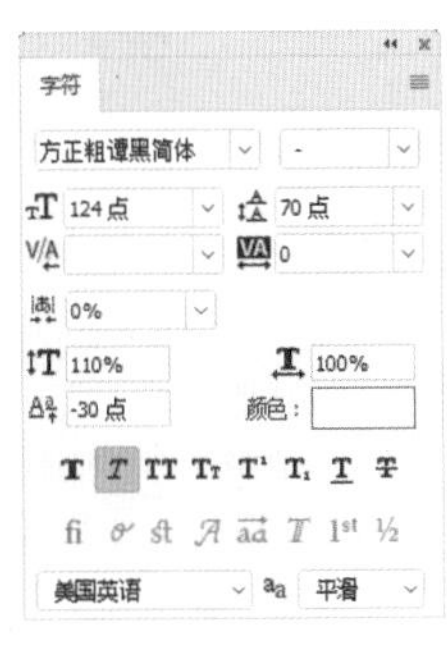

图6-115

图6-116

（4）选取文字“月”。在“字符”面板中进行设置，如图6-117所示。按Enter键确定操作，效果如图6-118所示。选择“文件 > 置入嵌入图片”命令，弹出“置入嵌入的图片”对话框。选择本书云盘中的“Ch06 > 制作旅游出行宣传海报 > 素材 > 07”文件，单击“置入”按钮，将图片置入图像窗口，并拖曳到适当的位置，按Enter键确定操作，效果如图6-119所示。在“图层”面板中将生成新的图层，将其命名为“太阳”。

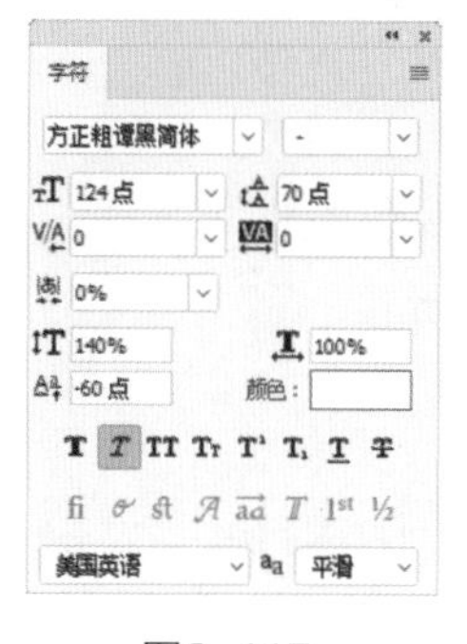

图6-117

图6-118

图6-119

（5）选择“横排文字工具” T，在适当的位置输入需要的文字并选取文字。在“字符”面板中将“颜色”设为金黄色（R:255，G:236，B:0），其他选项的设置如图6-120所示。按Enter键确定操作，效果如图6-121所示。

（6）用类似的方法再次输入文字并选取文字。在“字符”面板中进行设置，如图6-122所示。按Enter键确定操作，效果如图6-123所示，在“图层”面板中将分别生成新的文字图层。

（7）选择“横排文字工具” T，在适当的位置输入需要的文字并选取文字。在“字符”面板中将“颜色”设为白色，其他选项的设置如图6-124所示。按Enter键确定操作，效果如图6-125所示，在“图层”面板中将生成新的文字图层。

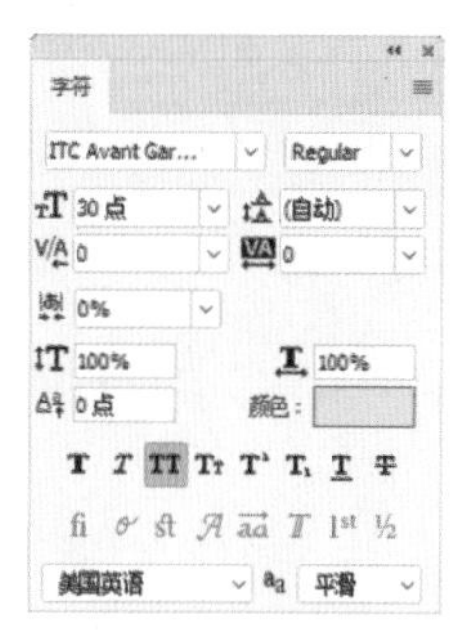

图6-120

图6-121

图6-122

图6-123

图6-124

图6-125

（8）选取文字“五天六夜”。在“字符”面板中将“颜色”设为黄色（R:255，G:216，B:0），效果如图6-126所示。按住Shift键的同时，单击“八月游 黄金月”图层，将需要的图层同时选中。按Ctrl+G组合键，将图层编组并命名为“标题”，如图6-127所示。

图6-126

图6-127

（9）单击“图层”面板中的“添加图层样式”按钮 fx，在弹出的菜单中选择“投影”命令，弹出对话框，选项的设置如图6-128所示。单击“确定”按钮，效果如图6-129所示。

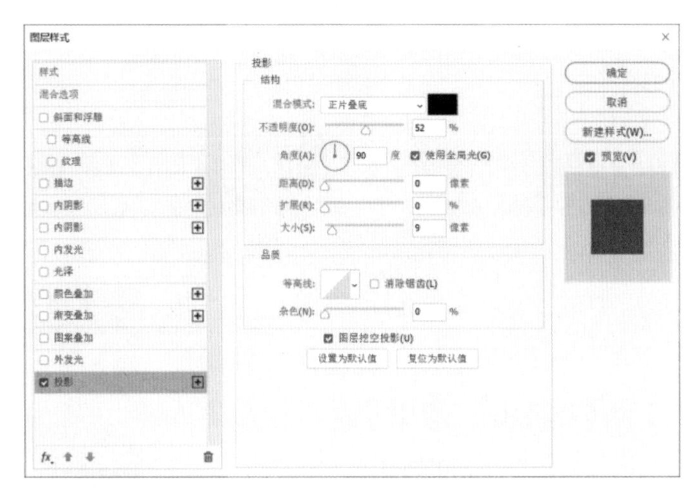

图6-128

图6-129

（10）选择“矩形工具” ▭，将属性栏中的“选择工具模式”选项设为“形状”，将“填充”颜色设为无，“描边”颜色设为白色，“粗细”选项设为4像素。在图像窗口中适当的位置绘制矩形，效果如图6-130所示，在“图层”面板中将生成新的形状图层，将其命名为“矩形框”。在“矩形框”图层上单击鼠标右键，在弹出的菜单里选择“栅格化图层”，如图6-131所示。

图6-130

图6-131

（11）选择“矩形选框工具” ，在图像窗口中绘制矩形选区，如图6-132所示。按Delete键，删除选区中的图像。按Ctrl+D组合键，取消选区，效果如图6-133所示。

图6-132

图6-133

（12）选择“横排文字工具” ，在适当的位置输入需要的文字并选取文字。在“字符”面板中将“颜色”设为白色，其他选项的设置如图6-134所示。按Enter键确定操作，效果如图6-135所示，在“图层”面板中将生成新的文字图层。选取文字“+”，在“字符”面板中将“颜色”设为金黄色（R:255，G:236，B:0），效果如图6-136所示。

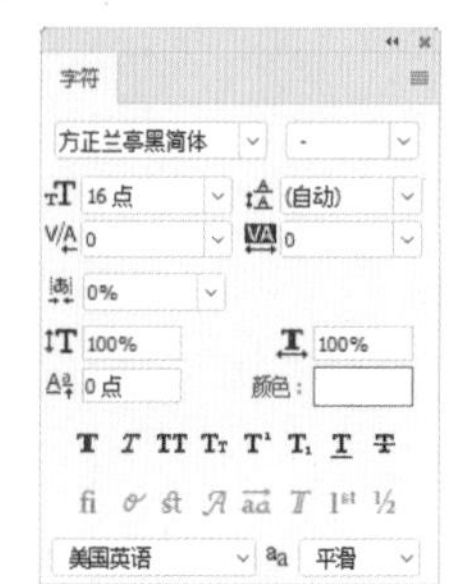

图6-134

（13）选择“直线工具” ，在属性栏中将“填充”颜色设为无，“描边”颜色设为金黄色（R:255，G:236，B:0），“粗细”选项设为2像素。按住Shift键的同时拖曳鼠标，在图像窗口中绘制直线，效果如图6-137所示，在“图层”面板中将生成新的形状图层，将其命名为“直线1”。

图6-135

图6-136

图6-137

（14）按Ctrl+O组合键，打开本书云盘中的“Ch06 > 制作旅游出行宣传海报 > 素材 > 08”文件。选择“移动工具” ，将“08”图像拖曳到新建的图像窗口中适当的位置，效果如图6-138所示，在“图层”面板中将生成新的图层，将其命名为“活动信息”。旅游出行宣传海报制作完成。

图6-138

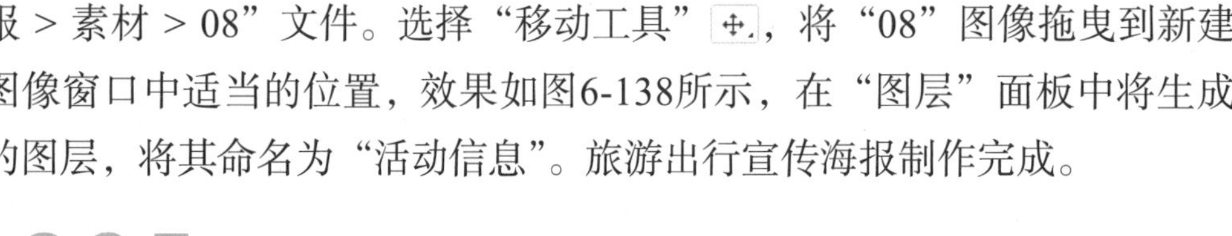

6.2.5 扩展实践：制作饰品类公众号封面首图

使用图层混合模式融合照片，使用“变换”命令、图层蒙版和“画笔工具”制作倒影。最终效果参看云盘中的“Ch06 > 制作饰品类公众号封面首图 > 工程文件”文件，如图6-139所示。

图6-139

微课
制作饰品类公众号封面首图

任务6.3　制作豆浆机广告

微课

制作豆浆机广告

6.3.1　任务引入

本任务要求读者设计豆浆机广告，明确当下电商宣传广告的设计风格，并掌握电商宣传广告的设计要点与制作方法。

6.3.2　设计理念

在设计时，以豆浆机照片为主导，以豆子与豆浆的照片为衬托，突出豆浆鲜香细腻的特点；使用直观醒目的文字来诠释宣传内容和产品特色，让顾客产生购买欲望。最终效果参看云盘中的“Ch06 > 制作豆浆机广告 > 工程文件”文件，如图6-140所示。

图6-140

6.3.3　任务知识：“纹理化”滤镜命令和变形文字命令

1 “纹理化”滤镜命令

纹理滤镜组包含6个滤镜，如图6-141所示。使用此组滤镜可以使图像中各颜色之间产生过渡变形的效果。应用不同的滤镜制作出的效果如图6-142所示。

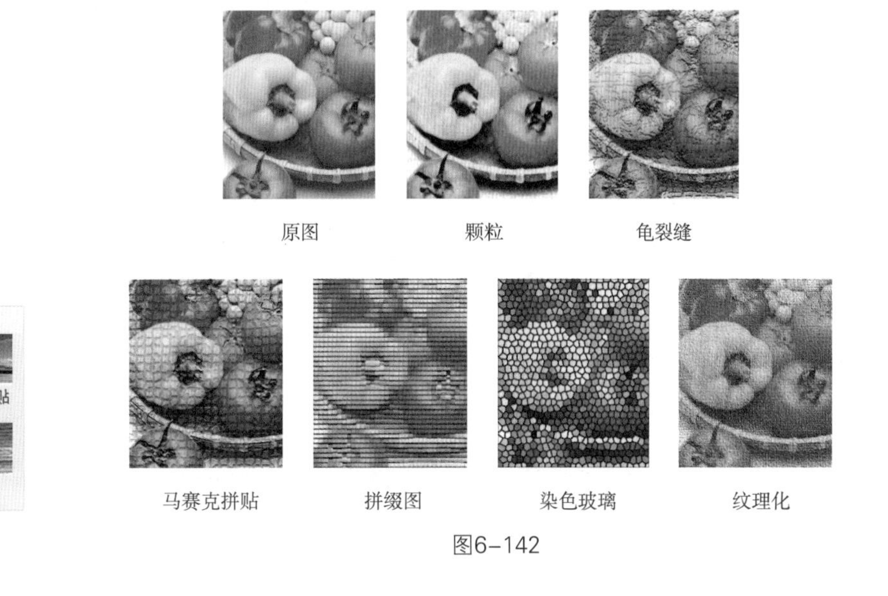

图6-141　　图6-142

2 变形文字命令

应用变形文字命令可以对文字进行多种样式如扇形、旗帜、波浪、膨胀和扭转等的变形。

（1）制作扭曲变形文字

选择“横排文字工具”，在图像窗口中输入文字，如图6-143所示。单击属性栏中的“创建文字变形”按钮，弹出“变形文字”对话框，如图6-144所示。在“样式”下拉列表中包含多种文字的变形效果，如图6-145所示。

图6-143

图6-144

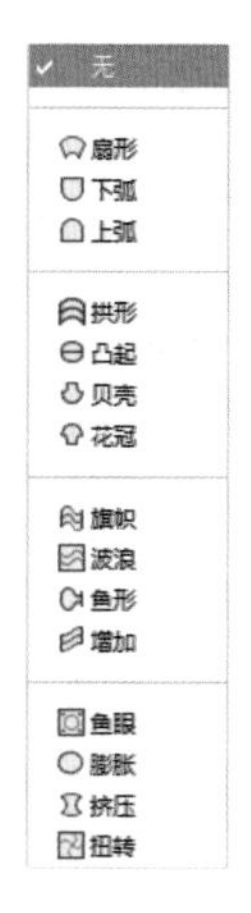

图6-145

文字的多种变形效果分别如图6-146所示。

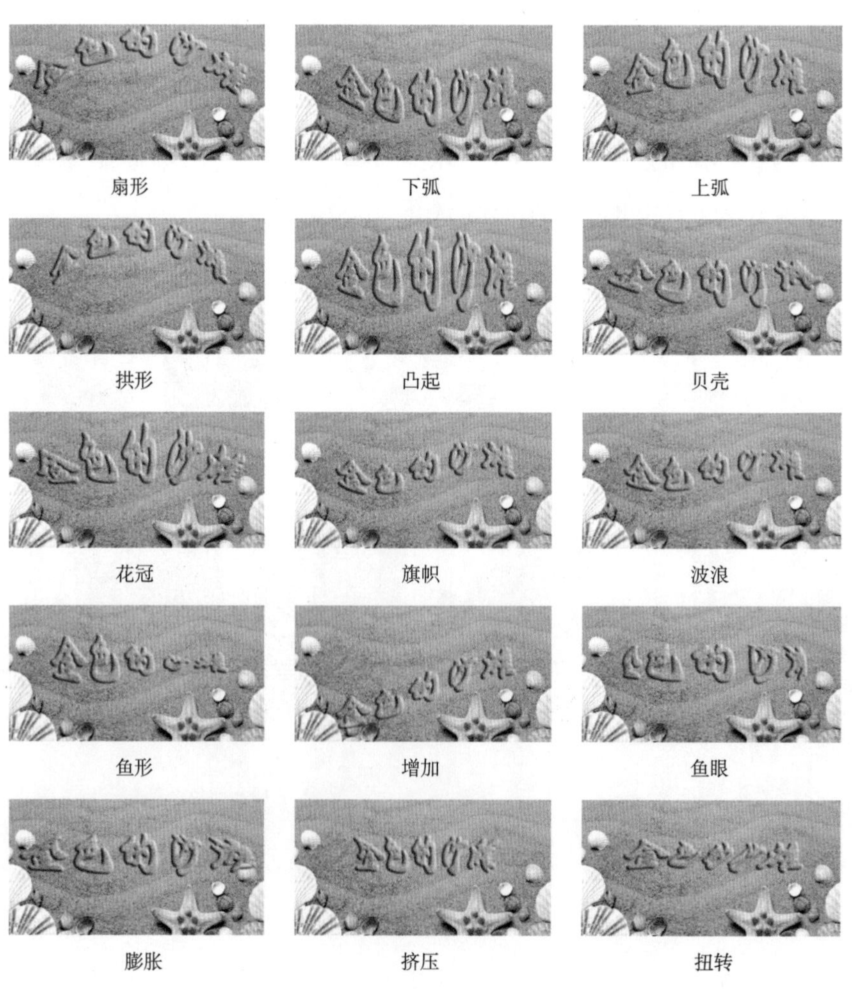

图6-146

（2）设置变形选项

如果要修改文字的变形效果，可以调出“变形文字”对话框，在对话框中重新设置样式或更改当前应用样式的数值。

（3）取消文字变形效果

如果要取消文字的变形效果，可以调出“变形文字”对话框，在“样式”的下拉列表中选择“无”。

6.3.4 任务实施

（1）按Ctrl+O组合键，打开本书云盘中的“Ch06 > 制作豆浆机广告 > 素材 > 01”文件，如图6-147所示。

（2）选择“滤镜 > 滤镜库”命令，在弹出的对话框中进行设置，如图6-148所示。单击“确定”按钮，效果如图6-149所示。

图6-147

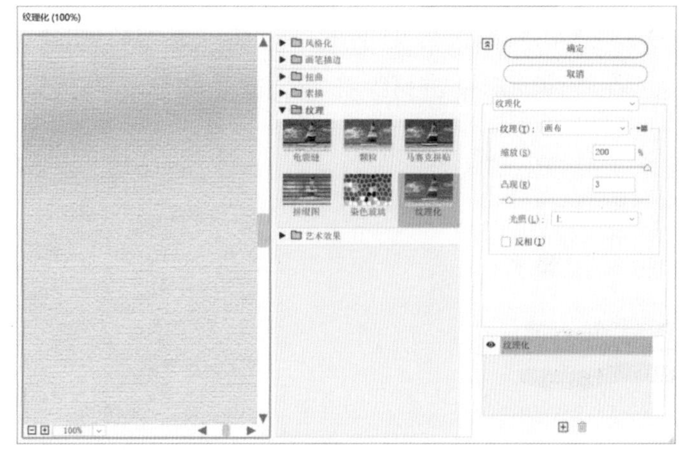

图6-148

图6-149

（3）按Ctrl+O组合键，打开本书云盘中的“Ch06 > 制作豆浆机广告 > 素材 > 02”文件。选择“移动工具” ，将“02”图像拖曳到01图像窗口中适当的位置，效果如图6-150所示。在“图层”面板中将生成新的图层，将其命名为“图片”。在面板中，将“图片”图层的混合模式设为“正片叠底”，如图6-151所示，效果如图6-152所示。

图6-150

图6-151

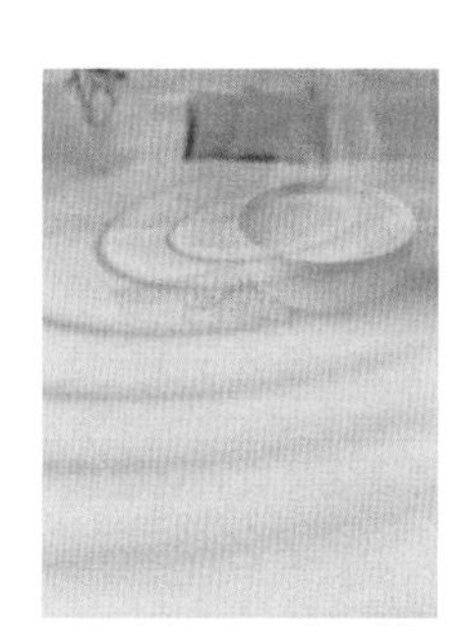

图6-152

（4）按Ctrl+O组合键，打开本书云盘中的“Ch06 > 制作豆浆机广告 > 素材 > 03”文件。选择“移动工具”，将“03”图像拖曳到01图像窗口中适当的位置，效果如图6-153所示。在“图层”面板中将生成新的图层，将其命名为“杯子”。

（5）选择“加深工具”，在属性栏中单击“画笔”选项右侧的按钮，弹出画笔选择面板，设置如图6-154所示。在图像窗口中进行涂抹调暗饮品和杯子的暗部，效果如图6-155所示。

图6-153

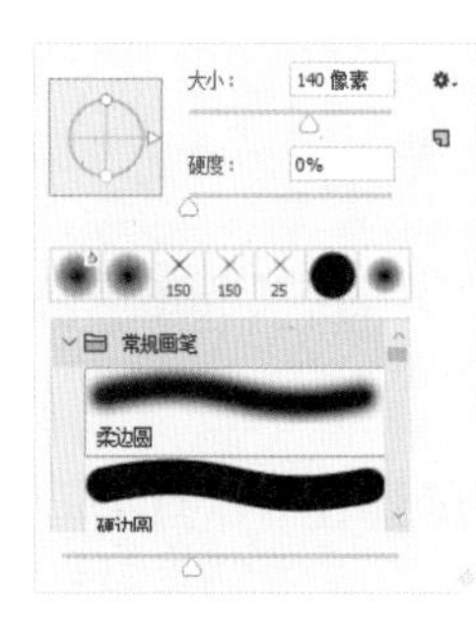

图6-154

图6-155

（6）选择“减淡工具”，在属性栏中单击“画笔”选项右侧的按钮，弹出画笔选择面板，设置如图6-156所示。在图像窗口中进行涂抹调亮饮品和杯子的亮部，效果如图6-157所示。

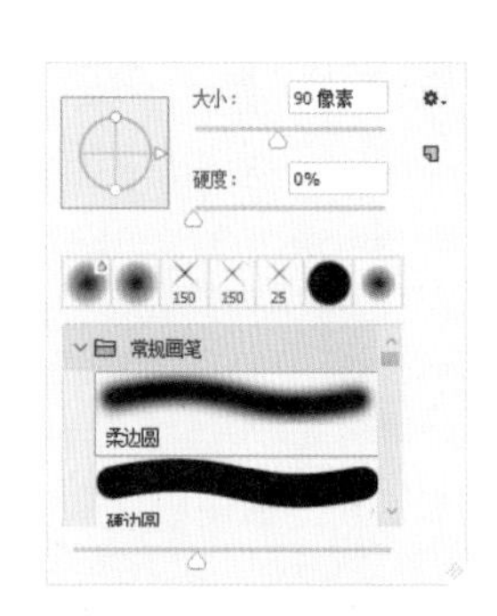

图6-156

图6-157

（7）按Ctrl+O组合键，打开本书云盘中的“Ch06 > 制作豆浆机广告 > 素材 > 04”文件。选择“移动工具”，将“04”图像拖曳到01图像窗口中适当的位置，效果如图6-158所示。在“图层”面板中将生成新的图层，将其命名为“黄豆”。在面板中，将“黄豆”图层的混合模式设为“线性加深”，如图6-159所示，效果如图6-160所示。

图6-158

图6-159

图6-160

（8）按Ctrl+O组合键，打开本书云盘中的“Ch06 > 制作豆浆机广告 > 素材 > 05”文件。选择“移动工具” ，将“05”图像拖曳到01图像窗口中适当的位置，效果如图6-161所示。在“图层”面板中将生成新的图层，将其命名为“豆浆机”。

（9）选择“横排文字工具” ，输入需要的文字并选取文字，在属性栏中选择合适的字体并设置文字大小，设置文字颜色为白色，效果如图6-162所示，在“图层”面板中将生成新的文字图层。

（10）按Ctrl+T组合键，在文字周围出现变换框。在变换框中单击鼠标右键，在弹出的菜单中选择“斜切”命令，拖曳控制手柄调整图像，按Enter键确定操作，效果如图6-163所示。使用类似方法制作其他文字，效果如图6-164所示。

图6-161

图6-162

图6-163

图6-164

（11）选择“横排文字工具” ，输入需要的文字并选取文字，在属性栏中选择合适的字体并设置文字大小，设置文字颜色为褐色（R:82，G:18，B:1），效果如图6-165所示，在“图层”面板中将生成新的文字图层。

（12）选择“椭圆工具” ，在属性栏的“选择工具模式”下拉列表中选择“形状”，将“填充”颜色设为褐色（82、18、1），“描边”颜色设为无。按住Shift键的同时拖曳鼠标，在图像窗口中适当的位置绘制圆形，如图6-166所示，在“图层”面板中将生成新的形状图层“椭圆1”。

（13）选择“路径选择工具” ，按住Alt+Shift组合键的同时向下拖曳圆形到适当的位置，复制圆形，如图6-167所示。使用类似的方法复制多个圆形，如图6-168所示。

图6-165

·创新双磨技术
文火细熬好豆浆
1800mL
高低电压自适应

图6-166

·创新双磨技术
·文火细熬好豆浆
1800mL
高低电压自适应

图6-167

·创新双磨技术
·文火细熬好豆浆
·1800mL
·高低电压自适应

图6-168

（14）选择“横排文字工具” ，分别输入需要的文字并选取文字，在属性栏中分别选择合适的字体并设置文字大小，设置文字颜色为褐色（R:82，G:18，B:1），效果如图6-169所示，在“图层”面板中将分别生成新的文字图层。

（15）按Ctrl+O组合键，打开本书云盘中的“Ch06 > 制作豆浆机广告 > 素材 > 06”文件。选择“移动工具” ，将“06”图像拖曳到01图像窗口中适当的位置，效果如图6-170所示。在“图层”面板中将生成新的图层，将其命名为“标志”。豆浆机广告制作完成。

图6-169

图6-170

6.3.5 扩展实践：制作果汁饮品海报

使用“矩形工具”“画笔工具”“钢笔工具”“渐变工具”绘制图形，使用“横排文字工具”输入文字，使用图层样式命令中的“渐变叠加”命令和“投影”命令添加图层样式，使用“添加图层蒙版”命令隐藏不需要的图像，使用“高斯模糊”命令、“亮度/对比度”命令以及“曲线”命令调整果汁饮品海报。最终效果参看云盘中的“Ch06 > 制作果汁饮品海报 > 工程文件”文件，如图6-171所示。

图6-171

任务6.4 项目演练——制作按摩椅环境效果图

6.4.1 任务引入

本任务要求读者合成照片为商品添加场景，明确使商品展示内容更为丰富的方法，并掌握照片合成的设计要点和制作方法。

6.4.2 设计理念

在设计时，以居室照片和按摩椅照片为主导，通过合成，使按摩椅成为居家元素，既丰富了画面，又凸显了产品的适用性与造型感。最终效果参看云盘中的“Ch06 > 制作按摩椅环境效果图 > 工程文件”文件，如图6-172所示。

图6-172

07

项目7 掌握数码照片特效的制作方法

可以利用Photoshop的特效工具，对数码照片进行特殊效果的制作，力求达到创意与视觉的精彩结合。本项目详细讲解特效的相关知识，常用的特效工具、面板和命令，以及根据设计任务和创意构思来完成图像特效制作的方法。通过本项目的学习，读者能够掌握特效制作的方法和操作技巧，制作出切合主题的特效图像。

知识目标

- 了解特效的相关知识
- 认识常用的特效工具、面板

能力目标

- 熟练掌握使用软件添加特效的方法和技巧
- 掌握为不同类型产品添加特效的技巧

素养目标

- 培养合理利用工具提高效率的能力
- 培养不惧困难的学习精神

相关知识：特效基础

Photoshop提供了众多的特效工具和面板，用户可以根据自己无限的创意和想象，对文字、光照、图像和纹理等进行特殊效果的制作，以达到视觉与创意的出色结合，制作出同时具有较高品质和商业价值的作品，如图7-1所示。

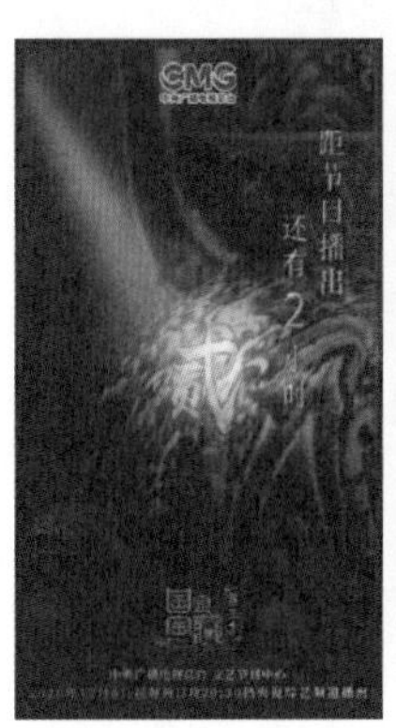

图7-1

任务7.1 制作娱乐媒体类公众号封面首图

7.1.1 任务引入

本任务要求读者设计娱乐媒体类公众号封面首图，明确当下娱乐类公众号封面首图的设计风格，并掌握娱乐类公众号封面首图的设计要点与制作方法。

7.1.2 设计理念

在设计时，以户外人物照片为主导，通过为照片添加特效，营造青春、烂漫的氛围；结合主题添加文字特效，使画面更丰富。最终效果参看云盘中的“Ch07 > 制作娱乐媒体公众号封面首图 > 工程文件”文件，如图7-2所示。

图7-2

7.1.3 任务知识：通道命令、“彩色半调”命令和“渲染”命令

1 “分离通道”“合并通道”命令

“分离通道”命令用于把图像的每个通道拆分为独立的图像文件。“合并通道”命令可以将多个灰度图像合并为一个图像。

单击“通道”面板右上角的≡按钮，在弹出的菜单中选择“分离通道”命令，将图像中的每个通道分离成各自独立的8bit灰度图像。分离前后的效果如图7-3所示。

图7-3

单击“通道”面板右上角的≡按钮，在弹出的菜单中选择“合并通道”命令，弹出“合并通道”对话框，如图7-4所示。

在“合并通道”对话框中，“模式”选项用于选择RGB颜色模式、CMYK颜色模式、Lab颜色模式或多通道模式；“通道”选项用于设定生成图像的通道数目，一般采用软件的默认设定值。

在“合并通道”对话框中选择“RGB颜色”，单击“确定”按钮，弹出“合并RGB通道”对话框，如图7-5所示。在该对话框中，可以在选定的颜色模式中为每个通道指定一幅灰度图像，被指定的图像可以是同一幅图像，也可以是不同的图像，但这些图像的大小必须是相同的。在合并之前，所有要合并的图像都必须是打开的，尺寸要绝对一样，而且一定要为灰度图像。单击“确定”按钮，效果如图7-6所示。

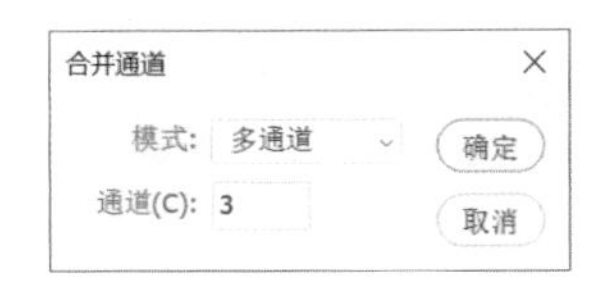

图7-4

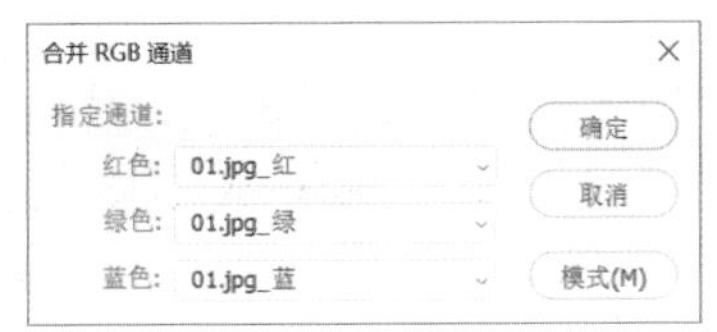

图7-5

图7-6

❷ “彩色半调”滤镜命令

使用“彩色半调”滤镜可以产生铜版画的效果。

打开一张照片，如图7-7所示。选择“滤镜 > 像素化 > 彩色半调”命令，弹出图7-8所示的对话框。

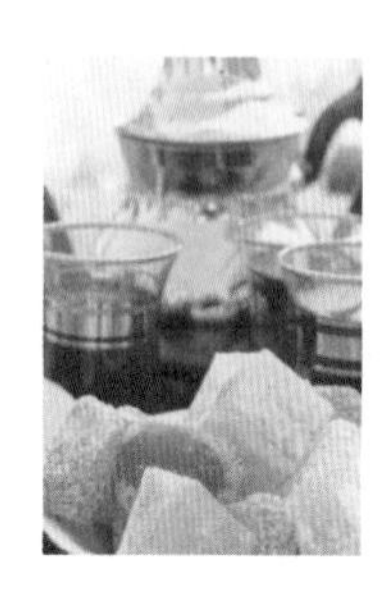

图7-7

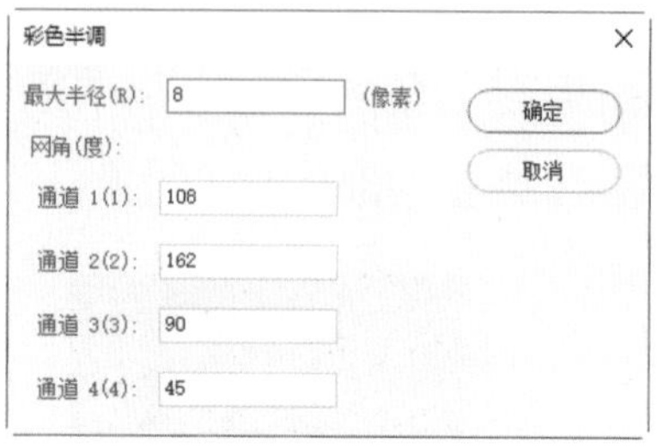

彩色半调
最大半径(R): 8 (像素)
确定
网角(度):
取消
通道 1(1): 108
通道 2(2): 162
通道 3(3): 90
通道 4(4): 45

图7-8

“最大半径”选项用于最大像素填充的设置，它控制着网格大小。“网角（度）”选项用于为一个或多个通道输入网角值。

对话框的设置如图7-9所示，单击“确定”按钮，效果如图7-10所示。

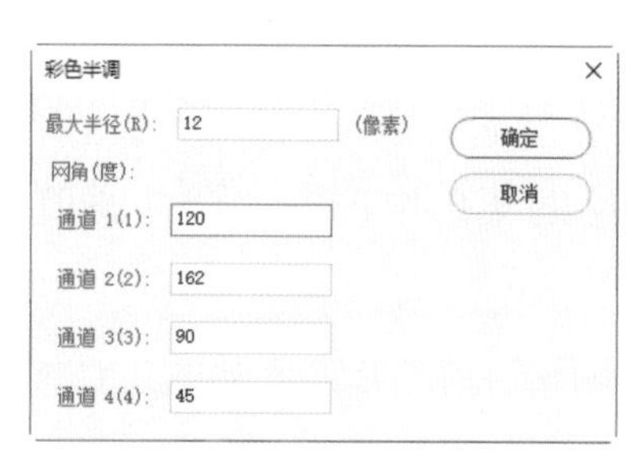

彩色半调
最大半径(R): 12 (像素)
确定
网角(度):
取消
通道 1(1): 120
通道 2(2): 162
通道 3(3): 90
通道 4(4): 45

图7-9

图7-10

❸ “渲染”滤镜命令

使用“渲染”滤镜可以在图片中产生不同的照明、光源和夜景效果。“渲染”滤镜子菜单如图7-11所示。应用不同滤镜制作出的效果如图7-12所示。

火焰...
图片框...
树...
分层云彩
光照效果...
镜头光晕...
纤维...
云彩

图7-11

原图
火焰
图片框
树
分层云彩
光照效果

图7-12

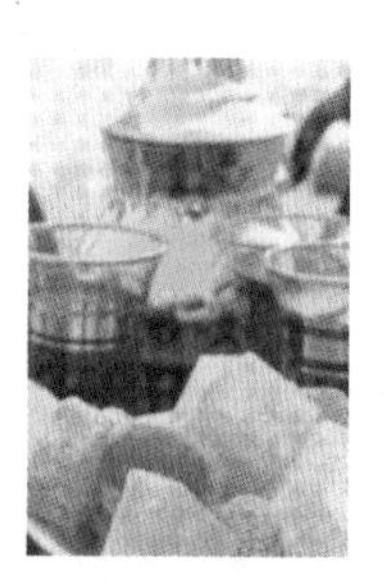

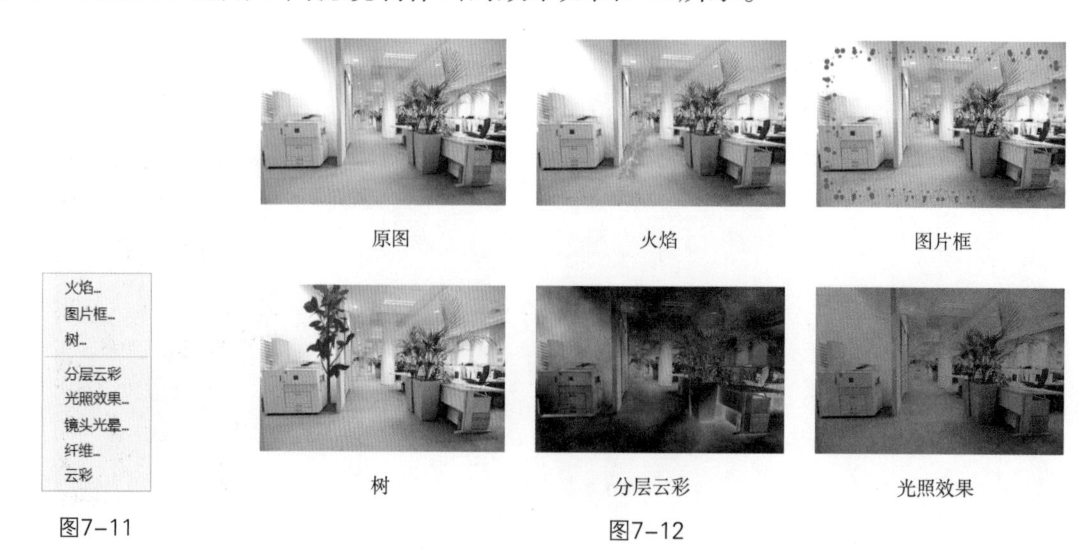

镜头光晕

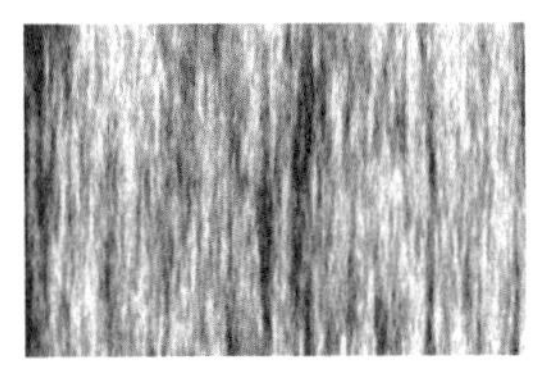

纤维

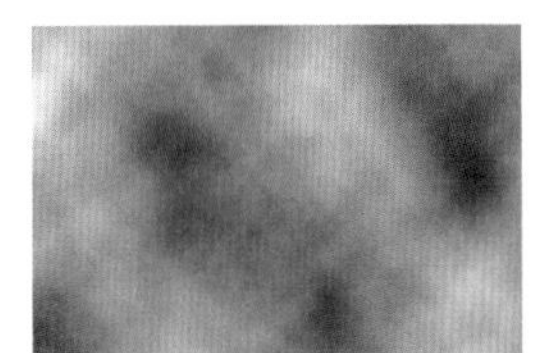

云彩

图7-12（续）

7.1.4 任务实施

（1）按Ctrl+O组合键，打开云盘中的“Ch07 > 制作娱乐媒体类公众号封面首图 > 素材 > 01”文件，如图7-13所示。选择“窗口 > 通道”命令，弹出“通道”面板，如图7-14所示。

图7-13

图7-14

（2）单击“通道”面板右上角的按钮，在弹出的菜单中选择“分离通道”命令，将图像分离成“红”“绿”“蓝”3个通道文件，如图7-15所示。选择通道文件“蓝”，如图7-16所示。

图7-15

图7-16

（3）选择“滤镜 > 像素化 > 彩色半调”命令，在弹出的对话框中进行设置，如图7-17所示。单击“确定”按钮，效果如图7-18所示。

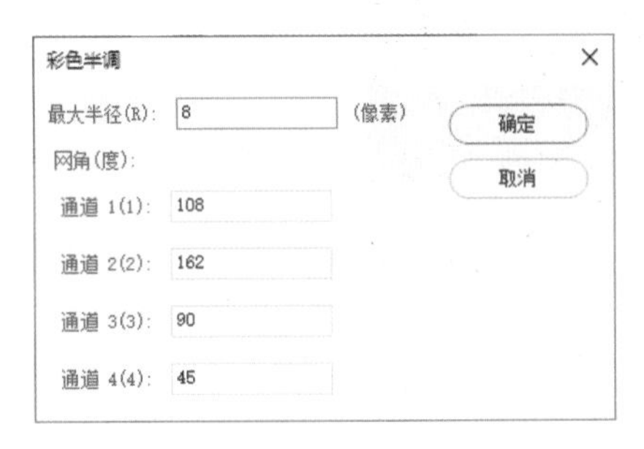

图7-17

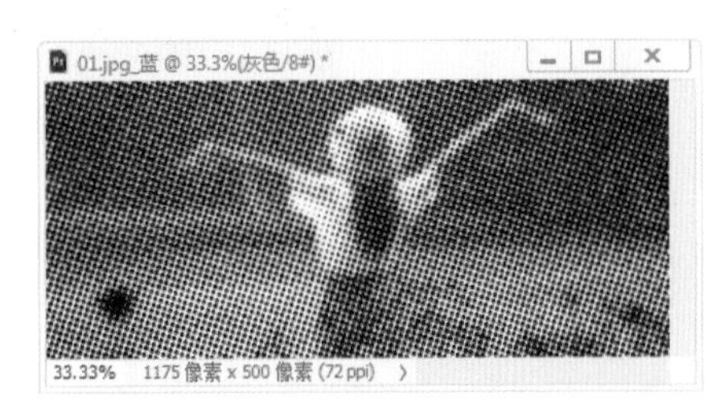

图7-18

（4）选择通道文件“绿”。按Ctrl+L组合键，弹出“色阶”对话框，选项的设置如图7-19所示。单击“确定”按钮，效果如图7-20所示。

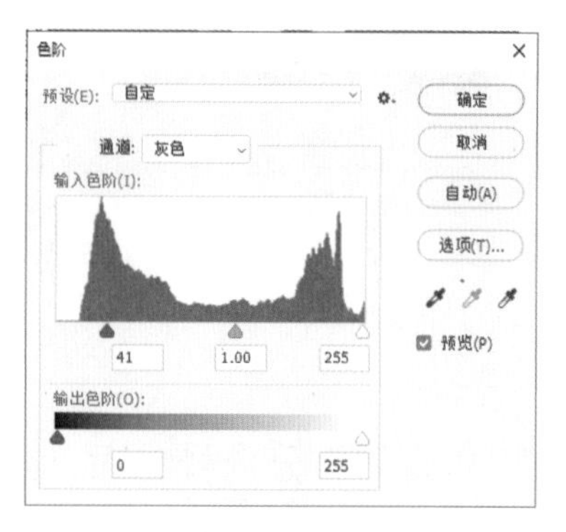

图7–19

图7–20

（5）选择通道文件“红”。选择“图像 > 调整 > 曝光度”命令，在弹出的对话框中进行设置，如图7-21所示。单击“确定”按钮，效果如图7-22所示。

图7–21

图7–22

（6）单击“通道”面板右上角的按钮，在弹出的菜单中选择“合并通道”命令，在弹出的对话框中进行设置，如图7-23所示。单击“确定”按钮，弹出“合并RGB通道”对话框，如图7-24所示。单击“确定”按钮，合并通道，图像效果如图7-25所示。

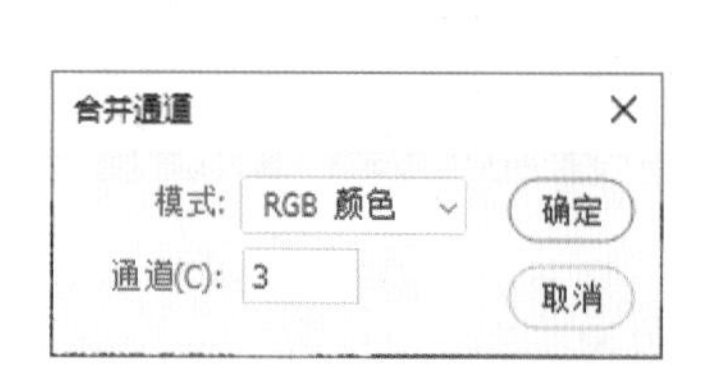

图7–23

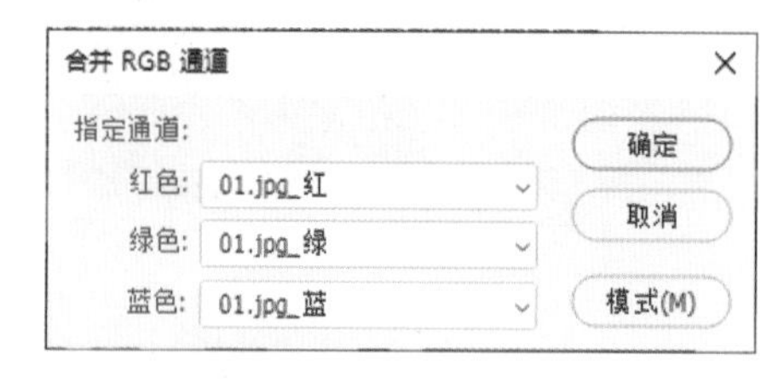

图7–24

图7–25

（7）选择“滤镜 > 渲染 > 镜头光晕”命令，在弹出的对话框中进行设置，如图7-26所示。单击“确定”按钮，效果如图7-27所示。

图7-26

图7-27

（8）选择“滤镜 > 模糊画廊 > 光圈模糊”命令，进入编辑界面，在图像窗口中调整圆钉，效果如图7-28所示。“模糊工具”面板的设置如图7-29所示，单击属性栏中的“确定”按钮，效果如图7-30所示。

图7-28

图7-29

图7-30

（9）选择“横排文字工具” T.，在适当的位置输入需要的文字并选取文字，在属性栏中选择合适的字体并设置大小，将文本颜色设置为白色，效果如图7-31所示。娱乐媒体类公众号封面首图制作完成。

图7-31

7.1.5 扩展实践：制作数码摄影类公众号封面首图

使用“彩色半调”滤镜命令制作网点图像，使用“高斯模糊”滤镜命令和混合模式调整图像效果，使用“镜头光晕”滤镜命令添加光晕，最终效果参看云盘中的“Ch07 > 制作数码摄影类公众号封面首图 > 工程文件”文件，如图7-32所示。

图7-32

任务7.2 制作化妆品网站详情页主图

7.2.1 任务引入

本任务要求读者设计化妆品网站详情页主图，明确当下护肤类网站详情页主图的设计风格，并掌握护肤类网站详情页主图的设计要点与制作方法。

7.2.2 设计理念

在设计时，以商品照片为主导，通过添加绚丽的耀斑效果让商品更加耀眼，突出宣传主题；文字重点介绍优惠信息，令顾客一目了然。最终效果参看云盘中的“Ch07 > 7.2制作化妆品网站详情页主图 > 工程文件”文件，如图7-33所示。

图7-33

7.2.3 任务知识：“模糊”滤镜命令和“描边路径”命令

1 移动工具

使用“移动工具”可以将图层中的整幅图像或选定区域中的图像移动到指定位置。

选择“移动工具”，或按V键切换至该工具，其属性栏状态如图7-34所示。

图7-34

2 椭圆工具

选择“椭圆工具” ○，或按Shift+U组合键切换至该工具，其属性栏状态如图7-35所示。

图7-35

原始图像效果如图7-36所示。在图像上绘制椭圆，效果如图7-37所示，“图层”面板如图7-38所示。

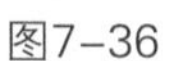

图7-36 图7-37 图7-38

3 模糊滤镜

使用模糊滤镜可以使图像中过于清晰或对比度强烈的区域产生模糊效果。此外，模糊滤镜也可用于制作柔和阴影。模糊滤镜子菜单如图7-39所示。应用不同滤镜的效果如图7-40所示。

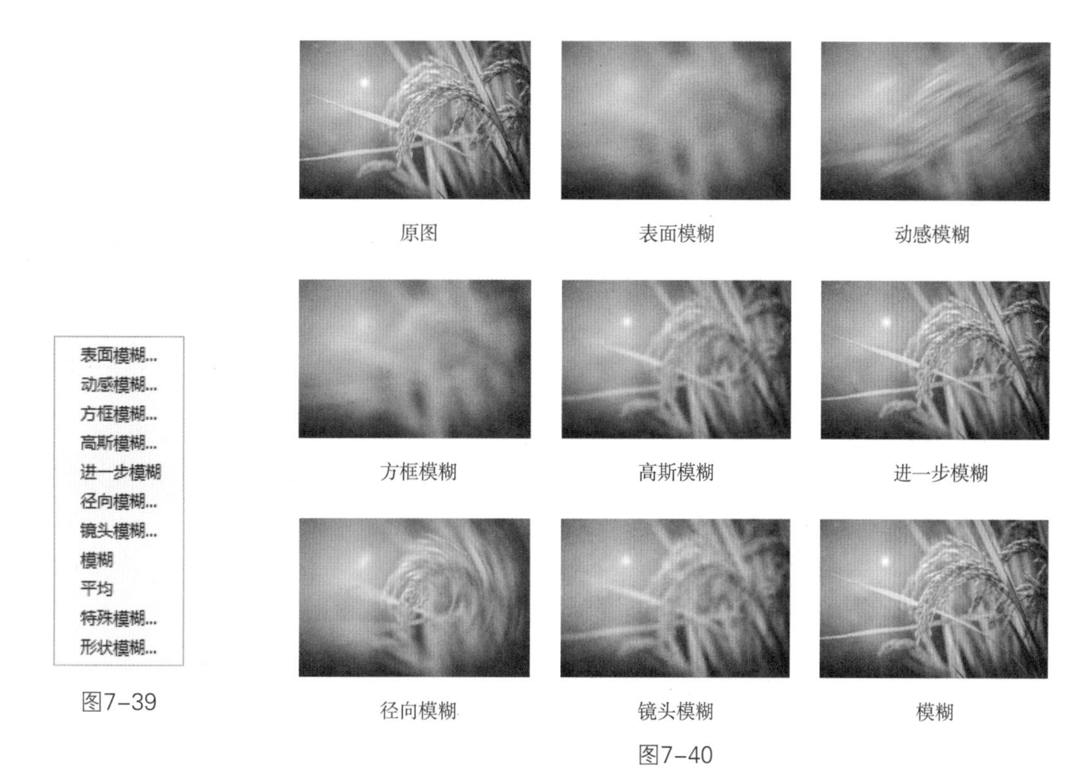

图7-39

图7-40

图7–40（续）

4 “描边路径”命令

在图像中创建路径，如图7-41所示。单击“路径”面板右上角的≡按钮，在弹出的菜单中选择“描边路径”命令，弹出“描边路径”对话框。在“工具”下拉列表中共有19种工具可供选择，若在“画笔工具”属性栏中设定画笔类型后建立路径描边，将直接影响此处的描边效果。

在“描边路径”对话框中的设置如图7-42所示，单击“确定”按钮，效果如图7-43所示。

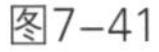

图7–41　　图7–42　　图7–43

单击“路径”面板中的“用画笔描边路径”按钮○，描边路径。按住Alt键的同时单击“用画笔描边路径”按钮○，将弹出“描边路径”对话框，设置完成后，单击“确定”按钮描边路径。

5 图层混合模式

图层的混合模式用于通过图层间的混合制作特殊的合成效果。

在“图层”面板中，正常选项用于设定图层的混合模式，它包含27种混合模式。打开一张图片，如图7-44所示，“图层”面板如图7-45所示。

图7–44　　图7–45

在对“铅笔”图层应用不同的图层模式后，效果如图7-46所示。

图7-46

7.2.4 任务实施

（1）按Ctrl+N组合键，新建一个文件，设置“宽度”为800像素、“高度”为800像素、“分辨率”为72像素/英寸、“颜色模式”为RGB、“背景内容”为白色。

（2）选择“渐变工具”，单击属性栏中的“点按可编辑渐变”按钮，弹出“渐变编辑器”对话框，将渐变颜色设为从浅棕色（R:169，G:109，B:65）到黑色，如图7-47所示，单击“确定”按钮。单击属性栏中的“径向渐变”按钮，按住Shift键的同时，在图像窗口中由中心至右拖曳鼠标填充渐变色，效果如图7-48所示。

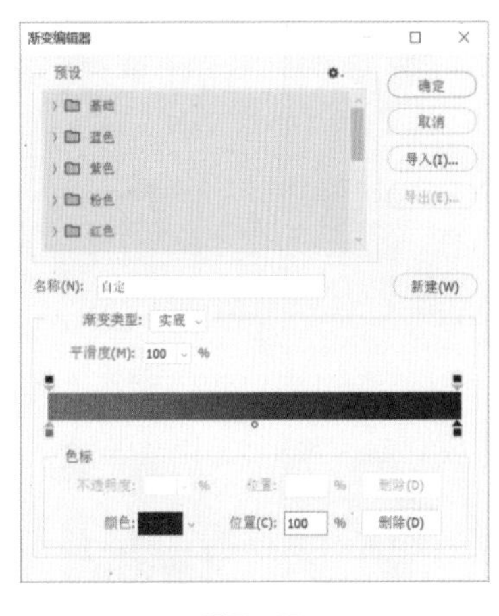

图7-47

图7-48

（3）按Ctrl+O组合键，打开云盘中的“Ch07 > 7.2 制作化妆品网站详情页主图 > 素材 > 01”文件。选择“移动工具”，将图片拖曳到图像窗口中适当的位置，并调整其大小，效果如图7-49所示。在“图层”面板中将生成新图层，将其命名为“底光”。在“图层”面板中，将“底光”图层的“不透明度”选项设为12%，如图7-50所示，图像效果如图7-51所示。

图7-49

图7-50

图7-51

（4）选择“椭圆工具”，在属性栏的“选择工具模式”下拉列表中选择“形状”，将“填充”颜色设为黄色（R:226，G:192，B:67），“描边”设为无，在图像窗口中拖曳鼠标绘制椭圆形，效果如图7-52所示。在“图层”面板中将生成新的形状图层，将其命名为“镜面反光”。

（5）选择“窗口 > 属性”命令，在弹出的“属性”面板中进行设置，如图7-53所示。按Enter键确定操作，效果如图7-54所示。

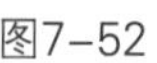
图7-52

图7-53

图7-54

（6）在“图层”面板中，将“镜面反光”图层的“不透明度”选项设为13%，如图7-55所示，图像效果如图7-56所示。

图7-55

图7-56

（7）新建图层并将其命名为“圆光”。将前景色设为白色。选择“椭圆工具”○，在属性栏的“选择工具模式”下拉列表中选择“像素”，“不透明度”选项设为10%，按住Shift键的同时在图像窗口中拖曳鼠标绘制圆形，效果如图7-57所示。使用类似的方法绘制其他圆形，效果如图7-58所示。

图7-57

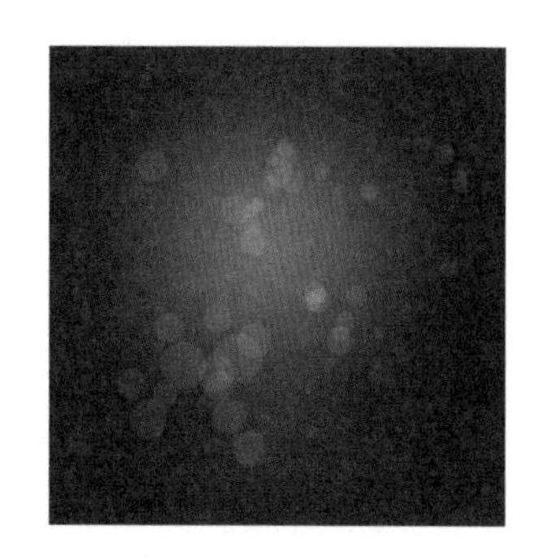
图7-58

（8）在“图层”面板中，将“圆光”图层的“不透明度”选项设为48%，效果如图7-59所示。

（9）选择“滤镜 > 模糊 > 高斯模糊”命令，在弹出的对话框中进行设置，如图7-60所示。单击“确定”按钮，效果如图7-61所示。

图7-59

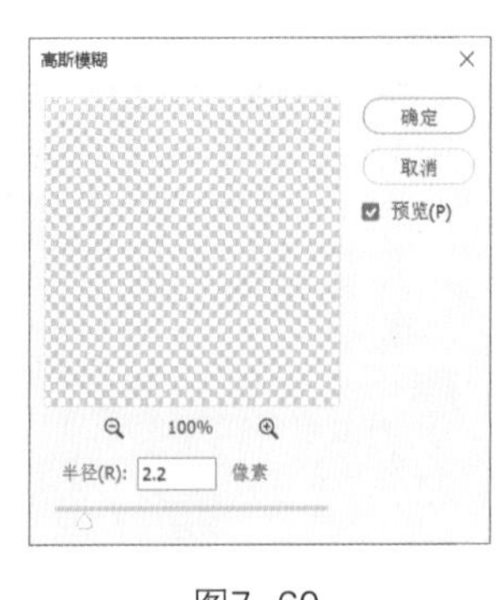

图7-60

图7-61

（10）按Ctrl+O组合键，打开云盘中的“Ch07 > 7.2 制作化妆品网站详情页主图 > 素材 > 02”文件。选择“移动工具” ，将图片拖曳到图像窗口中适当的位置，并调整其大小，效果如图7-62所示。在“图层”面板中将生成新图层，将其命名为“点光”。

（11）在“图层”面板中，将“点光”图层的混合模式设为“变亮”，如图7-63所示，图像效果如图7-64所示。

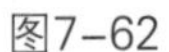

图7-62

图7-63

图7-64

（12）单击“图层”面板中的“添加图层蒙版”按钮 ，为“点光”图层添加图层蒙版，如图7-65所示。将前景色设为黑色。选择“画笔工具” ，在属性栏中单击“画笔”选项右侧的 按钮，在弹出的面板中选择需要的画笔形状，如图7-66所示。在图像窗口中拖曳鼠标擦除不需要的图像，效果如图7-67所示。

图7-65

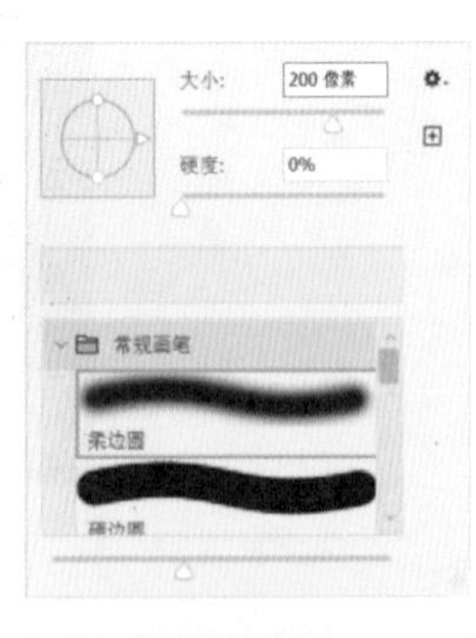

图7-66

图7-67

（13）单击“图层”面板中的“创建新的填充或调整图层”按钮 ，在弹出的菜单中选择“照片滤镜”命令，在“图层”面板中生成“照片滤镜1”图层，同时在弹出的“照片滤镜”面板中进行设置，如图7-68所示。按Enter键，图像效果如图7-69所示。

图7-68

图7-69

（14）按Ctrl+O组合键，打开云盘中的“Ch07 > 7.2 制作化妆品网站详情页主图 > 素材 > 03”文件。选择“移动工具”，将图片拖曳到图像窗口中适当的位置，并调整其大小，效果如图7-70所示。在“图层”面板中将生成新图层，将其命名为“香水”。

（15）将“香水”图层拖曳到“图层”面板中的“创建新图层”按钮上进行复制，生成新的图层“香水 拷贝”。按Ctrl+T组合键，图像周围出现变换框，在变换框中单击鼠标右键，在弹出的菜单中选择“垂直翻转”命令，将图片垂直翻转并拖曳到适当的位置，按Enter键确定操作，效果如图7-71所示。

图7-70

图7-71

（16）在“图层”面板中，将“香水 拷贝”图层拖曳到“香水”图层的下方，如图7-72所示。单击“图层”面板中的“添加图层蒙版”按钮，为“香水 拷贝”图层添加图层蒙版，如图7-73所示。

（17）选择“渐变工具”，单击属性栏中的“点按可编辑渐变”按钮，弹出“渐变编辑器”对话框，将渐变色设为黑色到白色，按住Shift键的同时在图像窗口中拖曳鼠标，效果如图7-74所示。

图7-72

图7-73

图7-74

（18）选中“香水”图层，单击“图层”面板中的“添加图层样式”按钮 fx，在弹出的菜单中选择“外发光”命令，弹出对话框，将发光颜色设为棕色（R:191，G:117，B:66），其他选项的设置如图7-75所示。单击“确定”按钮，效果如图7-76所示。

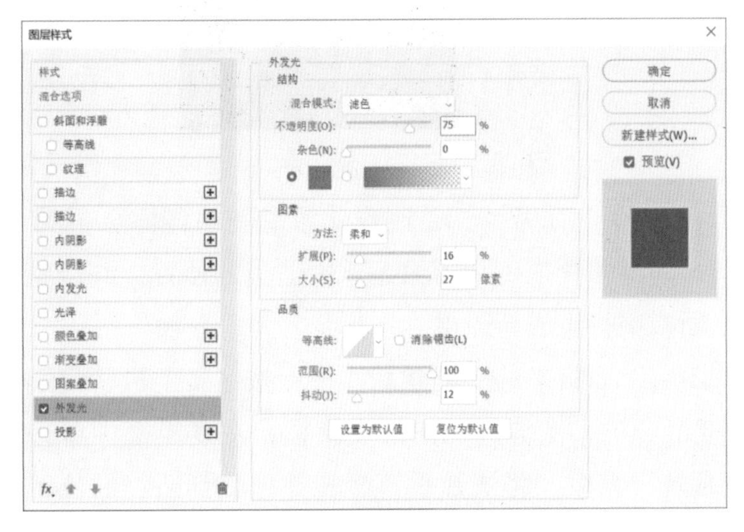

图7-75

图7-76

（19）按Ctrl+O组合键，打开云盘中的“Ch07 > 7.2 制作化妆品网站详情页主图 > 素材 > 04”文件。选择“移动工具” ，将图片拖曳到图像窗口中适当的位置，并调整其大小。在“图层”面板中将生成新图层，将其命名为“装饰”，如图7-77所示，效果如图7-78所示。化妆品网站详情页主图制作完成。

图7-77

图7-78

7.2.5 扩展实践：制作环保类公众号首页次图

使用“描边路径”命令为路径描边；使用“动感模糊”命令制作描边的模糊效果；使用混合模式命令制作发光线效果。最终效果参看云盘中的“Ch07 > 7.2 制作环保类公众号首页次图 > 工程文件”文件，如图7-79所示。

图7-79

任务7.3　制作文化传媒宣传海报

7.3.1　任务引入

本任务要求读者设计文化传媒宣传海报，明确当下文化类宣传海报的设计风格，并掌握文化类宣传海报的设计要点与制作方法。

7.3.2　设计理念

在设计时，以星云照片为主导，通过添加璀璨星云的特效增添神秘感与浩瀚感；添加几何线条作为点缀，使画面更具视觉冲击力，又凸显现代感与设计感。最终效果参看云盘中的“Ch07 > 7.3 制作文化传媒宣传海报 > 工程文件”文件，如图7-80所示。

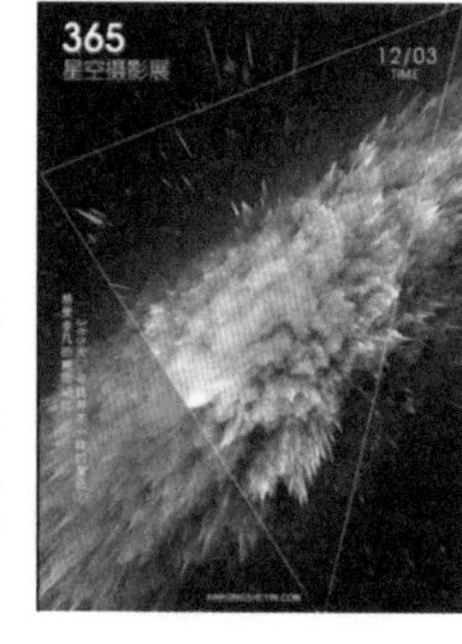

图7-80

7.3.3　任务知识：“3D”命令和“极坐标”命令

1　多边形工具

选择“多边形工具”，或按Shift+U组合键切换至该工具，其属性栏状态如图7-81所示。属性栏中的内容与“矩形工具”属性栏的选项内容类似，只增加了“边”选项，用于设定多边形的边数。

图7-81

单击属性栏中的按钮，在弹出的面板中进行设置，如图7-82所示，效果如图7-83所示，“图层”面板如图7-84所示。

图7-82

图7-83

图7-84

2　“3D”命令

在Photoshop CC 2019中可以将平面图像转换为各种预设形状，如平面、双面平面、纯色凸出、双面纯色凸出、圆柱体、球体。只有将图层变为3D图层后，才能使用3D工具和命令。

打开一张照片，如图7-85所示。选择“3D > 从图层新建网格 > 深度映射到”命令，弹出图7-86所示的子菜单。选择需要的命令可以创建不同的3D对象，效果如图7-87所示。

图7-85

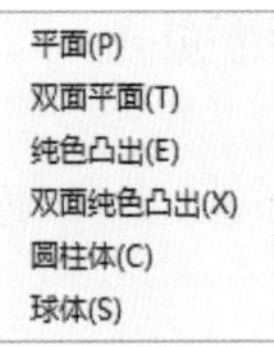

图7-86

平面

双面平面

纯色凸出

双面纯色凸出

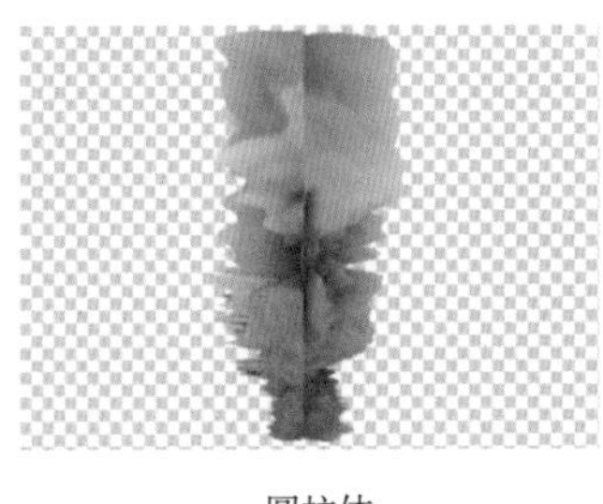

圆柱体

球体

图7-87

3 “极坐标”命令

使用“极坐标”滤镜可以产生图像坐标从直角坐标转为极坐标，或从极坐标转为直角坐标的效果。它能将直的物体拉弯，将物体拉直。

7.3.4 任务实施

（1）按Ctrl+N组合键，弹出“新建文档”对话框，设置“宽度”为9cm、“高度”为12.6cm、“分辨率”为150像素/英寸、“颜色模式”为RGB、“背景内容”为白色，单击“创建”按钮，新建一个文件。

（2）按Ctrl+O组合键，打开云盘中的“Ch07 > 7.3 制作文化传媒宣传海报 > 素材 > 01”文件，如图7-88所示。选择“3D > 从图层新建网格 > 深度映射到 > 平面”命令，效果如图7-89所示。

（3）在“3D”面板中选择“当前视图”，在“属性”面板中的设置如图7-90所示。

在“3D”面板中选择“场景”命令，在“属性”面板的“样式”下拉列表中选择“Unlit Texture”，如图7-91所示，图像效果如图7-92所示。

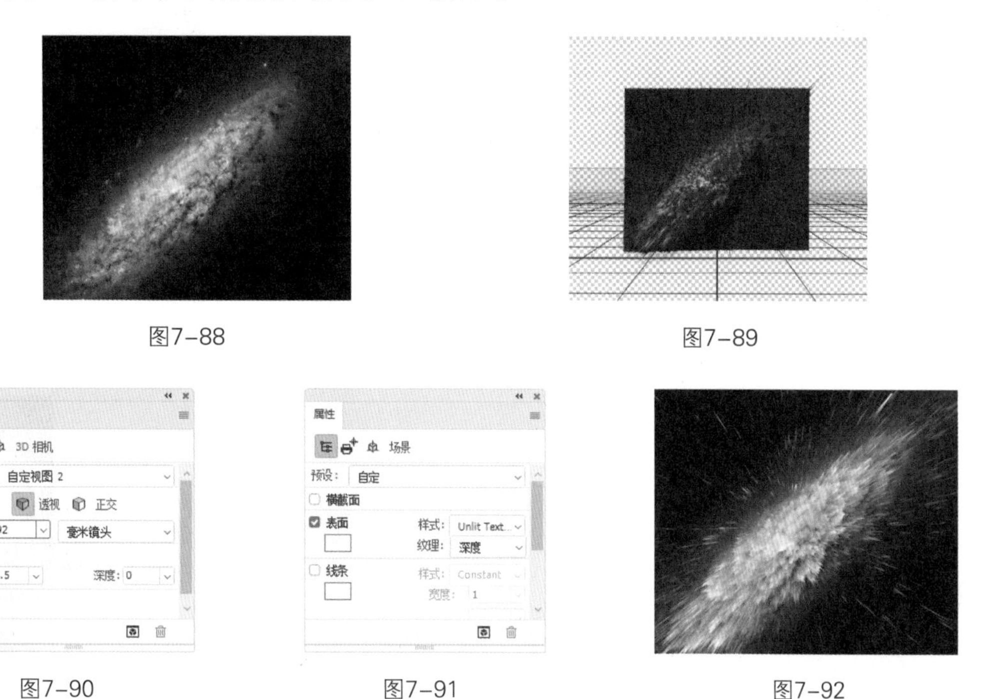

图7-88　图7-89

图7-90　图7-91　图7-92

（4）在“图层”面板中将3D图层转换为智能对象图层。选择“移动工具”，将图片拖曳到新建图像窗口中适当的位置，并调整大小，效果如图7-93所示，在“图层”面板中将生成新的图层，将其命名为“星空”。将“星空”图层拖曳到“图层”面板中的“创建新图层”按钮上进行复制，生成新的图层并将其命名为“去色”并栅格化图层。选择“图像 > 调整 > 去色”命令，将图像去色，效果如图7-94所示。

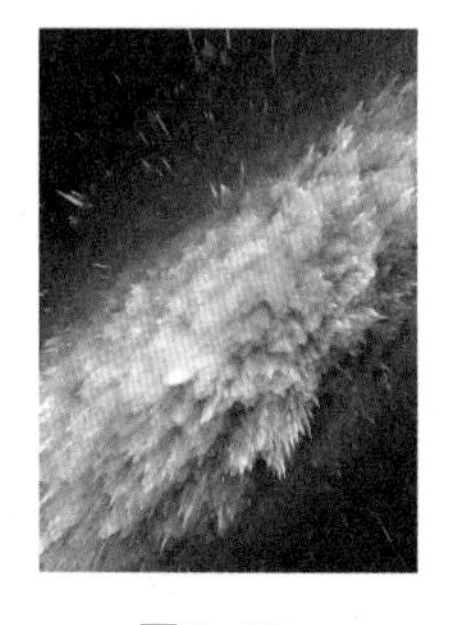

图7-93

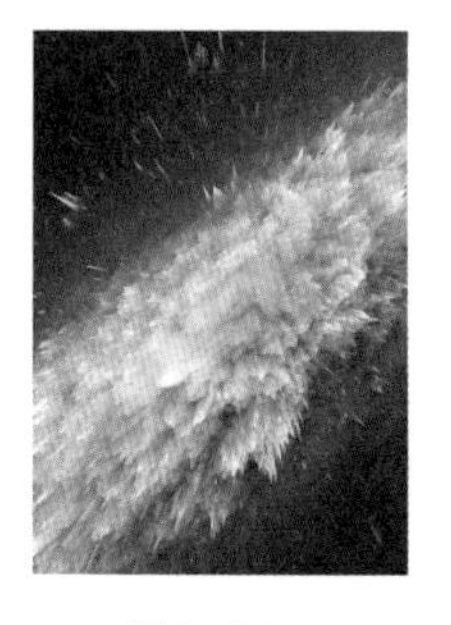

图7-94

（5）新建图层。将前景色设为蓝色（R:53，G:177，B:255），按Alt+Delete组合键，用前景色填充图层。在“图层”面板中，将该图层的混合模式设为“正片叠底”，“不透明度”选项设为48%，按Enter键确定操作，图像效果如图7-95所示。

（6）单击“图层”面板中的“添加图层蒙版”按钮，为图层添加蒙版。将前景色设为黑色。选择“画笔工具”，在属性栏中单击“画笔”选项，在弹出的面板中选择需要的画笔形状，设置如图7-96所示。在图像窗口中拖曳鼠标擦除不需要的图像，图像效果如图7-97所示。

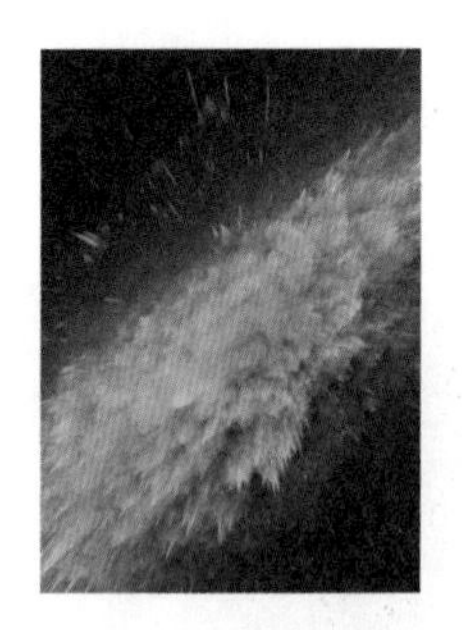

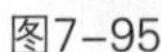

图7-95

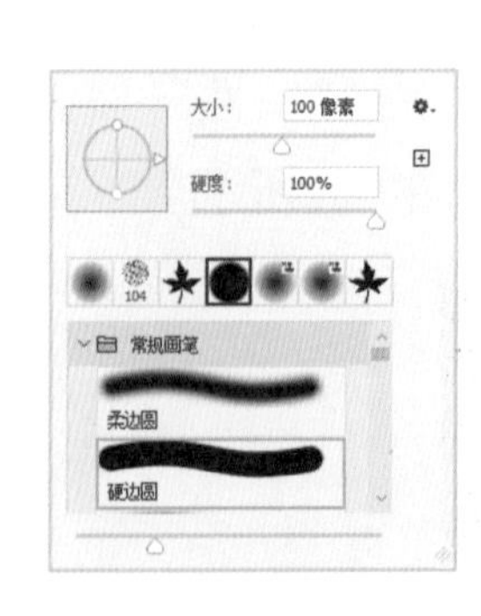

图7-96

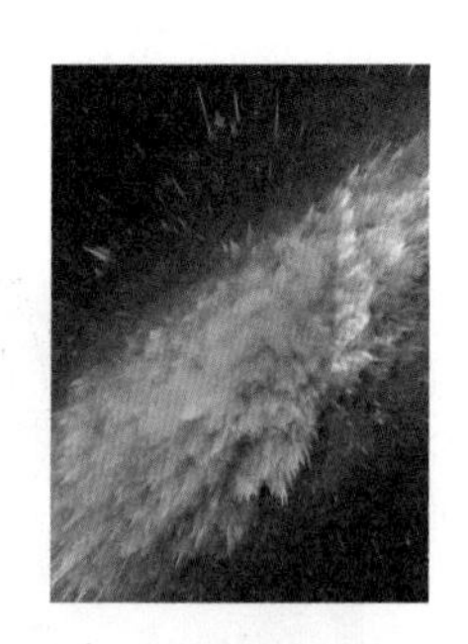

图7-97

（7）选择“多边形工具” ，属性栏中的设置如图7-98所示。在图像窗口中绘制多边形，效果如图7-99所示，在“图层”面板中将生成新的形状图层“多边形1”。

图7-98

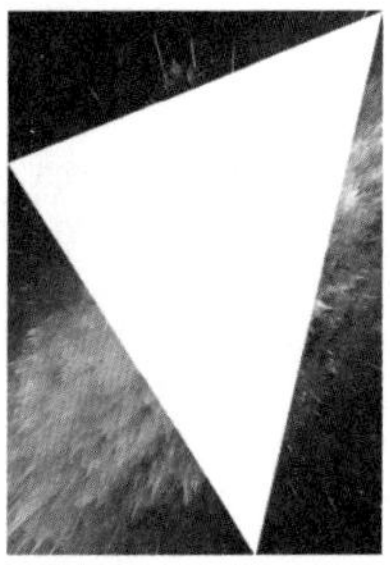

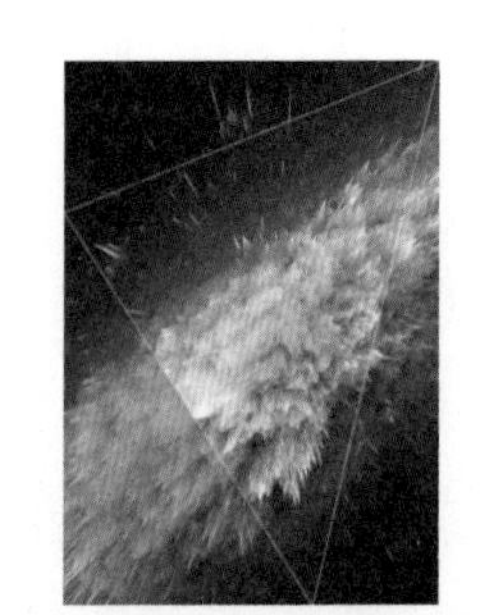

图7-99

（8）将“星空”图层拖曳到“图层”面板中的“创建新图层”按钮 上进行复制，生成新的图层并将其命名为“彩色”，将其拖曳到“多边形 1”图层的上方。按Alt+Ctrl+G组合键，为图层创建剪贴蒙版，效果如图7-100所示。

（9）选中“多边形 1”图层。单击“图层”面板中的“添加图层样式”按钮 ，在弹出的菜单中选择“描边”命令，弹出对话框，将描边颜色设为白色，其他选项的设置如图7-101所示。单击“确定”按钮，效果如图7-102所示。

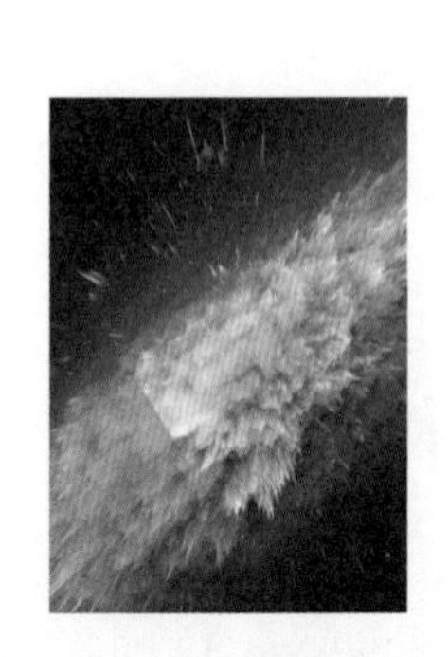

图7-100

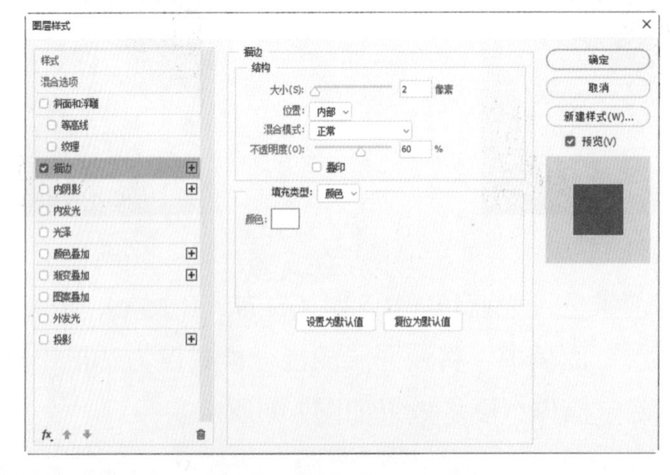

图7-101

图7-102

（10）单击“图层”面板中的“创建新的填充或调整图层”按钮 ，在弹出的菜单中选择“色阶”命令，在“图层”面板中将生成“色阶1”图层，同时弹出“色阶”面板，设置如图7-103所示。按Enter键确定操作，图像效果如图7-104所示。

（11）选择“横排文字工具” T，在适当的位置输入需要的文字并选取文字，在属性栏中选择合适的字体并设置大小，将文本颜色设置为白色，效果如图7-105所示，在“图层”面板中将生成新的文字图层。用类似的方法输入其他文字，效果如图7-106所示。

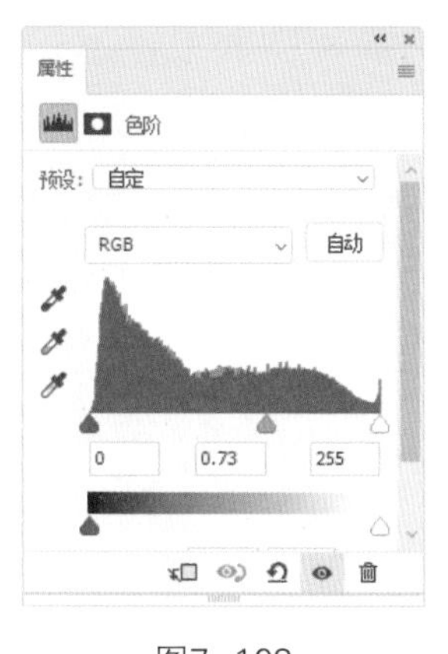

图7-103

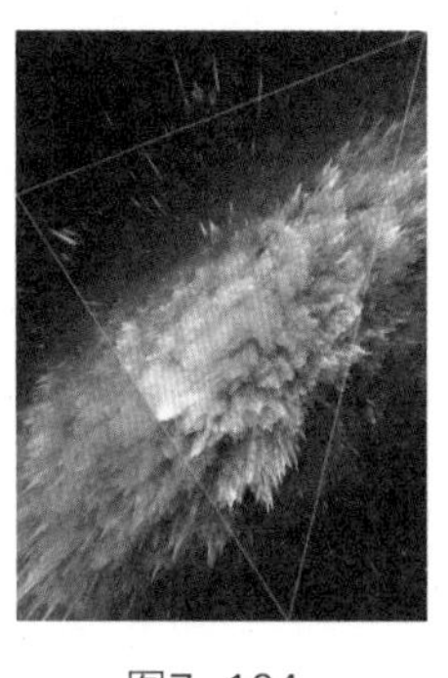
图7-104

图7-105

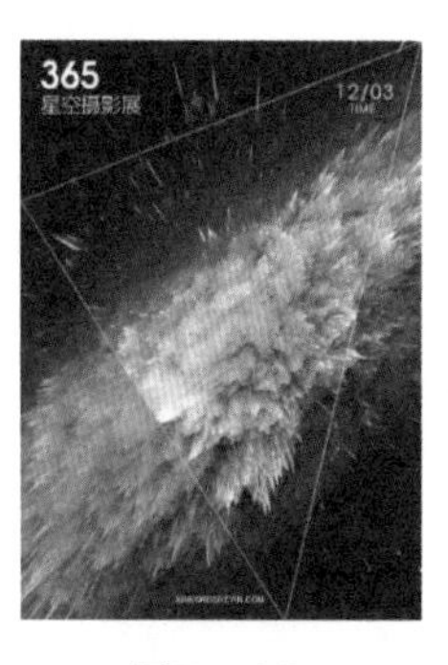

图7-106

（12）选择“直排文字工具” IT，在适当的位置输入需要的文字并选取文字，在属性栏中选择合适的字体并设置大小，效果如图7-107所示，在“图层”面板中将生成新的文字图层。

（13）选择“矩形工具” □，在属性栏的“选择工具模式”下拉列表中选择“形状”，将“填充”颜色设为黑色，在图像窗口中拖曳鼠标绘制矩形，在“图层”面板中将生成新的形状图层，将其命名为“矩形条”。在“图层”面板中，将该图层的“不透明度”选项设为50%，拖曳到文字图层的下方，效果如图7-108所示。文化传媒宣传海报制作完成，效果如图7-109所示。

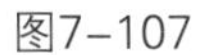
图7-107

图7-108

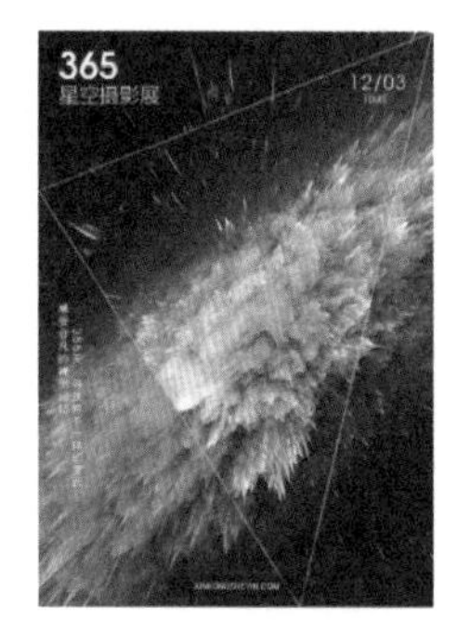

图7-109

7.3.5 扩展实践：制作体育竞技类公众号文章配图

使用“极坐标”滤镜命令扭曲图像，使用“裁剪工具”裁剪图像，使用图层蒙版和“画笔工具”修饰照片。最终效果参看云盘中的“Ch07 > 7.3 制作体育竞技类公众号文章配图 > 工程文件”文件，如图7-110所示。

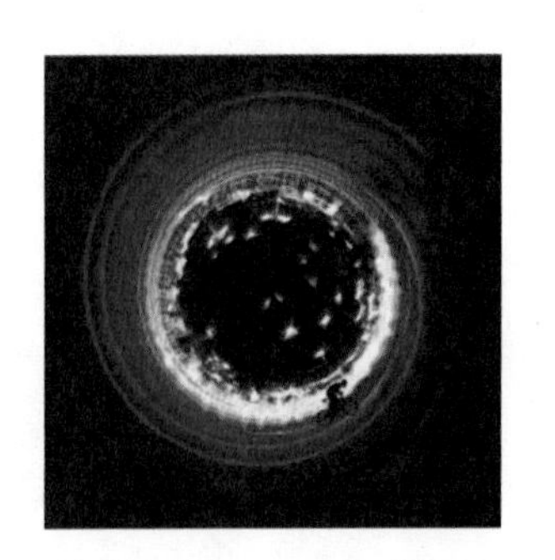

图7-110

任务7.4 制作夏至节气宣传海报

7.4.1 任务引入

本任务要求读者设计夏至节气宣传海报，明确当下文化类宣传海报的设计风格，并掌握文化类宣传海报的设计要点与制作方法。

7.4.2 设计理念

在设计时，以荷花照片为主导，含苞待放的荷花点明夏日主题；通过添加照片特效，为画面增加韵律感，使海报别具一格。最终效果参看云盘中的“Ch07 > 7.4 制作夏至节气宣传海报 > 工程文件”文件，如图7-111所示。

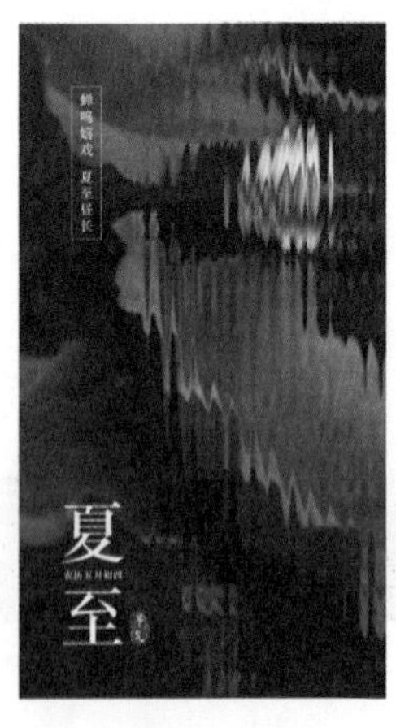

微课
制作夏至节气
宣传海报

图7-111

7.4.3 任务知识：滤镜库

Photoshop的滤镜库将常用滤镜组组合在一个界面中，以折叠菜单的方式显示，并为每一个滤镜提供了直观的效果预览，使用十分方便。

选择“滤镜 > 滤镜库”命令，弹出“滤镜库”界面，左侧为滤镜预览框，可显示滤镜应用后的效果；中部为滤镜列表，每个滤镜组下面包含了多个特色滤镜，展开需要的滤镜组，可以浏览滤镜组中的各个滤镜和其相应的滤镜效果；右侧为滤镜参数设置栏，可设置所用滤镜的各个参数值，如图7-112所示。

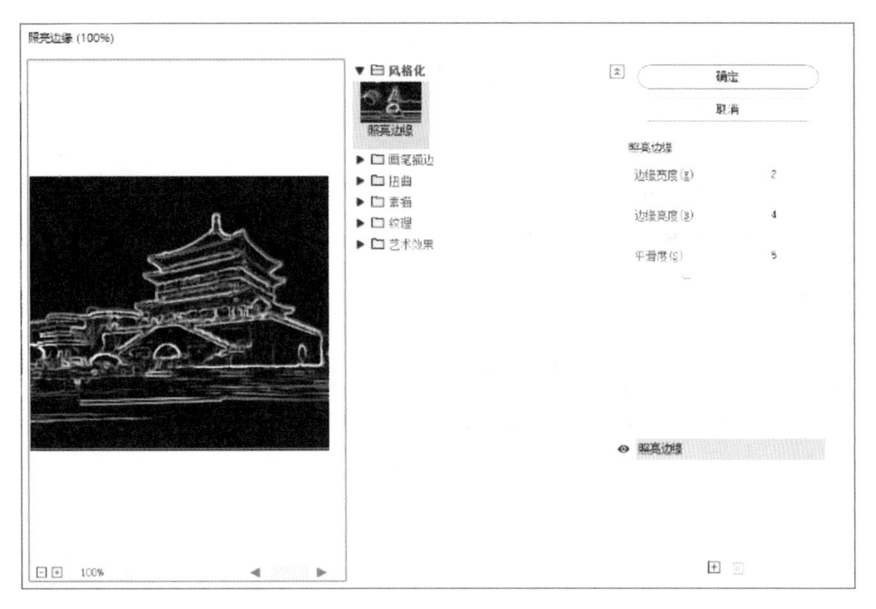

图7–112

风格化滤镜组：风格化滤镜组只包含一个“照亮边缘”滤镜，如图7-113所示。此滤镜可以搜索主要颜色的变化区域并强化其过渡像素，产生轮廓发光的效果，应用滤镜前后的效果如图7-114和图7-115所示。

图7–113

图7–114

图7–115

画笔描边滤镜组：画笔描边滤镜组包含8个滤镜，如图7-116所示。此滤镜组对CMYK和Lab颜色模式的图像都不起作用。应用不同的滤镜制作出的效果如图7-117所示。

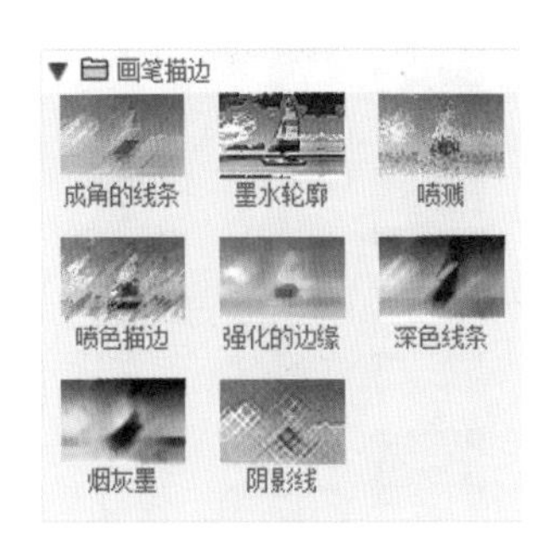

图7–116

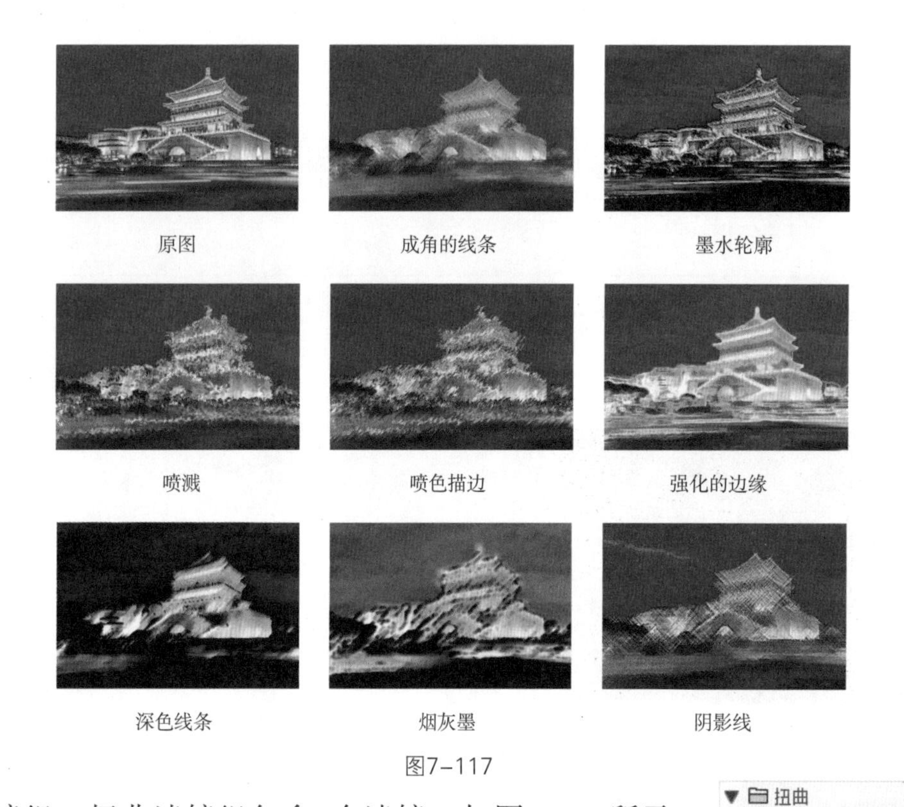

图7–117

扭曲滤镜组：扭曲滤镜组包含3个滤镜，如图7-118所示。此滤镜组可以生成一组图像的扭曲变形效果。应用不同的滤镜制作出的效果如图7-119所示。

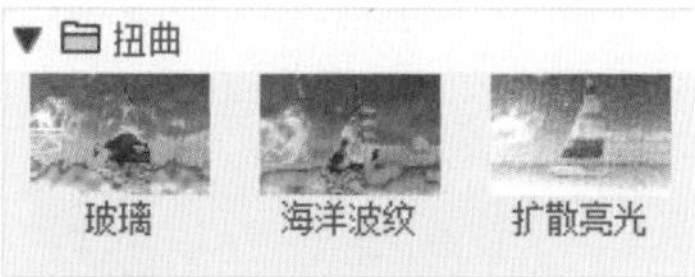

▼ 扭曲
玻璃 海洋波纹 扩散亮光

图7–118

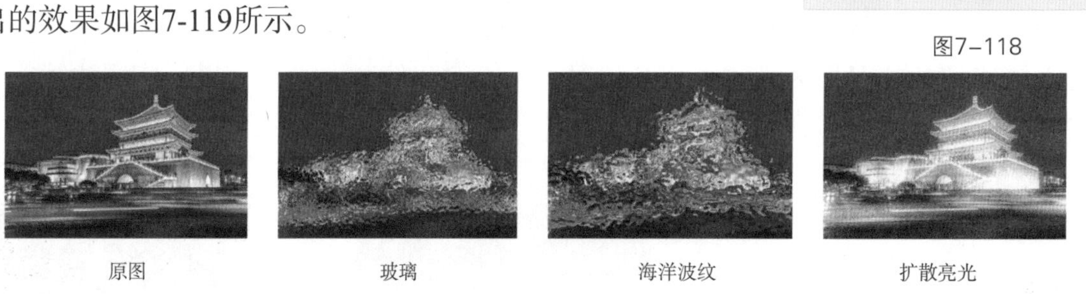

图7–119

素描滤镜组：素描滤镜组包含14个滤镜，如图7-120所示。此滤镜只对RGB或灰度模式的图像起作用，可以制作出多种绘画效果。应用不同的滤镜制作出的效果如图7-121所示。

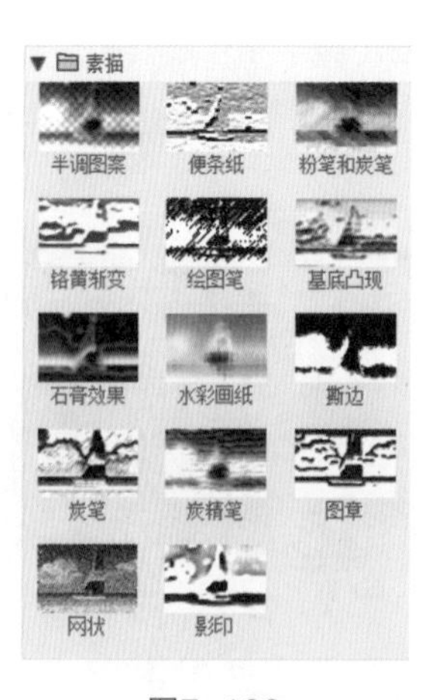

图7–120

图7–121

纹理滤镜组：纹理滤镜组包含6个滤镜，如图7-122所示。此滤镜可以使图像中各颜色之间产生过渡变形的效果。应用不同滤镜制作出的效果如图7-123所示。

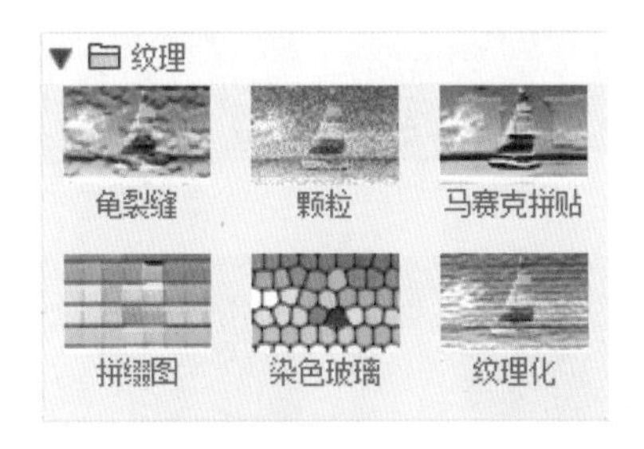

图7–122

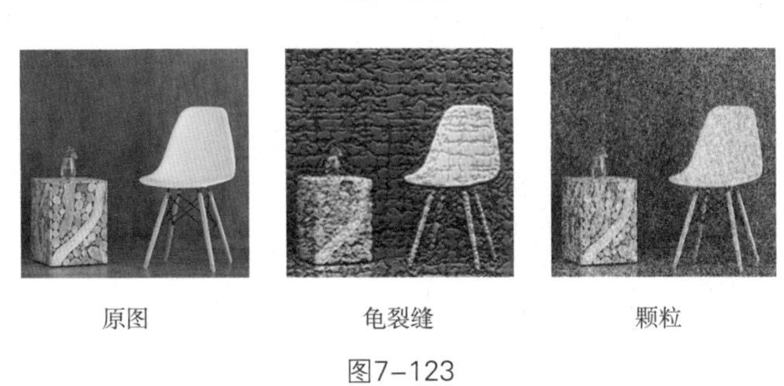

图7–123

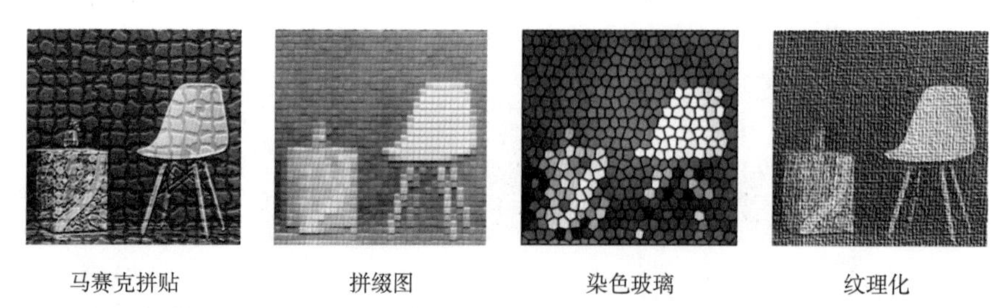

图7-123（续）

艺术效果滤镜组：艺术效果滤镜组包含15个滤镜，如图7-124所示。此滤镜只有在RGB颜色模式和多通道颜色模式下才可用。应用不同滤镜制作出的效果如图7-125所示。

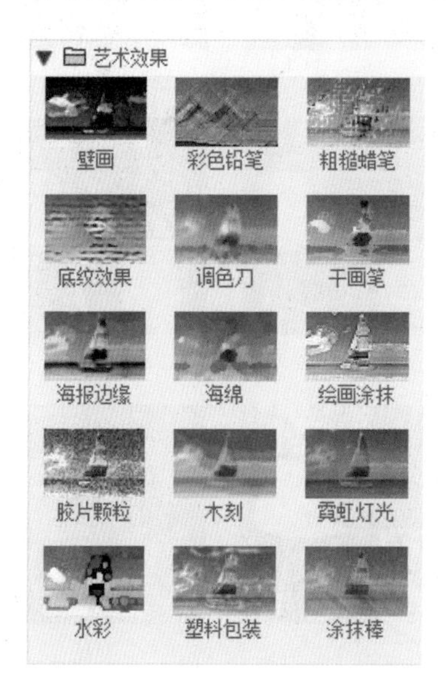

图7-124

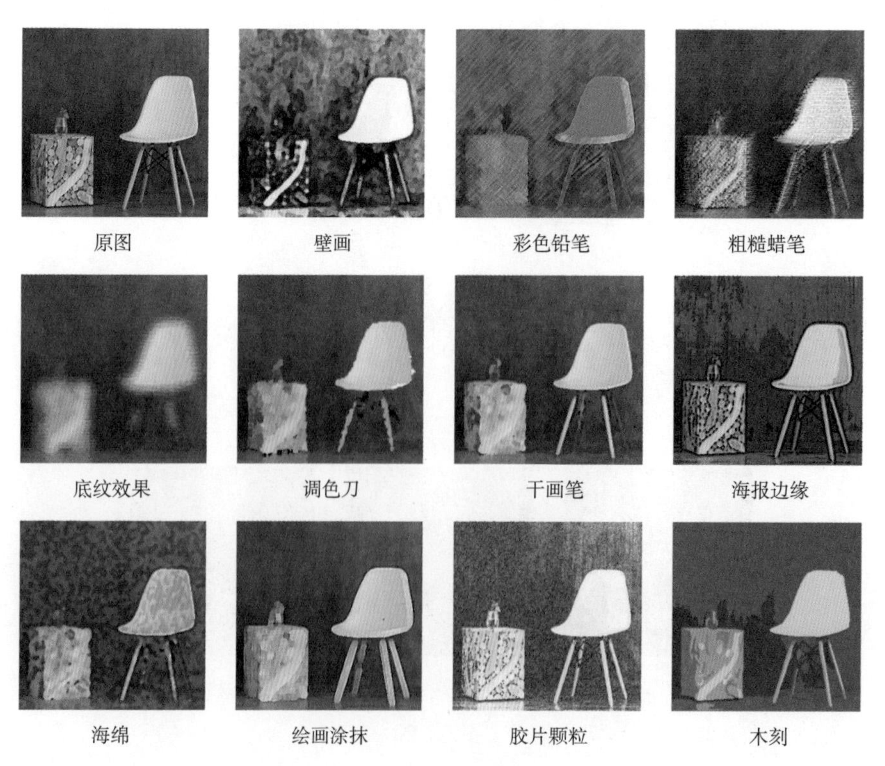

图7-125

霓虹灯光

水彩

塑料包装

涂抹棒

图7-125（续）

滤镜叠加：在“滤镜库”对话框中可以创建多个效果图层，每个图层可以应用不同的滤镜，从而使图像产生多个滤镜叠加后的效果。

为图像添加“强化的边缘”滤镜，如图7-126所示。单击“新建效果图层”按钮⊞，生成新的效果图层，如图7-127所示。为图像添加“海报边缘”滤镜，叠加后的效果如图7-128所示。

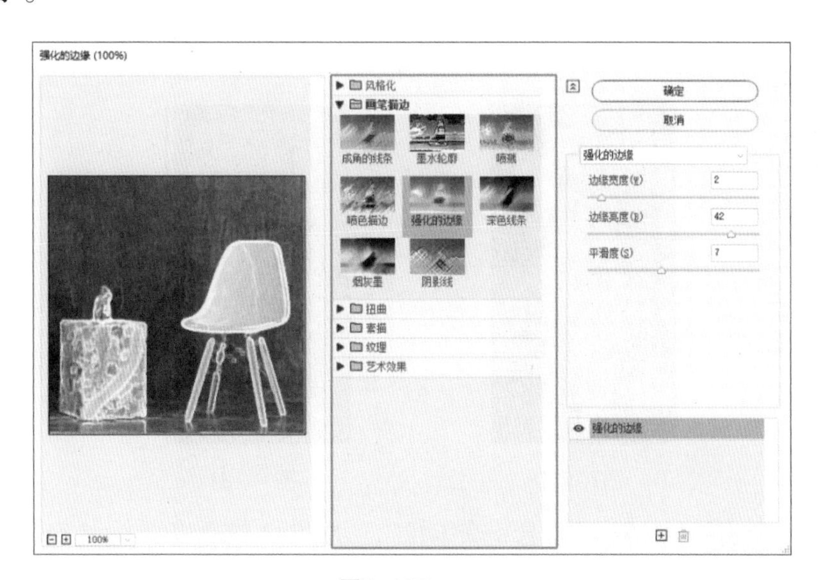

图7-126

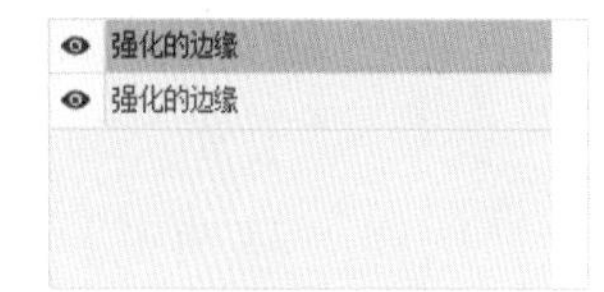

图7-127

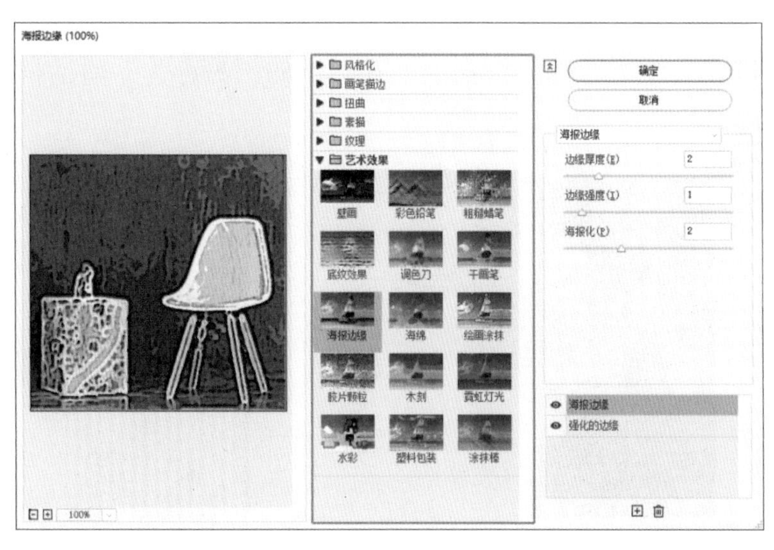

图7-128

7.4.4 任务实施

（1）按Ctrl+N组合键，设置“宽度”为1242像素、“高度”为2208像素、“分辨率”为72像素/英寸、“颜色模式”为RGB、“背景内容”为白色，单击“创建”按钮新建一个文件。

（2）按Ctrl+O组合键，打开云盘中的“Ch07 > 7.4 制作夏至节气宣传海报 > 素材 > 01”文件。选择“移动工具”，将“01”图片拖曳到新建图像窗口中适当的位置，并调整其大小，效果如图7-129所示。在“图层”面板中将生成新图层，将其命名为“底图”。

（3）单击“图层”面板中的“创建新图层”按钮，创建一个空白图层并将其命名为“长虹玻璃”。选择“矩形选框工具”，在图像窗口中拖曳鼠标绘制选区，如图7-130所示。选择“渐变工具”，在属性栏中单击“点按可编辑渐变”按钮，弹出“渐变编辑器”对话框，设置3个位置点颜色的RGB值分别为（0，0，0）（255，255，255）（0，0，0），按住Shift键的同时从左向右拖曳鼠标填充选区，效果如图7-131所示。

图7-129

图7-130

图7-131

（4）选择“移动工具”，按住Alt+Shift组合键的同时，水平向左拖曳鼠标复制选区，如图7-132所示。用类似的方法复制多个图形，按Ctrl+D组合键取消选区，效果如图7-133所示。在“图层”面板中，按住Alt键的同时单击“长虹玻璃”图层左侧的眼睛按钮，关闭其他图层视图。选择“文件 > 存储为”命令，在弹出的“另存为”对话框中将其命名为“长虹玻璃”，格式选择PSD。

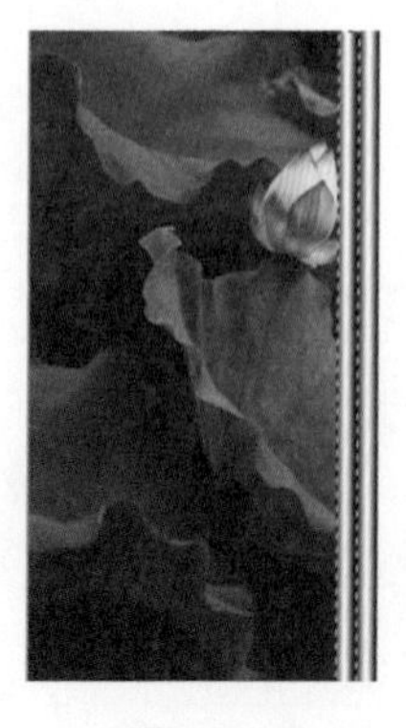
图7-132

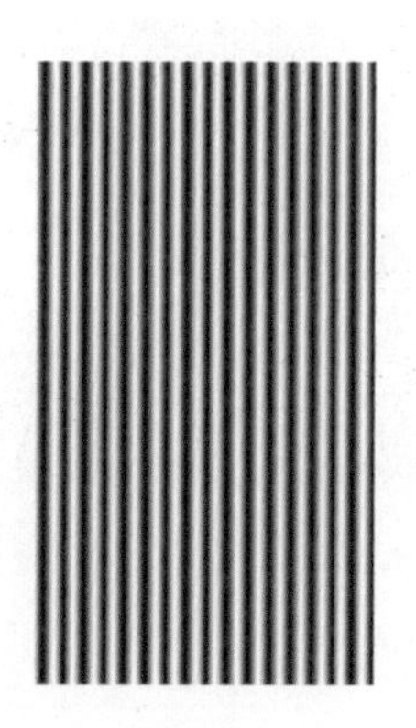
图7-133

（5）在“图层”面板中，关闭“长虹玻璃”图层的视图显示，并打开其他图层视图，选择“底图”图层，如图7-134所示。选择“滤镜 > 模糊 > 高斯模糊”命令，在弹出的面板中进行设置，如图7-135所示，效果如图7-136所示。

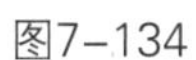
图7-134

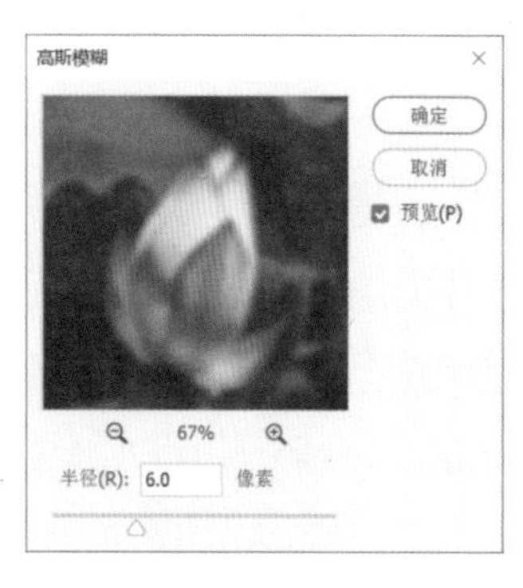

图7-135

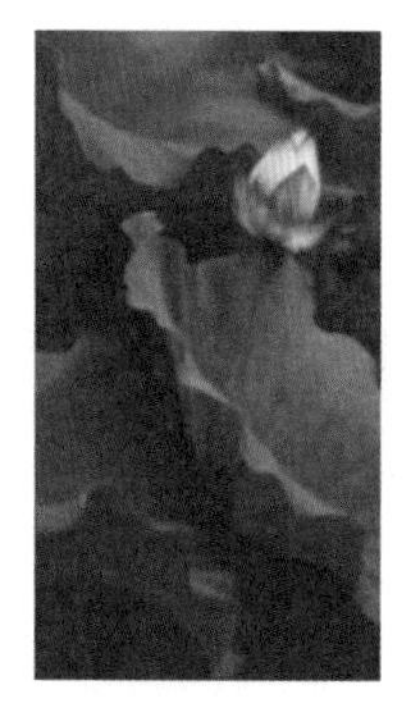

图7-136

（6）选择“矩形选框工具”，在图像窗口中拖曳鼠标绘制选区，如图7-137所示。选择“滤镜 > 滤镜库”命令，在弹出的面板中进行设置，如图7-138所示，单击“纹理”选项右侧的按钮，在弹出的菜单中选择“载入纹理”。在弹出的面板中选择“长虹玻璃”文件，单击“打开”按钮，载入纹理，如图7-139所示。单击“确定”按钮，按Ctrl+D组合键取消选区，效果如图7-140所示。

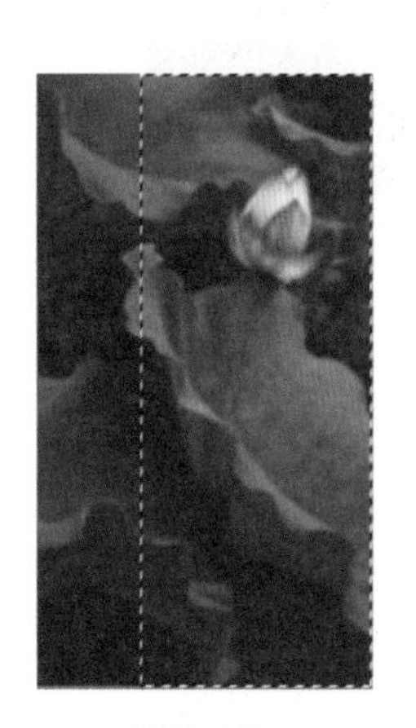

图7-137

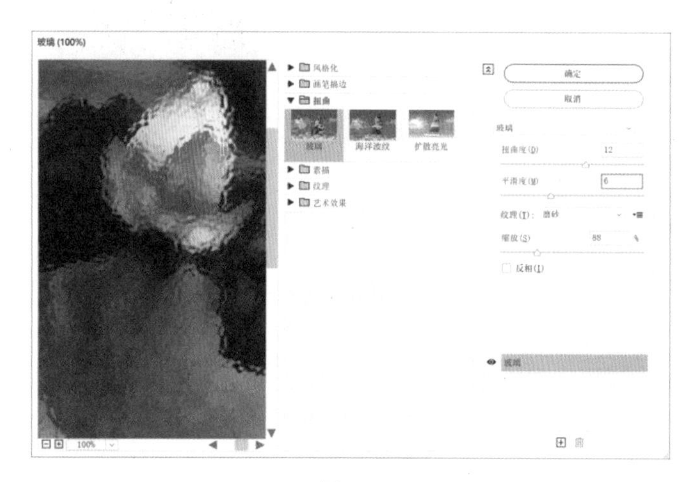

图7-138

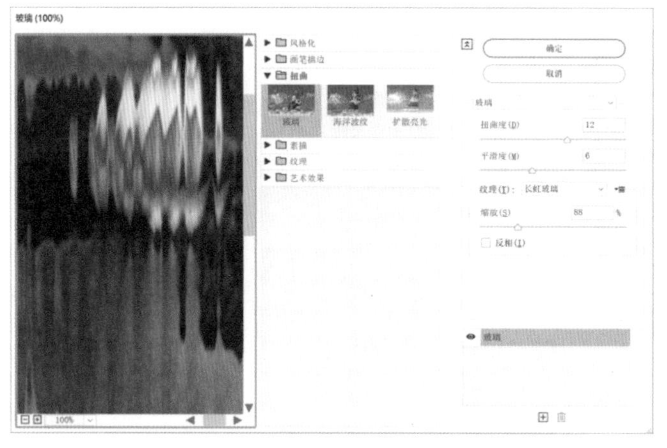

图7-139

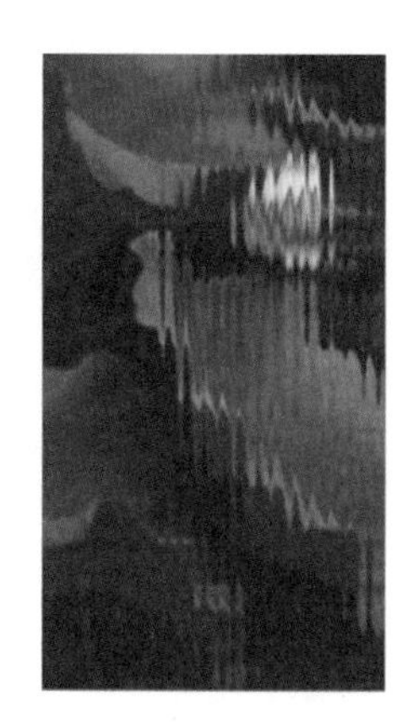

图7-140

（7）在“图层”面板中，单击“长虹玻璃”图层左侧的眼睛按钮 ，打开视图显示。在“图层”面板中，将“长虹玻璃”图层的混合模式设为“正片叠底”，“不透明度”设为20%。单击“图层”面板中的“添加图层蒙版”按钮 ，为“长虹玻璃”图层添加图层蒙版，如图7-141所示。

（8）将前景色设为黑色。选择“矩形选框工具” ，在图像窗口中拖曳鼠标绘制选区，按Alt+Delete组合键填充颜色，效果如图7-142所示。

（9）选择“文件 > 置入嵌入对象”命令，弹出“置入嵌入的对象”对话框。选择云盘中的“Ch07 > 制作夏至节气宣传海报 > 素材 > 02”文件，单击“置入”按钮，将图片置入图像窗口中。将图像拖曳到适当的位置，按Enter键确定操作，效果如图7-143所示。在“图层”面板中将生成新的图层，将其命名为“文案”。夏至节气宣传海报制作完成。

图7-141

图7-142

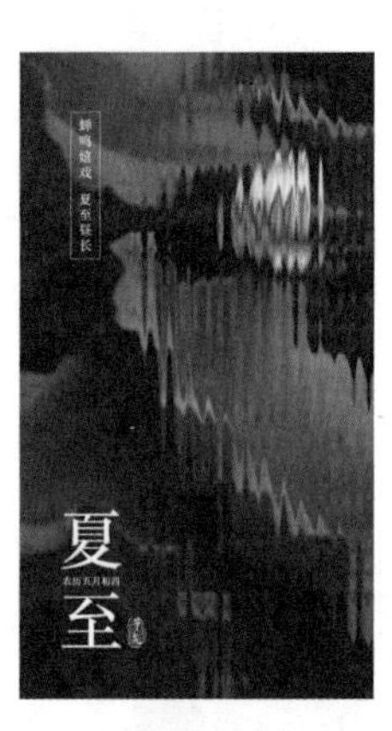

图7-143

7.4.5 扩展实践：制作寻访古建筑公众号封面首图

使用“去色”命令和“反相”命令调整图像色调，使用“最小值”命令制作图像线描效果，使用图层蒙版修饰图像。最终效果参看云盘中的“Ch07 > 7.4 制作寻访古建筑公众号封面首图 > 工程文件”文件，如图7-144所示。

图7-144

微课
制作寻访古建筑公众号封面首图

任务7.5　项目演练——制作保护珍稀动物宣传海报

7.5.1　任务引入

本任务要求读者设计保护珍稀动物宣传海报，明确当下公益类宣传海报的设计风格，并掌握公益类宣传海报的设计要点与制作方法。

7.5.2　设计理念

在设计时，以丹顶鹤照片为主导，通过添加照片特效，展现动物与大自然的和谐关系，引发人们的共鸣；文案的设计与主题相呼应，令人印象深刻。最终效果参看云盘中的“Ch07 > 7.5 制作保护珍稀动物宣传海报 >工程文件”文件，如图7-145所示。

图7-145

制作保护珍稀动物宣传海报

08

项目8

商业案例设计实训

本项目安排了数码照片处理的5个商业设计案例，通过本项目的学习，读者可以熟练掌握Photoshop的数码照片处理技巧，并能熟悉商业设计领域对数码照片处理的要求，拓宽设计思路，制作出专业的商业设计作品。

知识目标

- 了解数码照片处理在商业设计领域的常见应用

能力目标

- 熟练掌握Photoshop的数码照片处理技巧
- 熟练掌握商业设计领域的数码照片处理流程

素养目标

- 培养商业设计思维
- 培养学以致用的能力

任务8.1 制作电视机宣传广告

微课

制作电视机宣传广告

8.1.1 任务引入

本任务要求读者制作电视机宣传广告，明确当下电子产品宣传广告的设计风格并掌握电子产品宣传广告的设计要点与制作方法。

8.1.2 设计理念

在设计时，通过海洋照片的背景给人心旷神怡的感觉；前景中的电视机照片经过特效处理，和海洋动物融为一体，增添了画面的动感，突出产品给人们带来的身临其境感。最终效果参看云盘中的“Ch08 > 8.1 制作电视机宣传广告 > 工程文件”文件，如图8-1所示。

图8-1

8.1.3 任务实施

1 制作背景效果

（1）按Ctrl+O组合键，打开云盘中的“Ch08 > 8.1 制作电视机宣传广告 > 素材 > 01”文件，如图8-2所示。

（2）新建图层组并将其命名为“电视”。按Ctrl+O组合键，打开云盘中的“Ch08 > 8.1 制作电视机宣传广告 > 素材”文件夹中的“02”“03”文件。选择“移动工具”，分别将图片拖曳到图像窗口中的适当位置，效果如图8-3所示。在“图层”面板中将分别生成新的图层，将其分别命名为“大水花”和“小水花”。

（3）在“图层”面板中，在按住Ctrl键的同时，选择“大水花”和“小水花”，将选中图层的混合模式设为“滤色”，如图8-4所示，图像效果如图8-5所示。

图8-2

图8-3

图8-4

图8-5

（4）选中“小水花”图层，单击“图层”面板中的“添加图层蒙版”按钮，为“小水花”图层添加图层蒙版，如图8-6所示，将前景色设为黑色。选择“画笔工具”，在属性栏中单击“画笔”选项右侧的按钮，在弹出的画笔选择面板中选择需要的画笔形状，如图8-7所示。在图像窗口中涂抹，擦除不需要的部分，效果如图8-8所示。

图8-6

图8-7

图8-8

（5）按Ctrl+O组合键，打开云盘中的“Ch08 > 制作电视机宣传广告 > 素材”文件夹中的“04”“05”文件。选择“移动工具”，分别将图片拖曳到图像窗口中的适当位置，效果如图8-9所示。在“图层”面板中将分别生成新的图层，将其分别命名为“电视框”和“电视框倒影”。

（6）在“图层”面板中，将“电视框倒影”图层的混合模式设为“正片叠底”，并拖曳到“电视框”图层的下方，如图8-10所示，图像效果如图8-11所示。

（7）按Ctrl+O组合键，打开云盘中的“Ch08 > 制作电视机宣传广告 > 素材 > 06”文件。选择“移动工具”，将图片拖曳到图像窗口中的适当位置，效果如图8-12所示。在“图层”面板中将生成新的图层，将其命名为“鲸”。

图8-9

图8-10

图8-11

图8-12

（8）单击“图层”面板中的“创建新的填充或调整图层”按钮，在弹出的菜单中选择“色阶”命令，在“图层”面板中将生成“色阶1”图层，同时弹出“色阶”面板。单击“此调整影响下面的所有图层”按钮，使其显示为“此调整剪切到此图层”按钮，其他选项的设置如图8-13所示。按Enter键确定操作，图像效果如图8-14所示。

（9）单击“图层”面板中的“创建新的填充或调整图层”按钮，在弹出的菜单中选择“亮度/对比度”命令，在“图层”面板中将生成“亮度/对比度1”图层，同时弹出“亮度/对比度”面板。单击“此调整影响下面的所有图层”按钮，使其显示为“此调整剪切到此图层”按钮，其他选项的设置如图8-15所示。按Enter键确定操作，图像效果如图8-16所示。

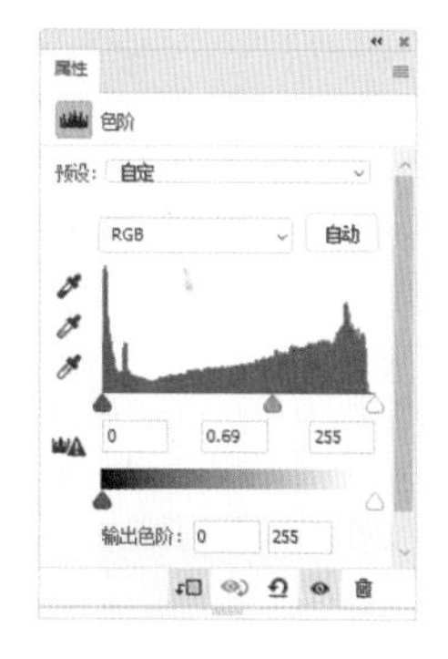

图8-13

图8-14

图8-15

图8-16

2 添加文字内容

（1）选择“横排文字工具”T，在适当的位置分别输入需要的文字，在“字符”面板中分别选择合适的字体并设置文字大小，填充文字为白色，效果如图8-17所示。选取文字“电视”，在属性栏中设置文字大小，效果如图8-18所示。

图8-17

图8-18

（2）选取文字“全面屏”，在“字符”面板中将“设置所选字符的字距调整”选项设为50，其他选项的设置如图8-19所示。按Enter键确定操作，效果如图8-20所示。

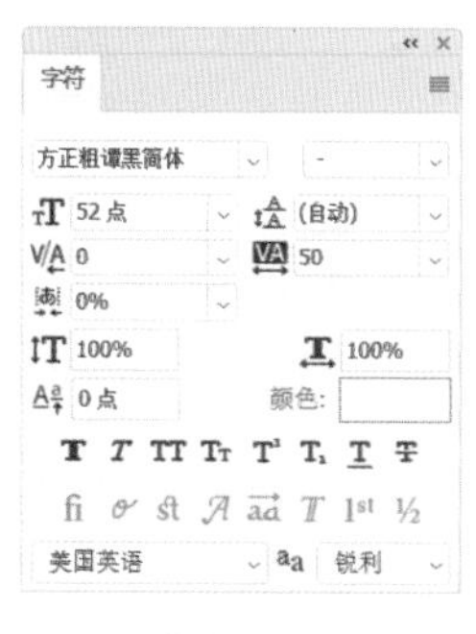

图8-19

图8-20

（3）选择“移动工具”，将需要的文字同时选取，按Ctrl+G组合键，将其编组并命名为“主标题”。单击“图层”面板中的“添加图层样式”按钮，在弹出的菜单中选择“投影”命令，弹出对话框，设置投影颜色为黑色，其他选项的设置如图8-21所示。单击“确定”按钮，效果如图8-22所示。

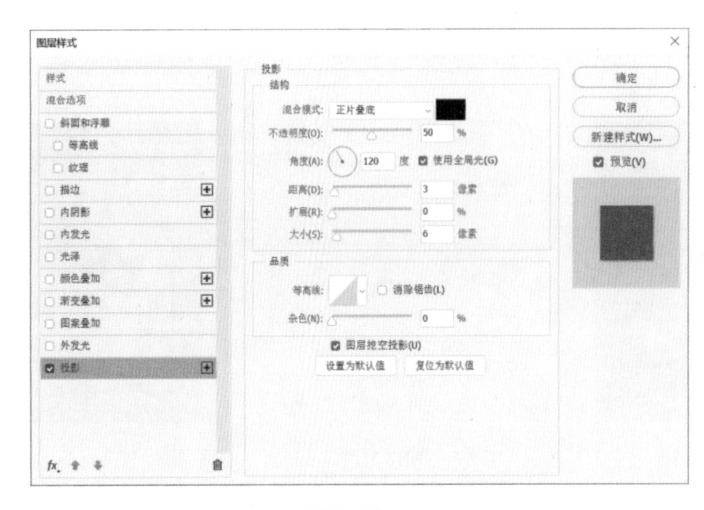

图8-21

图8-22

（4）选择“矩形工具”，在适当的位置绘制一个矩形，设置填充色为黄色（R:255，G:241，B:0），填充图形，并设置描边色为无，效果如图8-23所示。

（5）选择“添加锚点工具”，分别在矩形左边和右边中间位置单击，添加两个锚点，如图8-24所示。

图8-23

图8-24

（6）选择“直接选择工具”，选取左边添加的锚点，水平向右拖曳锚点到适当的位置，效果如图8-25所示。选择“转换点工具”，单击转换锚点，效果如图8-26所示。用类似的方法调整右边锚点，效果如图8-27所示。

图8-25

图8-26

图8-27

（7）选择“横排文字工具”，在适当的位置分别输入需要的文字，在“字符”面板中分别选择合适的字体并设置文字大小，效果如图8-28所示。选取上方的文字，设置填充色为蓝色（R:0，G:158，B:220），填充文字，效果如图8-29所示。选择“移动工具”，按住Shift键的同时在“图层”面板中单击“64位四核……”文字图层和“主标题”图层组，将需要的图层同时选取，按Ctrl+G组合键，将其编组并命名为“标题”。

图8-28

图8-29

（8）选择“矩形工具” ，在适当的位置绘制一个矩形，填充图形为黑色，并设置描边色为无，效果如图8-30所示。在“图层”面板中设置不透明度为40%，其他选项的设置如图8-31所示。按Enter键确定操作，效果如图8-32所示。

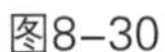

图8-30

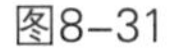

图8-31

图8-32

（9）选择“横排文字工具” T，在适当的位置分别输入需要的文字，在“字符”面板中分别选择合适的字体并设置文字大小，填充文字为白色，效果如图8-33所示。

（10）选择“圆角矩形工具” ，在图像窗口中单击，弹出“创建圆角矩形”对话框，选项的设置如图8-34所示，单击“确定”按钮，出现一个圆角矩形。选择“移动工具” ，将其拖曳到适当的位置，在“属性”面板中设置填充色为白色，描边色为无，效果如图8-35所示。

（11）选择“横排文字工具” T，在适当的位置输入需要的文字，在“字符”面板中选择合适的字体并设置文字大小。设置填充色为海蓝色（R:20，G:85，B:112），填充文字，效果如图8-36所示。

（12）选择“直线工具” ，按住Shift键的同时，在适当的位置绘制一条直线，设置描边为白色，效果如图8-37所示。

图8-33

图8-34

图8-35

图8-36

图8-37

（13）选择“移动工具” ，按住Alt+Shift组合键的同时，竖直向下拖曳直线到适当的位置，复制直线，效果如图8-38所示。选择“移动工具” ，按住Shift键的同时，在“图层”面板中单击“形状1拷贝”形状图层和“矩形2”形状图层，将需要的图层同时选取，按

Ctrl+G组合键，将其编组并命名为“底部信息”，如图8-39所示。电视机广告制作完成，效果如图8-40所示。

图8-38

图8-39

图8-40

任务8.2 制作嘉兴肉粽主图

8.2.1 任务引入

本任务要求读者设计嘉兴肉粽主图，明确当下食品类主图的设计风格，并掌握食品类主图效果的设计要点与制作方法。

8.2.2 设计理念

在设计时，以嘉兴肉粽照片为主导，背景采用山水画风格的形式，烘托传统节日的氛围；宣传文字和优惠信息简洁明了，不破坏画面的意境。最终效果参看云盘中的“Ch08 > 8.2 制作嘉兴肉粽主图 > 工程文件”文件，如图8-41所示。

图8-41

8.2.3 任务实施

（1）按Ctrl+N组合键，弹出“新建文档”对话框，设置“宽度”为800像素、“高度”为

800像素、“分辨率”为72像素/英寸、“背景内容”为白色，如图8-42所示。单击“创建”按钮，新建一个文件。

（2）选择“文件 > 置入嵌入对象”命令，弹出“置入嵌入的对象”对话框。选择云盘中的“Ch08 > 8.2 制作嘉兴肉粽主图 > 素材 > 01”文件，单击“置入”按钮，将图片置入图像窗口，将图像拖曳到适当的位置。按Enter键确定操作，效果如图8-43所示。在“图层”面板中将生成新的图层，将其命名为“背景”。

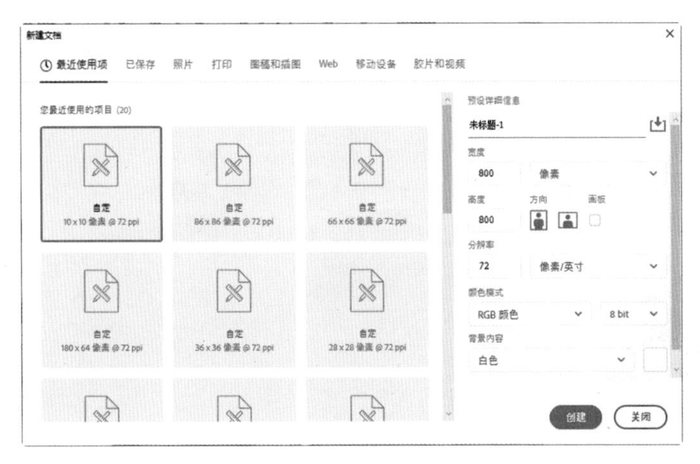

图8-42

图8-43

（3）单击“图层”面板中的“创建新的填充或调整图层”按钮，在弹出的菜单中选择“色彩平衡”命令，在“图层”面板中将生成“色彩平衡1”图层，同时在弹出的面板中进行设置，如图8-44所示。按Enter键确定操作，效果如图8-45所示。

（4）选择“文件 > 置入嵌入对象”命令，弹出“置入嵌入的对象”对话框。选择云盘中的“Ch08 > 8.2 制作嘉兴肉粽主图 > 素材 > 02”文件，单击“置入”按钮，将图片置入图像窗口，将图像拖曳到适当的位置。按Enter键确定操作，效果如图8-46所示。在“图层”面板中将生成新的图层，将其命名为“粽叶”。

（5）按Ctrl+J组合键，复制图层，在“图层”面板中生成“粽叶 拷贝”图层。按Ctrl+T组合键，在图像周围出现变换框，在属性栏中将“旋转角度”设为-15° 。按Enter键确定操作，效果如图8-47所示。

图8-44

图8-45

图8-46

图8-47

（6）选择“文件 > 置入嵌入对象”命令，弹出“置入嵌入的对象”对话框。选择云盘中的“Ch08 > 8.2 制作嘉兴肉粽主图 > 素材 > 03”文件，单击“置入”按钮，将图片置入图像窗口，将图像拖曳到适当的位置。按Enter键确定操作，效果如图8-48所示。在“图层”面板中将生成新的图层，将其命名为“粽子”。

（7）选择“椭圆工具”，在属性栏的“选择工具模式”下拉列表中选择“形状”，将“填充”颜色设为深灰色（R:0，G:16，B:14），“描边”颜色设为无。在图像窗口中绘制一个椭圆，效果如图8-49所示。在“图层”面板中将生成新的形状图层，将其命名为“投影”。

（8）在“图层”面板中将“不透明度”选项设为80%，如图8-50所示。在“属性”面板中，单击“蒙版”按钮，切换到相应的面板中进行设置，如图8-51所示。

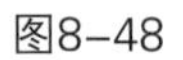

图8-48

图8-49

图8-50

图8-51

（9）在“图层”面板中，将“粽子”图层拖曳到“投影”图层的上方，如图8-52所示，效果如图8-53所示。按住Shift键的同时，单击“背景”图层，将需要的图层同时选取，按Ctrl+G组合键，将图层编组并命名为“商品”，如图8-54所示。

图8-52

图8-53

图8-54

（10）选择“横排文字工具”，在图像窗口中输入需要的文字并选取文字。选择“窗口 > 字符”命令，打开“字符”面板，在“字符”面板中，将“颜色”设为墨绿色（R:2，G:64，B:56），其他选项的设置如图8-55所示。按Enter键确定操作，效果如图8-56所示，在“图层”面板中将生成新的文字图层。

（11）单击“图层”面板中的“添加图层样式”按钮，在弹出的菜单中选择“描边”命令，将弹出对话框，在其中将描边颜色设为白色，其他选项的设置如图8-57所示。

（12）选择对话框左侧的“渐变叠加”选项，单击“点按可编辑渐变”按钮，弹出“渐变编辑器”对话框，设置两个位置点颜色的RGB值分别为（2，64，56），（34，169，139），如图8-58所示。单击“确定”按钮，返回到“图层样式”对话框，选项的设置如图8-59所示。单击“确定”按钮，为文字添加效果。

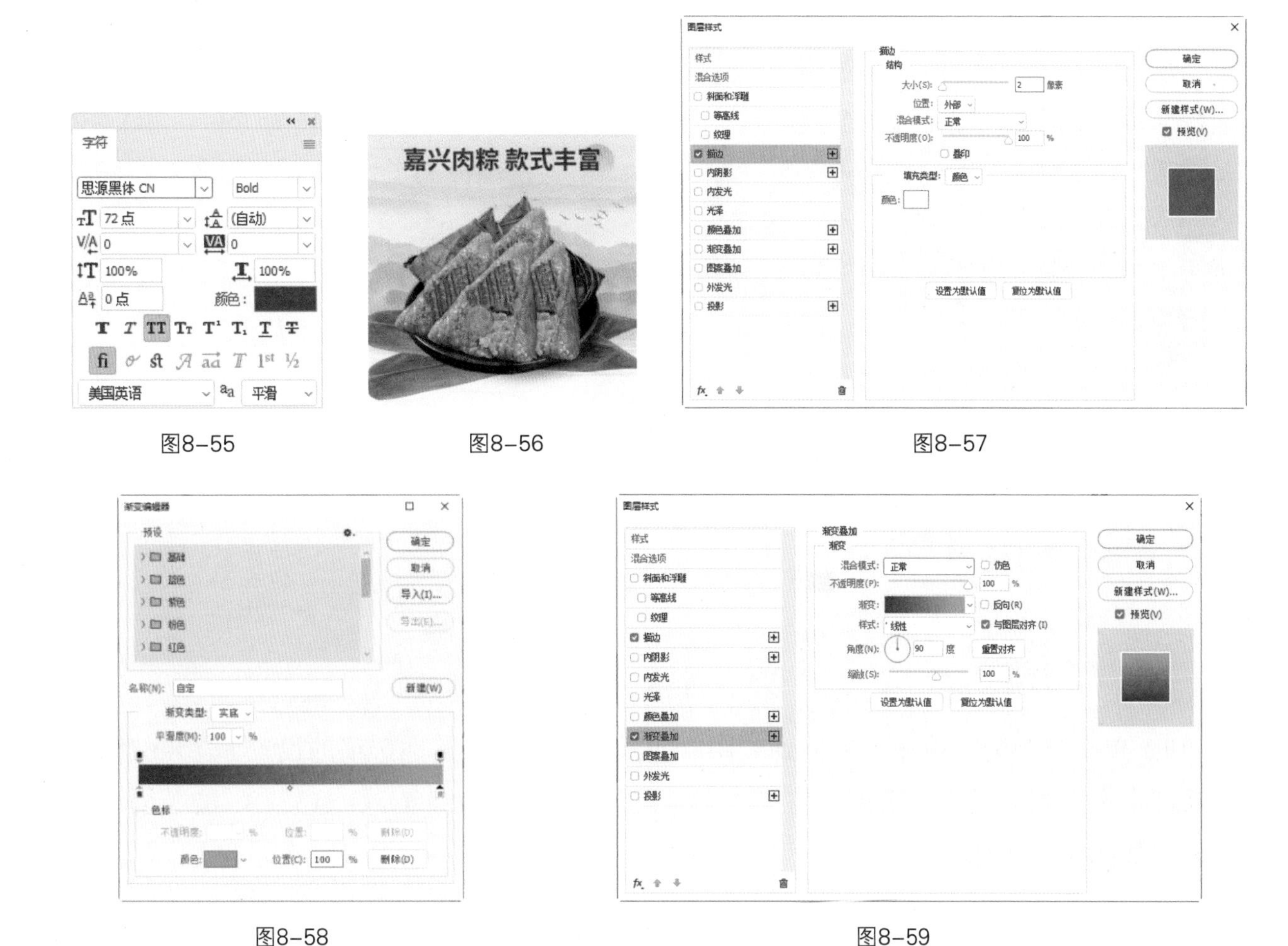

图8-55　　图8-56　　图8-57

图8-58　　图8-59

（13）选择“圆角矩形工具”，在属性栏中将“填充”颜色设为深绿色（R:19，G:101，B:66），“描边”颜色设为无，“半径”选项设为12像素。在图像窗口中适当的位置绘制一个圆角矩形。效果如图8-60所示，在“图层”面板中将生成新的形状图层“圆角矩形1”。

（14）按住Shift键的同时，再次在图像窗口中适当的位置绘制一个圆角矩形。在“属性”面板中设置其大小及位置，如图8-61所示。按Enter键确定操作，效果如图8-62所示。

图8-60

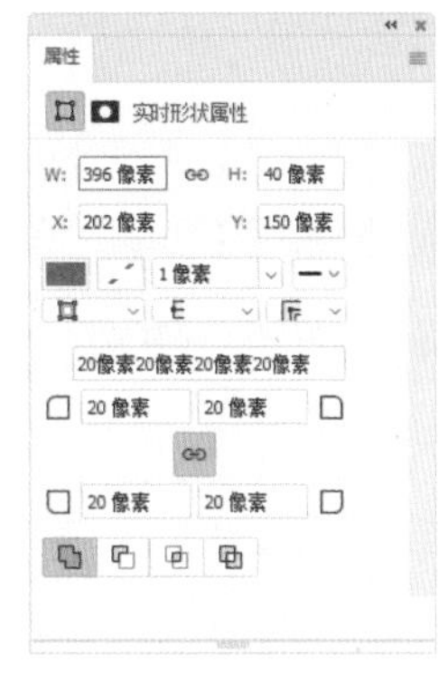

图8-61

图8-62

（15）单击“图层”面板中的“添加图层样式”按钮fx，在弹出的菜单中选择“斜面和浮雕”命令。在弹出的对话框中进行设置，如图8-63所示。

（16）选择对话框左侧的“等高线”选项，单击“等高线”选项，弹出“等高线编辑器”对话框。在等高线上单击添加3个控制点，分别将“输入”“输出”选项设为（37，29）（59，45）（70，70）。选中上方的控制点，将“输入”“输出”选项设为（75，100），如图8-64所示。

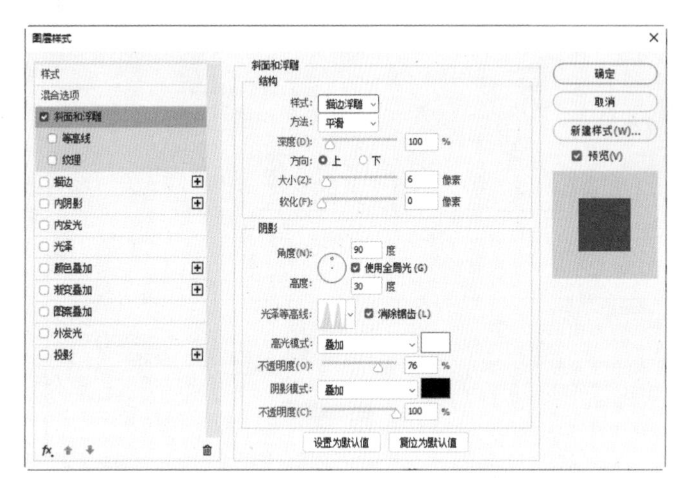

图8-63

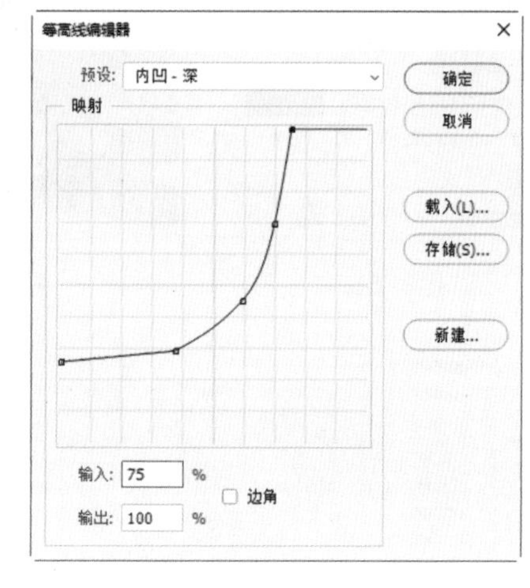

图8-64

（17）单击“确定”按钮，返回到“图层样式”对话框，其他选项的设置如图8-65所示。选择对话框左侧的“描边”选项，将描边颜色设为中黄色（R:237，G:213，B:182），其他选项的设置如图8-66所示。

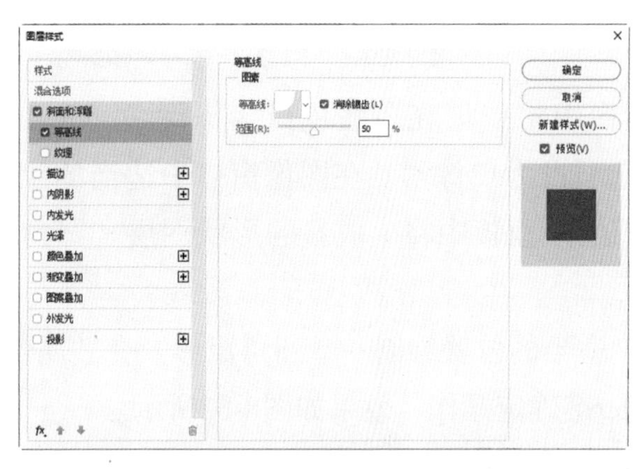

图8-65

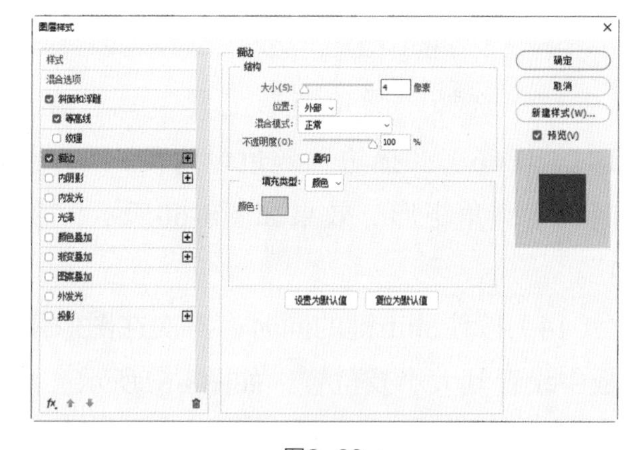

图8-66

（18）选择对话框左侧的“内阴影”选项，将内阴影颜色设为黑色，其他选项的设置如图8-67所示。选择对话框左侧的“渐变叠加”选项，单击“点按可编辑渐变”按钮，弹出“渐变编辑器”对话框，设置两个位置点颜色的RGB值分别为（2，64，56）（34，169，139），如图8-68所示。

（19）单击“确定”按钮，返回到“图层样式”对话框，其他选项的设置如图8-69所示。单击“确定”按钮，效果如图8-70所示。

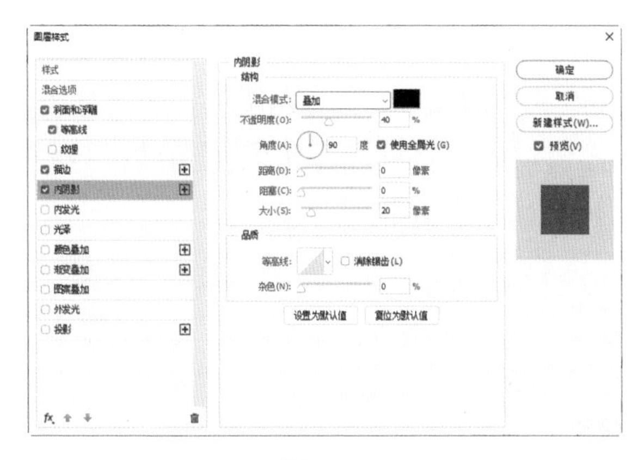

图8-67

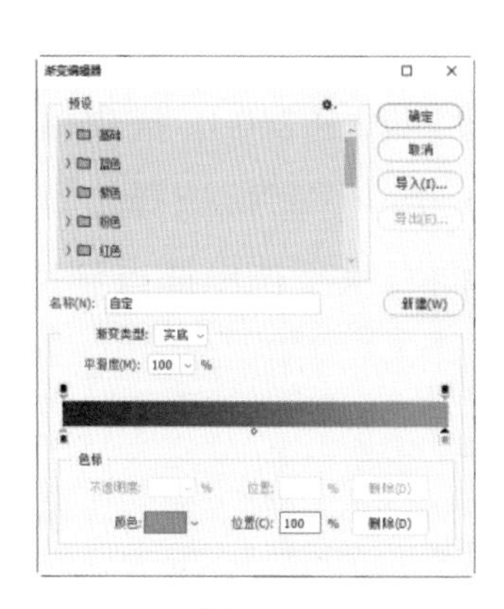

图8-68

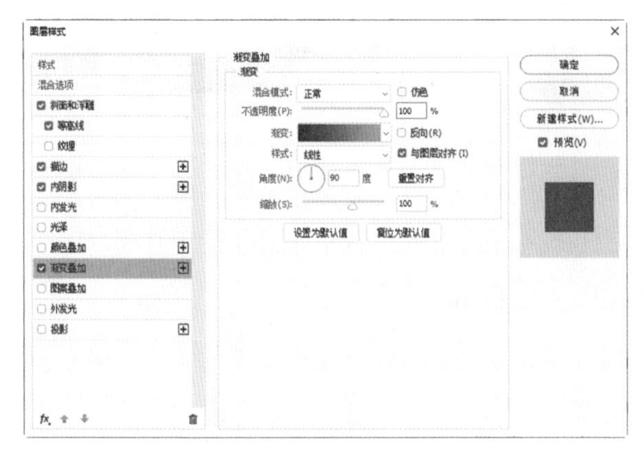

图8-69

图8-70

（20）选择“横排文字工具” T，在图像窗口中输入需要的文字并选取文字。在“字符”面板中，将“颜色”设为浅橘色（R:255，G:232，B:208），其他选项的设置如图8-71所示。按Enter键确定操作，在“图层”面板中将生成新的文字图层。

（21）按住Shift键的同时，单击“圆角矩形1”图层，将需要的图层同时选取，选择“移动工具”，在属性栏的对齐方式中分别单击“水平居中对齐”按钮和“垂直居中对齐”按钮，效果如图8-72所示。

（22）按住Shift键的同时，在“图层”面板中，单击文字图层，将需要的图层同时选取，按Ctrl+G组合键，将图层编组并命名为“卖点”，如图8-73所示。

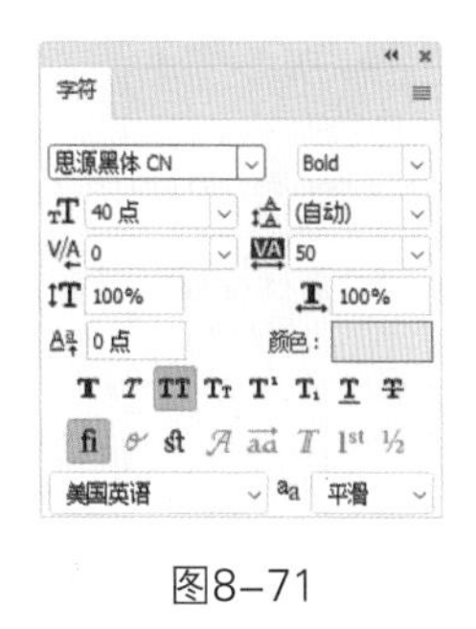

图8-71

图8-72

图8-73

（23）选择“圆角矩形工具”，在图像窗口中适当的位置绘制一个圆角矩形，在“图层”面板中将生成新的形状图层“圆角矩形2”。在“属性”面板中将填充颜色设为淡橘色（R:255，G:247，B:240），描边颜色设为无，其他选项的设置如图8-74所示，效果如图8-75所示。

（24）选择“直接选择工具” ，在图像窗口中选择圆角矩形右下角的锚点，按住Shift键的同时向右水平拖曳锚点到适当的位置，效果如图8-76所示。

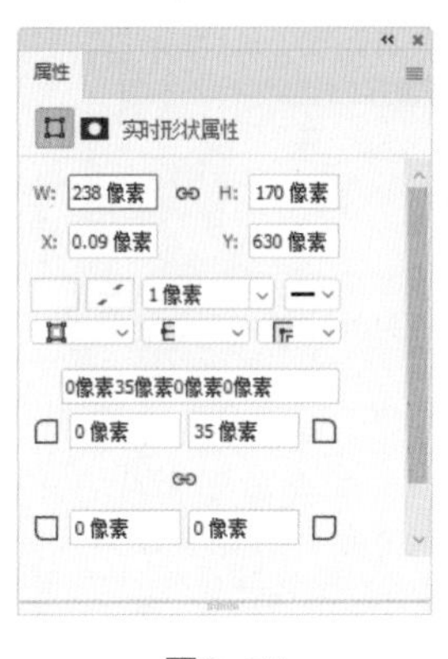
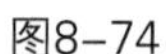

图8-74

图8-75

图8-76

（25）单击“图层”面板中的“添加图层样式”按钮 ，在弹出的菜单中选择“斜面和浮雕”命令。在弹出的对话框中进行设置，如图8-77所示。

（26）选择对话框左侧的“等高线”选项，单击“等高线”选项，弹出“等高线编辑器”对话框，在等高线上单击添加3个控制点，分别将“输入”“输出”选项设为（37，29）（59，45）（70，70）。选中上方的控制点，将“输入”“输出”选项设为（75，100），如图8-78所示。

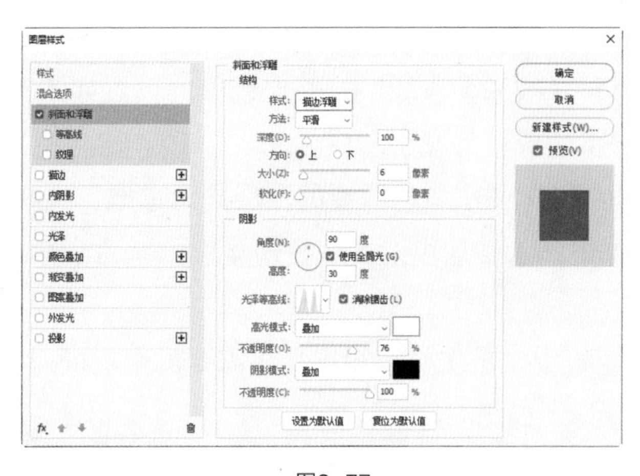

图8-77

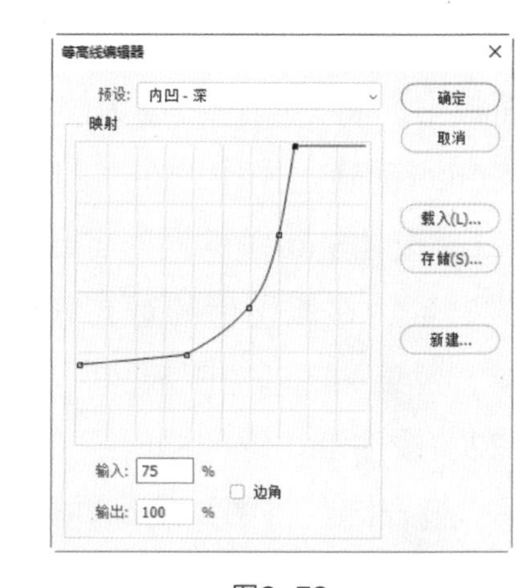

图8-78

（27）单击“确定”按钮，返回到“图层样式”对话框，其他选项的设置如图8-79所示。选择对话框左侧的“描边”选项，将描边颜色设为中黄色（R:237，G:213，B:182），其他选项的设置如图8-80所示。

（28）选择对话框左侧的“内阴影”选项，将内阴影颜色设为黑色，其他选项的设置如图8-81所示。选择对话框左侧的“渐变叠加”选项，单击“点按可编辑渐变”按钮 ，弹出“渐变编辑器”对话框，设置两个位置点颜色的RGB值分别为（255，221，187）（255，147，140），如图8-82所示。

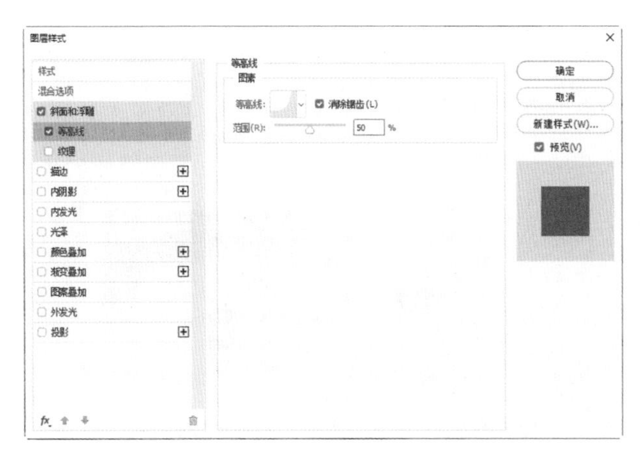

图8-79

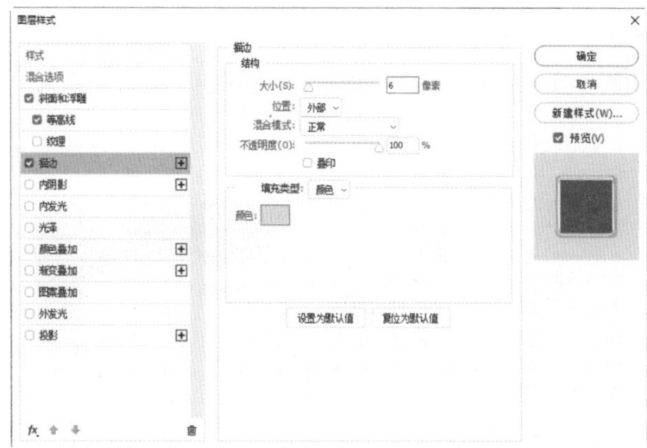

图8-80

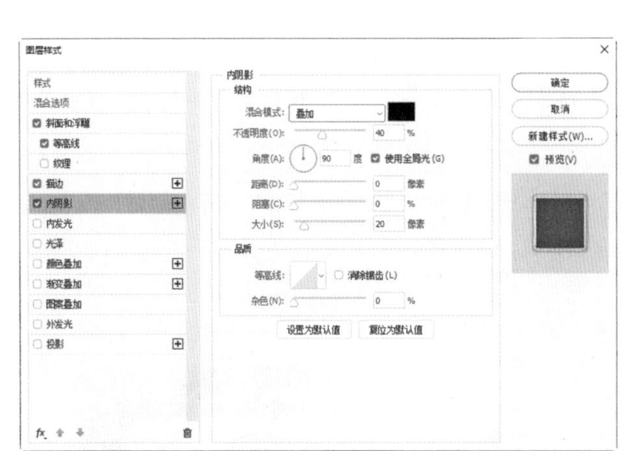

图8-81

图8-82

（29）单击“确定”按钮，返回到“图层样式”对话框，其他选项的设置如图8-83所示。单击“确定”按钮，效果如图8-84所示。

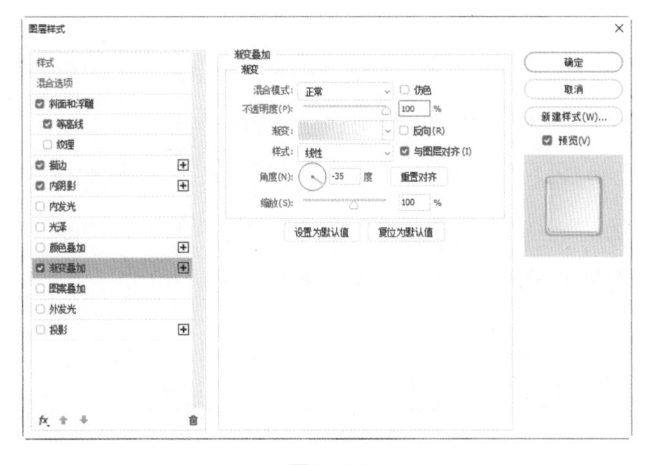

图8-83

图8-84

（30）选择“横排文字工具” T，在图像窗口中输入需要的文字并选取文字。在“字符”面板中，将“颜色”设为深绿色（R:5，G:94，B:77），其他选项的设置如图8-85所示。按Enter键确定操作，效果如图8-86所示，在“图层”面板中将生成新的文字图层。

（31）再次在图像窗口中输入需要的文字并选取文字。在“字符”面板中，将“颜色”

设为深绿色（R:5，G:94，B:77），其他选项的设置如图8-87所示。按Enter键确定操作，效果如图8-88所示，在“图层”面板中将生成新的文字图层。

图8-85

图8-86

图8-87

图8-88

（32）选择“文件 > 置入嵌入对象”命令，弹出“置入嵌入的对象”对话框。选择云盘中的“Ch08 > 8.2 制作嘉兴肉粽主图 > 素材 > 04”文件，单击“置入”按钮，将图片置入图像窗口，将图像拖曳到适当的位置。按Enter键确定操作，效果如图8-89所示，在“图层”面板中将生成新的图层，将其命名为“丝绸”。

（33）按Ctrl+Alt+G组合键，为图层创建剪贴蒙版。在“图层”面板中，将图层的混合模式设为“柔光”，如图8-90所示，效果如图8-91所示。

图8-89

图8-90

图8-91

（34）选择“横排文字工具” T，在图像窗口中输入需要的文字并选取文字。在“字符”面板中，将“颜色”设为深绿色（R:5，G:94，B:77），其他选项的设置如图8-92所示。按Enter键确定操作，效果如图8-93所示，在“图层”面板中将生成新的文字图层。

（35）选择“卖点”图层组，如图8-94所示。选择“矩形工具” □，在属性栏中将“填充”颜色设为墨绿色（R:2，G:64，B:56），“描边”颜色设为无。在图像窗口中绘制一个矩形，效果如图8-95所示，在“图层”面板中将生成新的形状图层“矩形1”。

图8-92

图8-93

图8-94

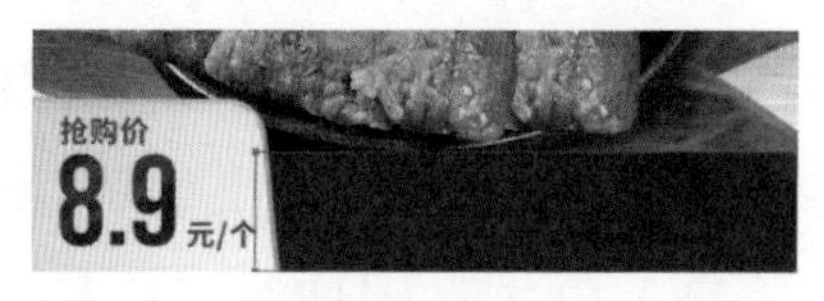

图8-95

（36）单击“图层”面板中的“添加图层样式”按钮 fx，在弹出的菜单中选择“斜面和浮雕”命令。在弹出的对话框中进行设置，如图8-96所示。

（37）选择对话框左侧的“等高线”选项，弹出“等高线编辑器”对话框，在等高线上单击添加3个控制点，分别将“输入”“输出”选项设为（37，29）（59，45）（70，70）。选中上方的控制点，将“输入”“输出”选项设为（75，100），如图8-97所示。

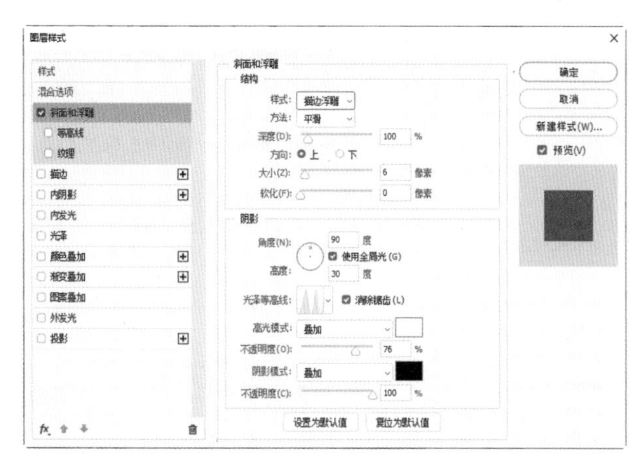

图8-96

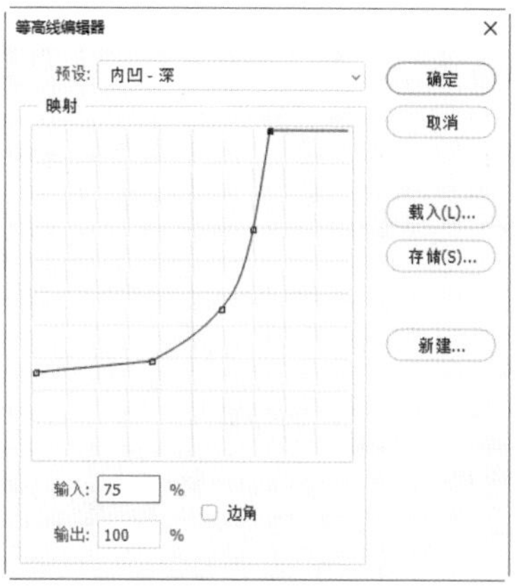

图8-97

（38）单击“确定”按钮，返回到“图层样式”对话框，其他选项的设置如图8-98所示。选择对话框左侧的“描边”选项，将描边颜色设为中黄色（R:237，G:213，B:182），其他选项的设置如图8-99所示。

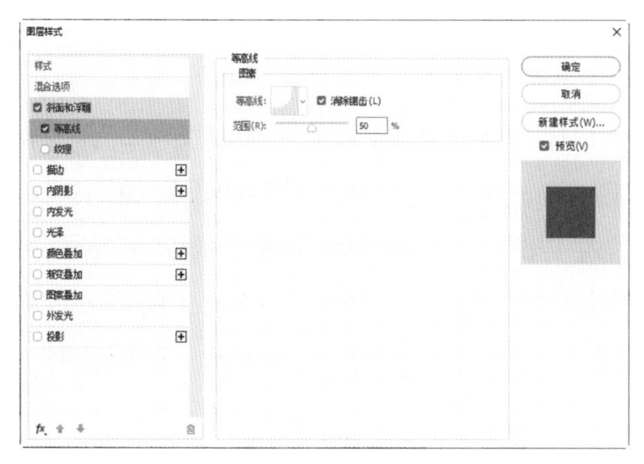

图8-98

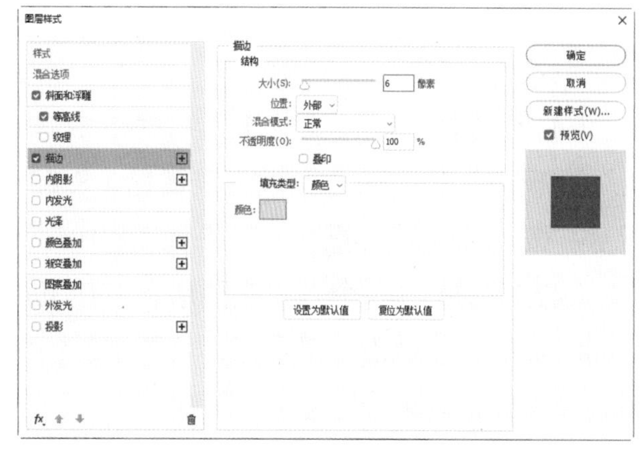

图8-99

（39）选择对话框左侧的“内阴影”选项，将内阴影颜色设为黑色，其他选项的设置如图8-100所示。选择对话框左侧的“渐变叠加”选项，单击“点按可编辑渐变”按钮，弹出“渐变编辑器”对话框，设置两个位置点颜色的RGB值分别为（2，64，56）（34，169，139），如图8-101所示。

（40）单击“确定”按钮，返回到“图层样式”对话框，其他选项的设置如图8-102所示。单击“确定”按钮，效果如图8-103所示。

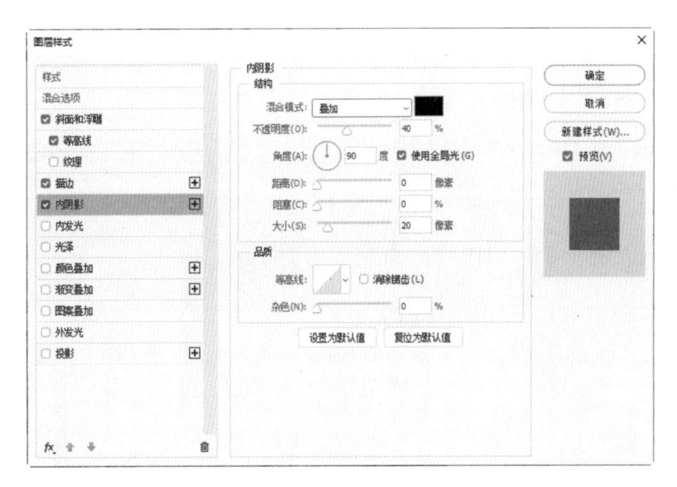

图8-100

图8-101

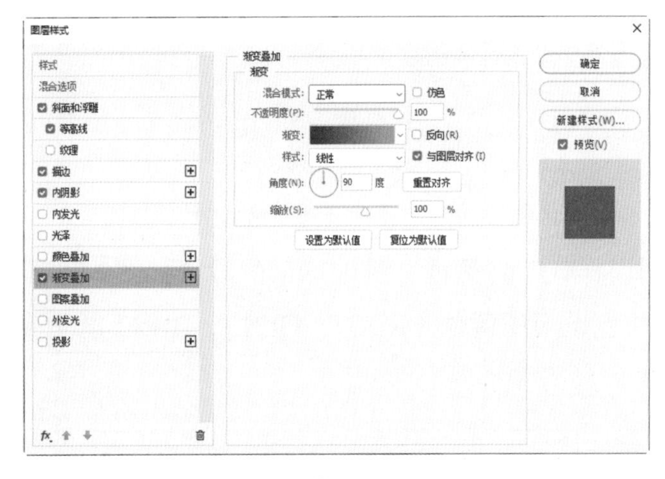

图8-102

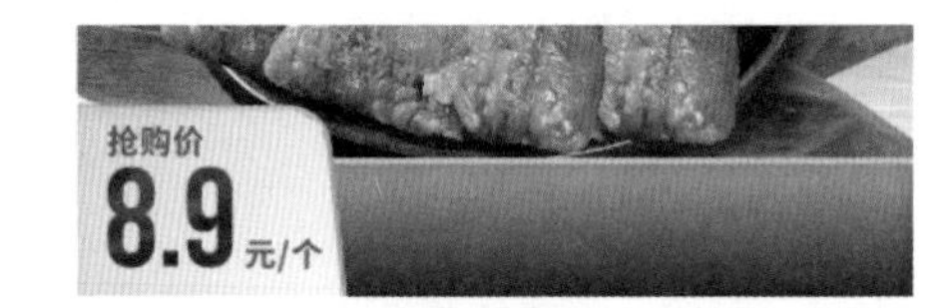

图8-103

（41）选择“横排文字工具” T，在图像窗口中输入需要的文字并选取文字。在“字符”面板中，将“颜色”设为浅橘色（R:255，G:232，B:208），其他选项的设置如图8-104所示。按Enter键确定操作，效果如图8-105所示，在“图层”面板中将生成新的文字图层。

（42）选择“元/个”文字图层，按住Shift键的同时，单击“矩形 1”图层，将需要的图层同时选取，按Ctrl+G组合键，将图层编组并命名为“价格”，如图8-106所示。嘉兴肉粽主图制作完成，效果如图8-107所示。

图8-104

图8-105

图8-106

图8-107

任务8.3 制作实木双人床Banner

8.3.1 任务引入

本任务要求读者设计实木双人床Banner，明确当下家居类Banner的设计风格，并掌握家居类Banner的设计要点与制作方法。

8.3.2 设计理念

在设计时，以实木双人床照片为主导，通过和其他家居素材合成，营造舒适温馨的卧室氛围；以简洁的文字展示宣传主题，同时起到点缀画面的作用。最终效果参看云盘中的“Ch08 > 制作实木双人床Banner > 工程文件”文件，如图8-108所示。

图8-108

8.3.3 任务实施

（1）按Ctrl+N组合键，弹出“新建文档”对话框，设置“宽度”为1920像素、“高度”为800像素、“分辨率”为72像素/英寸、“颜色模式”为RGB、“背景内容”为白色，单击“创建”按钮，新建一个文件。

（2）选择“视图 > 新建参考线版面”命令，弹出“新建参考线版面”对话框，在距离左边和右边各360像素的位置建立竖直参考线，设置如图8-109所示。单击“确定”按钮，完成参考线的创建。

（3）选择“文件 > 置入嵌入对象”命令，弹出“置入嵌入的对象”对话框，分别选择云盘中的“Ch08 > 制作实木双人床Banner > 素材”文件夹中的“01”“02”文件，单击“置入”按钮，将图片置入图像窗口。分别将“01”和“02”图片拖曳到适当的位置，按Enter键确定操作，在“图层”面板中将分别生成新的图层，将其分别命名为“背景”和“地毯”。按Ctrl+Alt+G组合键，创建剪贴蒙版，如图8-110所示，效果如图8-111所示。

（4）单击“图层”面板中的“添加图层样式”按钮 fx，在弹出的菜单中选择“投影”命令，弹出对话框，设置投影颜色为黑色，其他选项的设置如图8-112所示。单击“确定”按钮，效果如图8-113所示。

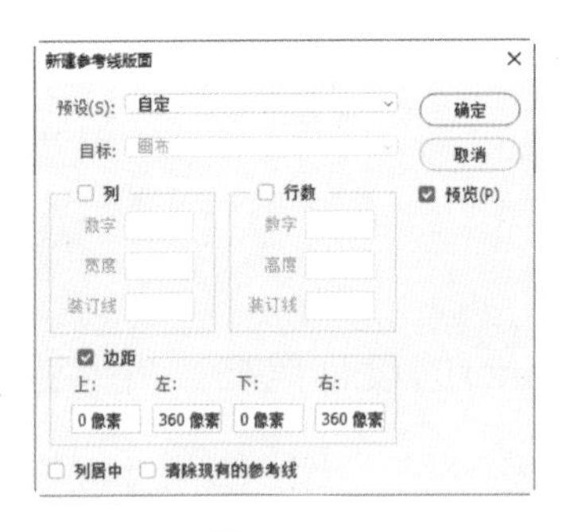

图8-109

图8-110

图8-111

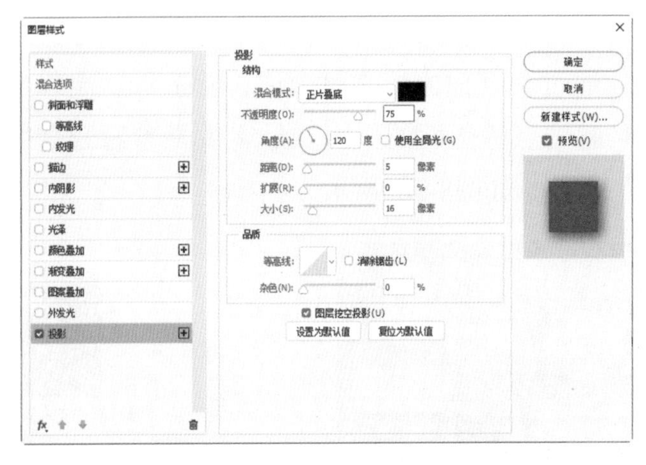

图8-112

图8-113

（5）使用类似的方法置入“03”文件，如图8-114所示，在“图层”面板中将生成新的图层，将其命名为“柜子”。

（6）单击“图层”面板中的“创建新图层”按钮，生成新的图层并将其命名为“阴影”。选择“矩形选框工具”，在属性栏中设置“羽化”为4像素，在图像窗口中绘制一个矩形选区，如图8-115所示。将前景色设为黑色，按Alt+Delete组合键，用前景色填充选区。按Ctrl+D组合键取消选区，效果如图8-116所示。在“图层”面板中设置“不透明度”选项为46%，将“柜子”图层拖曳到“阴影”图层的上方，效果如图8-117所示。

图8-114

图8-115

图8-116

图8-117

（7）使用类似的方法分别置入“04”、“05”和“06”图像并添加投影效果，如图8-118所示，在“图层”面板中将分别生成新的图层，将其分别命名为“装饰画1”“装饰画2”“床”。

（8）选择“横排文字工具” T，在适当的位置分别输入需要的文字并选取文字。选择“窗口 > 字符”命令，打开“字符”面板，将“颜色”设为白色，并设置合适的字体和字号。为文字添加阴影效果，效果如图8-119所示，在“图层”面板中将生成新的文字图层。

图8-118

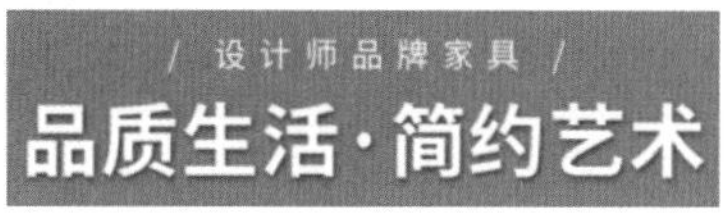

/ 设计师品牌家具 /
品质生活·简约艺术

图8-119

（9）选择“圆角矩形工具” ▢，在属性栏的“选择工具模式”下拉列表中选择“形状”，将“填充”颜色设为橘黄色（R:251，G:198，B:73），“描边”颜色设为无，“半径”选项设为24像素，在图像窗口中绘制一个圆角矩形，如图8-120所示，在“图层”面板中将生成新的形状图层“圆角矩形1”。在适当的位置输入其他文字，如图8-121所示，在“图层”面板中将生成新的文字图层。

（10）按住Shift键的同时，单击“背景”图层，将需要的图层同时选取。按Ctrl+G组合键，将图层编组并命名为“轮播海报1”，如图8-122所示。PC端实木双人床Banner制作完成。

图8-120

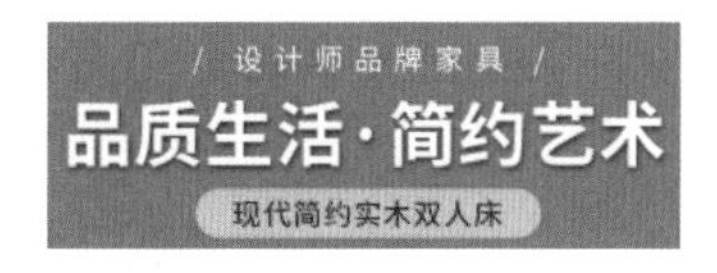

图8-121

图8-122

任务8.4 制作五谷杂粮包装

8.4.1 任务引入

本任务要求读者设计五谷杂粮包装，明确当下食品类包装的设计风格，并掌握食品类包装的设计要点与制作方法。

8.4.2 设计理念

在设计时，以五谷杂粮照片为主导，搭配暗红色的背景，带给人温暖、满足的感觉；采用带有传统纹路式样的素材修饰文字标志，为画面增添雅致的气息。最终效果参看云盘中的“Ch08 > 8.4 制作五谷杂粮包装 > 工程文件”文件，如图8-123所示。

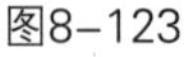
图8-123

8.4.3 任务实施

1 制作包装背景效果

（1）按Ctrl+N组合键，新建一个文件，设置其“宽度”为40.9cm、“高度”为21.7cm、“分辨率”为300像素/英寸、“颜色模式”为RGB、“背景内容”为白色。选择“视图 > 新建参考线”命令，弹出“新建参考线”对话框，选项的设置如图8-124所示。单击“确定”按钮，效果如图8-125所示。用类似的方法，在17.7cm、21.1cm、37.8cm处分别新建竖直参考线，效果如图8-126所示。

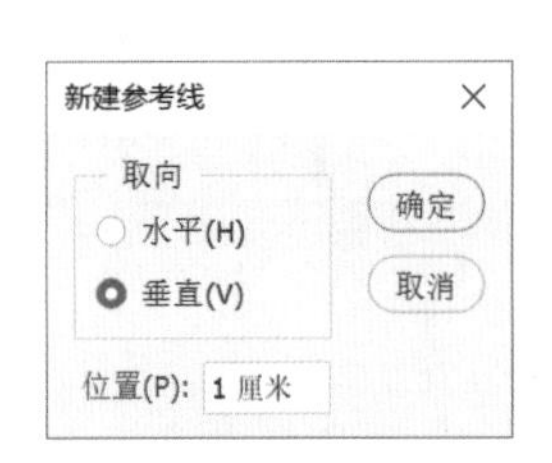

图8-124

图8-125

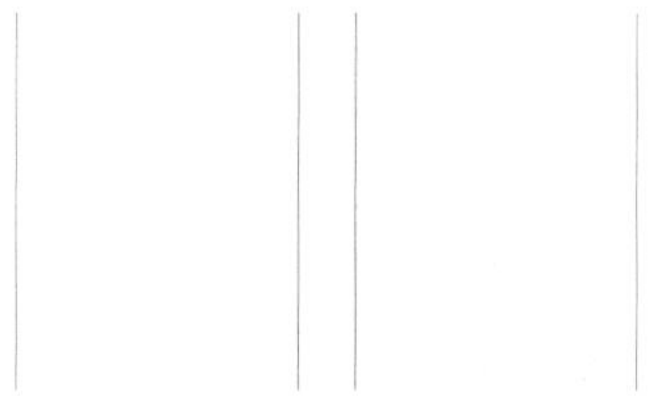

图8-126

（2）选择“视图 > 新建参考线”命令，弹出“新建参考线”对话框，选项的设置如图8-127所示。单击“确定”按钮，效果如图8-128所示。用类似的方法，在5.3cm、16.2cm、20.4cm处分别新建水平参考线，效果如图8-129所示。

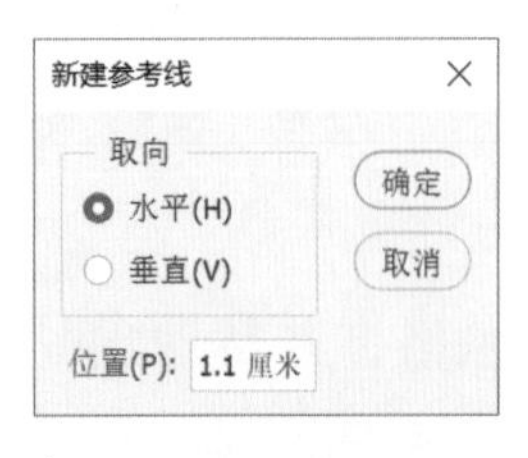

图8-127

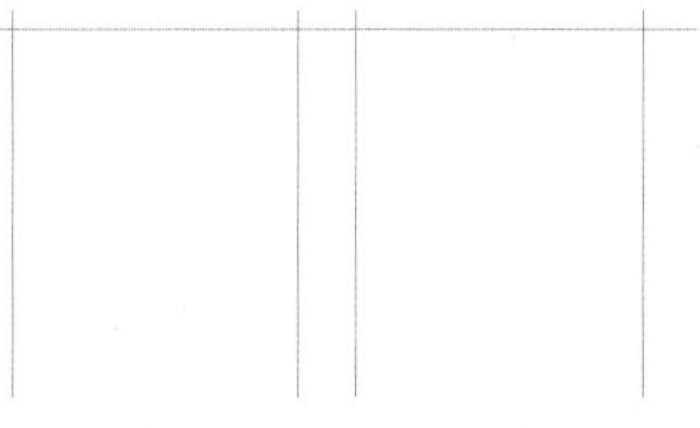

图8-128

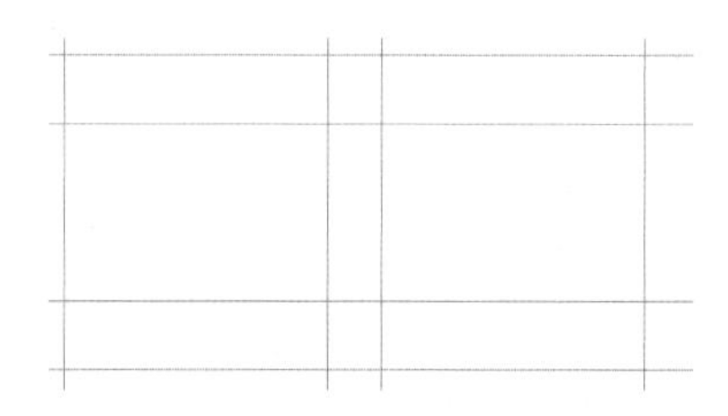

图8-129

（3）新建图层并将其命名为“底图”，将前景色设为暗红色（R:111，G:45，B:27）。选择“钢笔工具”，将属性栏中的“选择工具模式”选项设为“路径”，拖曳鼠标绘制一个闭合路径，如图8-130所示。按Ctrl+Enter组合键，将路径转换为选区。按Alt+Delete组合键，用前景色填充选区，效果如图8-131所示。

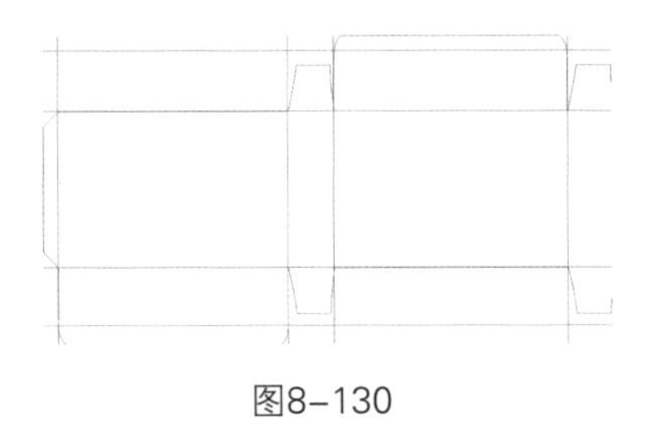
图8-130

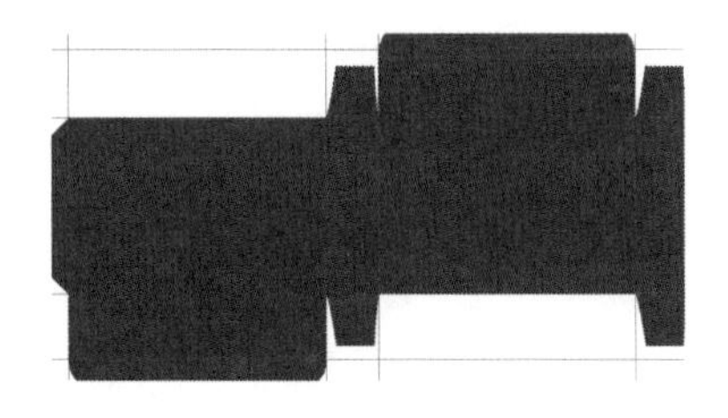
图8-131

（4）新建图层并将其命名为“高光”。将前景色设为浅黄色（R:244，G:217，B:119）。按Alt+Delete组合键，用前景色填充选区，效果如图8-132所示，取消选区。选择“多边形套索工具”，绘制多边形选区，如图8-133所示。

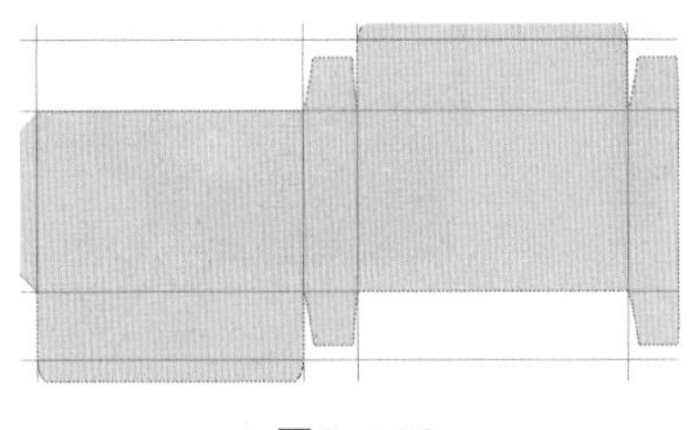
图8-132

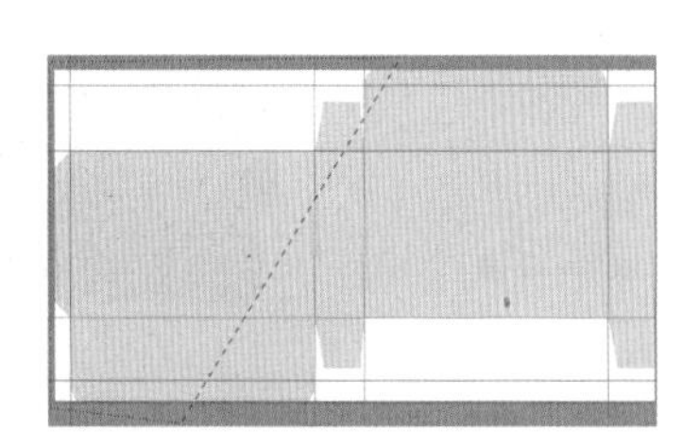
图8-133

（5）在选区中单击鼠标右键，在弹出的菜单中选择“羽化”命令，弹出“羽化选区”对话框，选项的设置如图8-134所示。单击“确定”按钮，效果如图8-135所示。

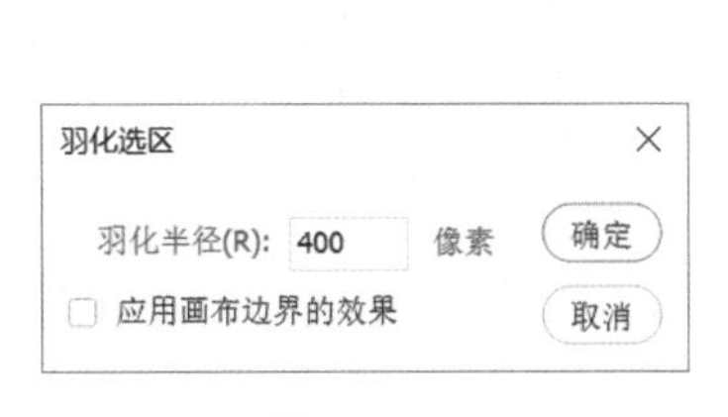

图8-134

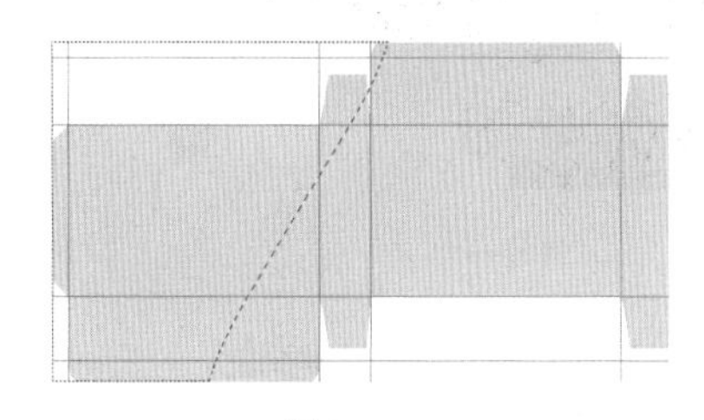
图8-135

（6）按Delete键删除选区中的图像，取消选区，效果如图8-136所示。用类似的方法在右下角制作效果，如图8-137所示。

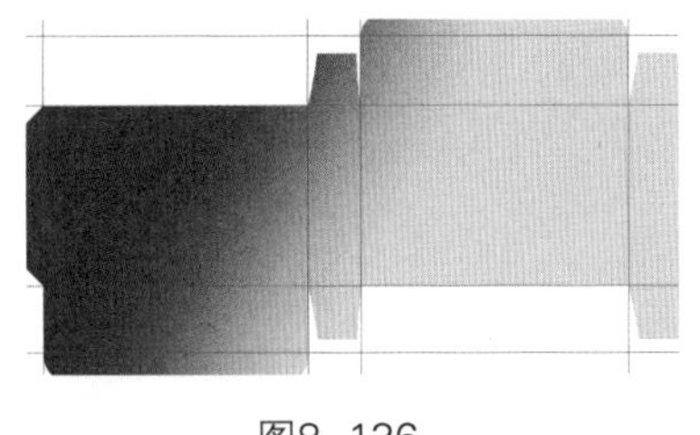
图8-136

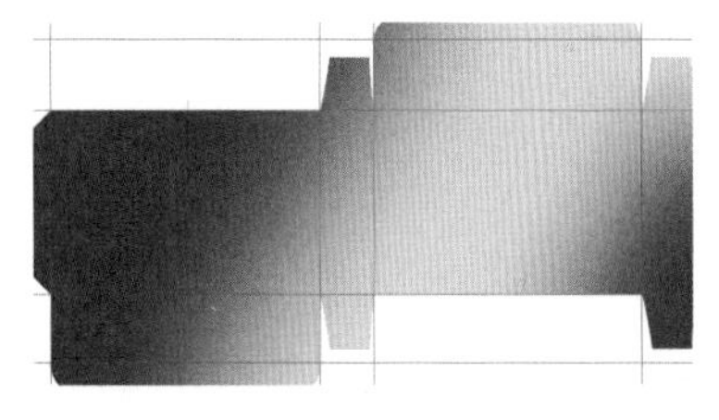
图8-137

（7）在“图层”面板中，将“高光”图层的混合模式设为“线性加深”，如图8-138所示，图像效果如图8-139所示。

（8）按Ctrl+O组合键，打开云盘中的“Ch08 > 制作五谷杂粮包装 > 素材 > 01”文件。选择“移动工具”，将“01”图片拖曳到图像窗口中的适当位置，如图8-140所示。在“图层”面板中将生成新的图层，将其命名为“风景图”。

（9）单击“图层”面板中的“添加图层蒙版”按钮，为图层添加蒙版。选择“渐变工具”，单击属性栏中的“点按可编辑渐变”按钮，弹出“渐变编辑器”对话框，将渐变色设为从黑色到白色，单击“确定”按钮。在风景图上由上向下拖曳鼠标，效果如图8-141所示。

（10）在“图层”面板中，将“风景图”图层的混合模式设为“叠加”，“不透明度”选项设为50%，如图8-142所示。按Enter键确定操作，图像效果如图8-143所示。

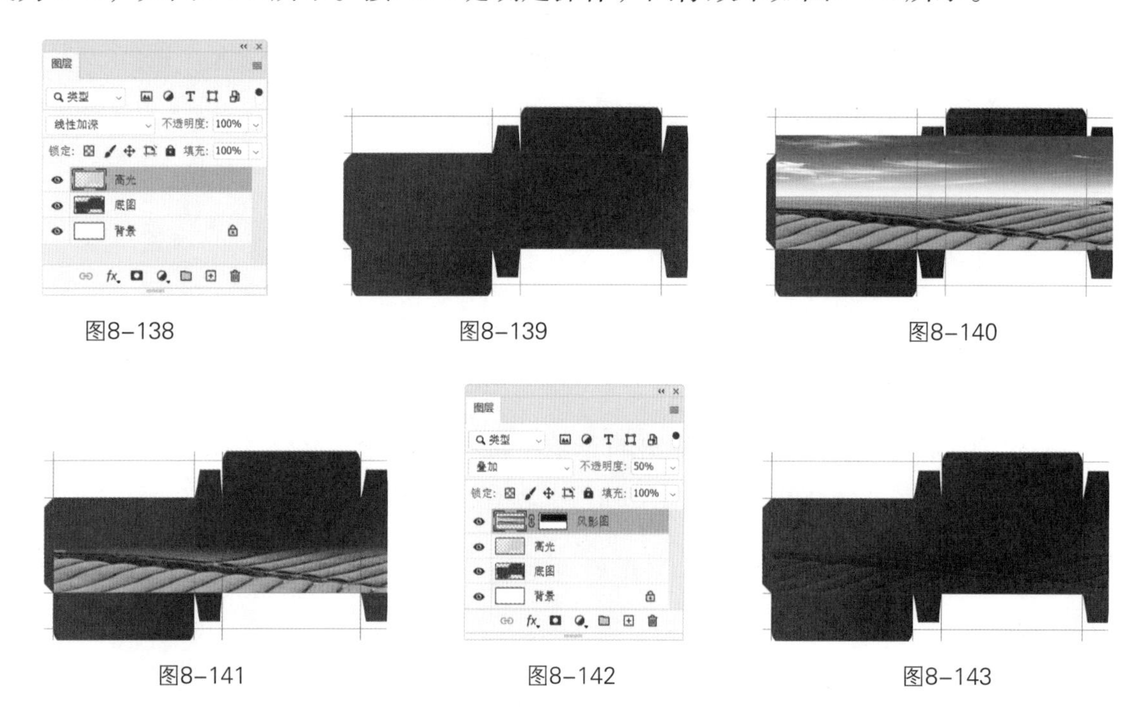

图8–138　图8–139　图8–140

图8–141　图8–142　图8–143

2 制作包装正面和侧面

（1）按Ctrl+O组合键，打开云盘中的“Ch08 > 制作五谷杂粮包装 > 素材 > 02”文件。选择“移动工具”，将“02”图片拖曳到图像窗口中的适当位置，如图8-144所示。在“图层”面板中将生成新的图层，将其命名为“杂粮”。

（2）新建图层并将其命名为“圆形”。将前景色设为深绿色（R:0, G:55, B:5）。选择“椭圆工具”，将属性栏中的“选择工具模式”选项设为“像素”，在图像窗口中绘制圆形，如图8-145所示。

（3）按Ctrl+O组合键，打开云盘中的“Ch08 > 制作五谷杂粮包装 > 素材 > 03”文件。选择“移动工具”，将“03”图片拖曳到图像窗口中的适当位置，如图8-146所示。在“图层”面板中将生成新的图层，将其命名为“图案”。

（4）新建图层并将其命名为“花纹”。将前景色设为浅黄色（R:255，G:251，B:199）。选择“圆角矩形工具”，将属性栏中的“选择工具模式”选项设为“像素”，“半径”选项设为100像素，在图像窗口中绘制圆角矩形，如图8-147所示。选择“椭圆工具”，绘制两个椭圆，如图8-148所示。

（5）按Ctrl+O组合键，打开云盘中的“Ch08 > 制作五谷杂粮包装 > 素材 > 04”文件。选择“移动工具” ，将“04”图片拖曳到图像窗口中的适当位置，如图8-149所示。在“图层”面板中将生成新的图层，将其命名为“花纹”。

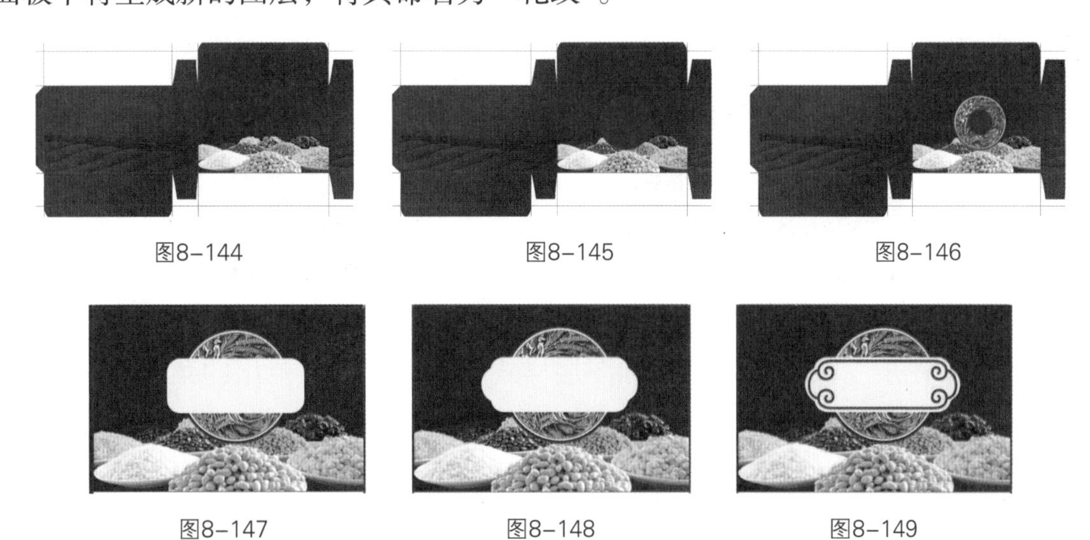

图8-144 图8-145 图8-146

图8-147 图8-148 图8-149

（6）按Ctrl+O组合键，打开云盘中的“Ch08 > 制作五谷杂粮包装 > 素材 > 05”文件。选择“移动工具” ，将“05”图片拖曳到图像窗口中的适当位置，如图8-150所示。在“图层”面板中将生成新的图层，将其命名为“五谷杂粮”。

图8-150

（7）单击“图层”面板中的“添加图层样式”按钮 ，在弹出的菜单中选择“描边”命令，弹出对话框，将描边颜色设为橘黄色（R:236，G:193，B:30），其他选项的设置如图8-151所示。单击“确定”按钮，效果如图8-152所示。

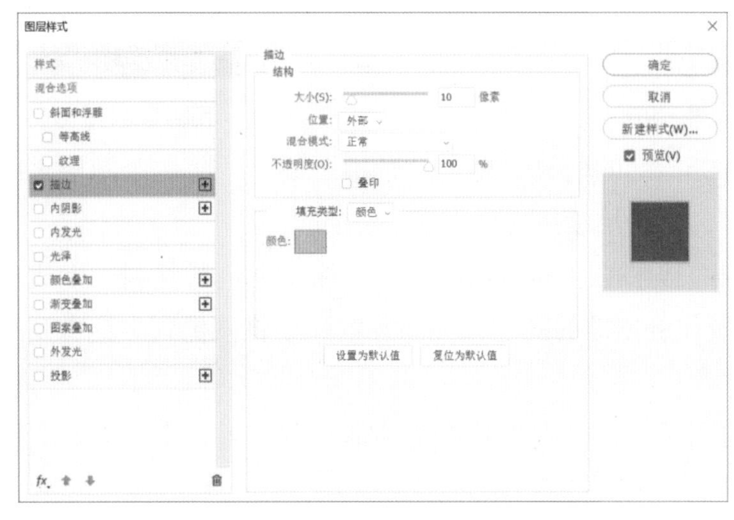

图8-151

图8-152

（8）按Ctrl+O组合键，打开云盘中的“Ch08 > 制作五谷杂粮包装 > 素材 > 06”文件。选择“移动工具”，将“06”图片拖曳到图像窗口中的适当位置，如图8-153所示。在“图层”面板中将生成新的图层，将其命名为“生产许可”。

（9）将前景色设为暗红色（R:111，G:45，B:47）。选择“横排文字工具”，在属性栏中选择合适的字体并设置适当的文字大小，输入需要的文字，如图8-154所示。在“图层”面板中将生成新的文字图层。

图8-153

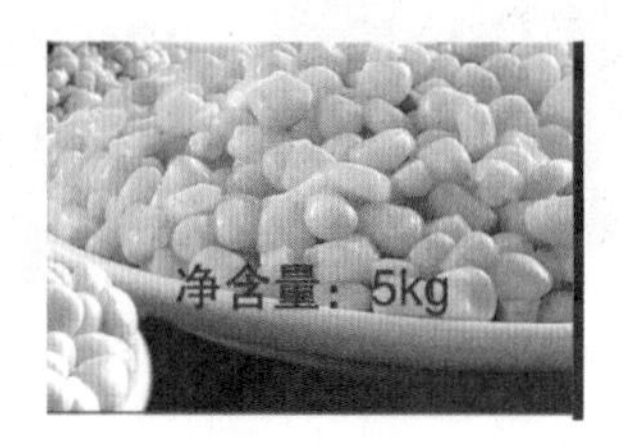

图8-154

（10）单击“图层”面板中的“添加图层样式”按钮，在弹出的菜单中选择“描边”命令，弹出对话框，将描边颜色设为浅黄色（R:255，G:251，B:199），其他选项的设置如图8-155所示。单击“确定”按钮，效果如图8-156所示。

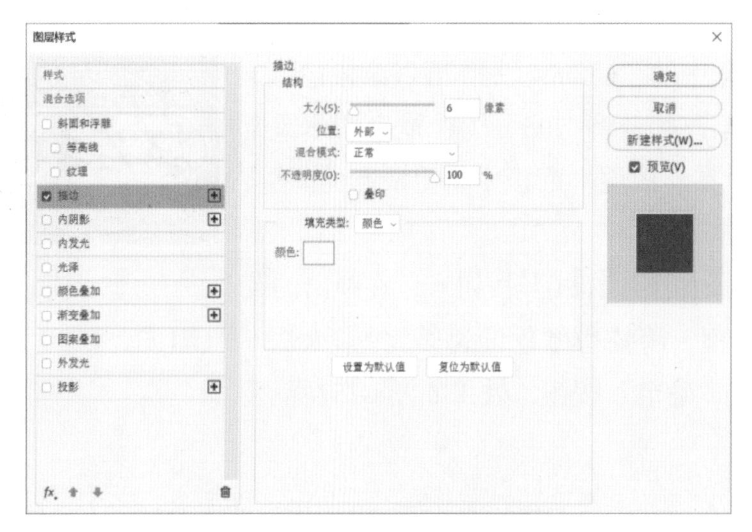

图8-155

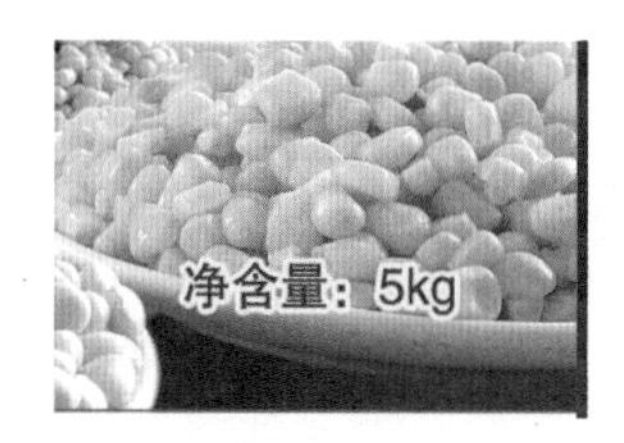

图8-156

（11）在“图层”面板中，按住Shift键的同时，单击“杂粮”图层，将两个图层之间的所有图层同时选取。按Ctrl+G组合键，将图层编组并命名为“正面”。

（12）将“正面”图层组拖曳到面板中的“创建新图层”按钮上进行复制，生成新的副本图层。选择“移动工具”，按住Shift键的同时，在图像窗口中将图像副本拖曳到适当的位置，如图8-157所示。

（13）用类似的方法复制需要的图像，并分别将其拖曳到适当的位置，将下方的图像垂直并水平翻转，如图8-158所示。

（14）再次使用类似的方法复制需要的图像，并将其拖曳到适当的位置，如图8-159所示。将前景色设为浅黄色（R:249，G:229，B:148）。选择“横排文字工具”，在属性栏中选择合适的字体并设置适当的文字大小，在图像窗口中拖曳文本框到合适的位置，输入需要的文字，如图8-160所示。再次复制图像和文字到需要的位置，效果如图8-161所示。

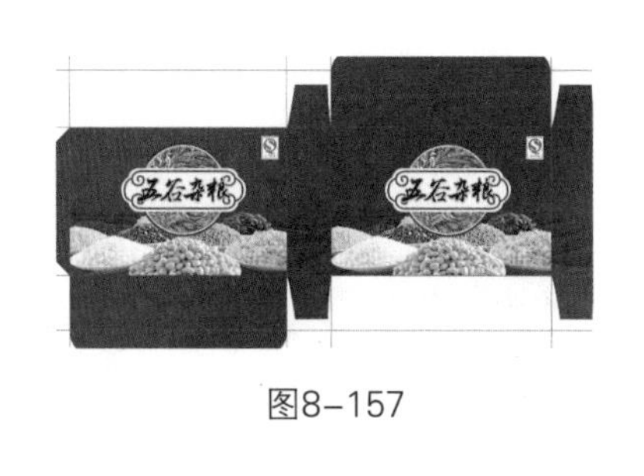

图8-157

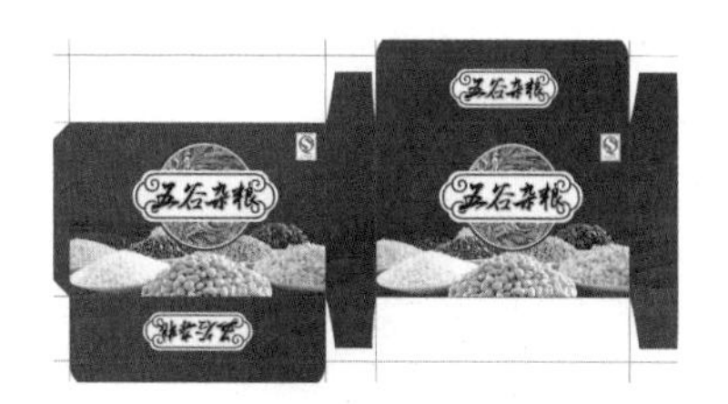

图8-158

图8-159

图8-160

图8-161

（15）按Ctrl+; 组合键，将参考线隐藏。在“图层”面板中，单击“背景”图层左侧的眼睛按钮 ，将“背景”图层隐藏。按Shift+Ctrl+S组合键，弹出“另存为”对话框，将制作好的图像命名为“设计效果图1”，保存为PNG格式，单击“保存”按钮，弹出“PNG格式选项”对话框，单击“确定”按钮将图像保存。

3 制作包装立体效果

（1）按Ctrl+O组合键，打开云盘中的“Ch08 > 8.4 制作五谷杂粮包装 > 素材 > 07”文件，如图8-162所示。按Ctrl+O组合键，打开云盘中的“Ch08 > 8.4 制作五谷杂粮包装 > 设计效果图1”文件。选择“矩形选框工具” ，在图像窗口中绘制出需要的选区，如图8-163所示。

图8-162

图8-163

（2）选择“移动工具” ，将选区中的图像拖曳到07图像窗口中，如图8-164所示，在“图层”面板中将生成新的图层，将其命名为“正面”。按Ctrl+T组合键，图像周围出现控制手柄，拖曳控制手柄改变图像的大小，如图8-165所示。

图8-164

图8-165

（3）按住Shift+Ctrl组合键的同时，拖曳右上角的控制手柄到适当的位置，如图8-166所示。再拖曳右下角的控制手柄到适当的位置，按Enter键确定操作，效果如图8-167所示。

图8-166

图8-167

（4）选择“矩形选框工具”，在五谷杂粮包装平面图的侧面拖曳鼠标绘制一个矩形选区，如图8-168所示。选择“移动工具”，将选区中的图像拖曳到07图像窗口中，在“图层”面板中将生成新的图层，将其命名为“侧面”。按Ctrl+T组合键，图像周围出现控制手柄，拖曳控制手柄来改变图像的大小，如图8-169所示。

图8-168

图8-169

（5）按住Ctrl键的同时，拖曳左上角的控制手柄到适当的位置，如图8-170所示。再拖曳左下角的控制手柄到适当的位置，按Enter键确定操作，效果如图8-171所示。

图8-170

图8-171

（6）选择“矩形选框工具”，在五谷杂粮包装平面图的顶面绘制一个矩形选区，如图8-172所示。选择“移动工具”，将选区中的图像拖曳到07图像窗口中，在“图层”面板中将生成新的图层，将其命名为“顶面”。按Ctrl+T组合键，图像周围出现控制手柄，拖曳控制手柄改变图像的大小，如图8-173所示。

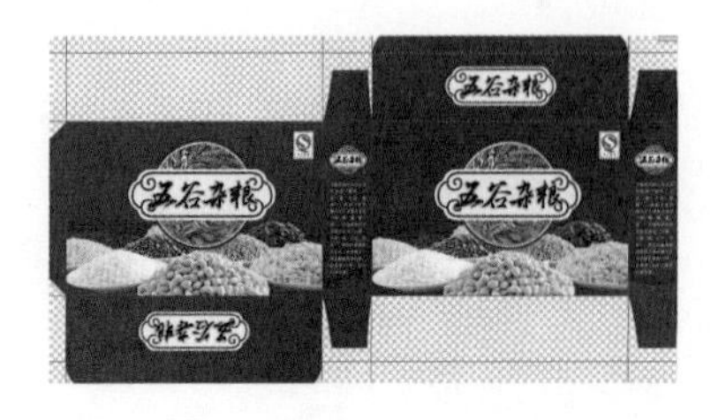

图8-172

图8-173

（7）按住Ctrl键的同时，拖曳左上角的控制手柄到适当的位置，如图8-174所示。再拖曳其他控制手柄到适当的位置，按Enter键确定操作，效果如图8-175所示。五谷杂粮包装制作完成。

图8-174　　　　图8-175

任务8.5　制作中式茶叶网站首页

8.5.1 任务引入

本任务要求读者设计中式茶叶网站首页，明确当下食品类网站首页的设计风格，并掌握食品类网站首页的设计要点与制作方法。

8.5.2 设计理念

在设计时，以茶园照片为主导，通过特效，虚实结合，使画面更加唯美；排列整齐的各种茶叶突出了产品的丰富和上好品质，令人产生购买欲望。最终效果参看云盘中的“Ch08 > 8.5 制作中式茶叶网站首页 > 工程文件”文件，如图8-176所示。

图8-176

8.5.3 任务实施

1 制作导航栏

（1）按Ctrl+N组合键，弹出“新建文档”对话框，设置“宽度”为1920像素、“高度”为3478像素、“分辨率”为72像素/英寸、“背景内容”为白色，如图8-177所示。单击“创建”按钮，新建一个文件。

（2）选择“视图 > 新建参考线版面”命令，弹出“新建参考线版面”对话框，勾选“列”复选框，设置“数字”为12，“宽度”为78像素，“装订线”为24像素，如图8-178所示。单击“确定”按钮，完成参考线版面的创建。

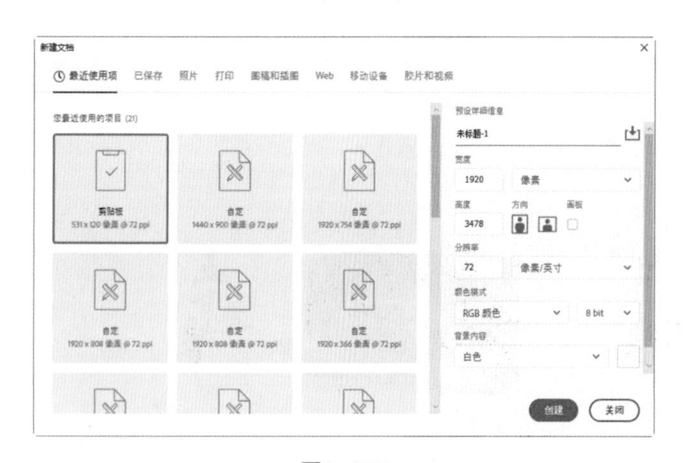

图8-177

图8-178

（3）选择“文件 > 置入嵌入对象”命令，弹出“置入嵌入的对象”对话框。选择云盘中的“Ch08 > 8.5 制作中式茶叶网站首页 > 素材 > 01”文件，单击“置入”按钮，将图片置入图像窗口，按Enter键确定操作，效果如图8-179所示。在“图层”面板中将生成新的图层，将其命名为“原型”。单击“锁定全部”按钮🔒，锁定图层，如图8-180所示。

（4）选择“视图 > 新建参考线”命令，弹出“新建参考线”对话框，在距离顶部80像素的位置新建一条水平参考线，设置如图8-181所示。单击“确定”按钮，完成参考线的创建。

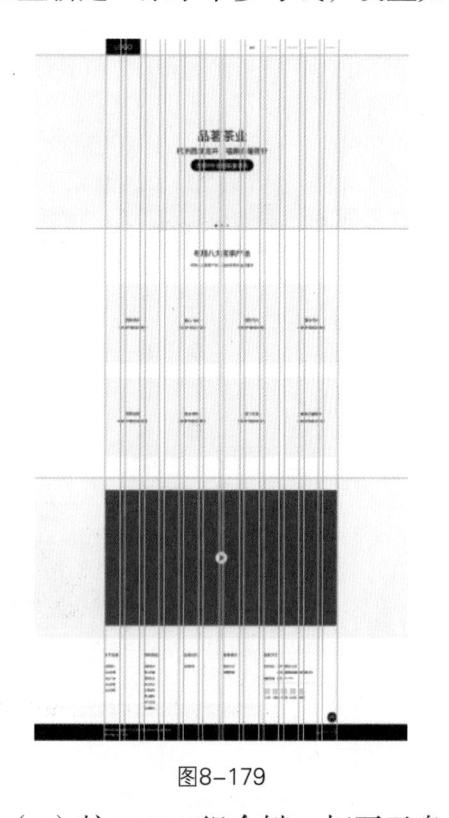

图8-179

图8-180

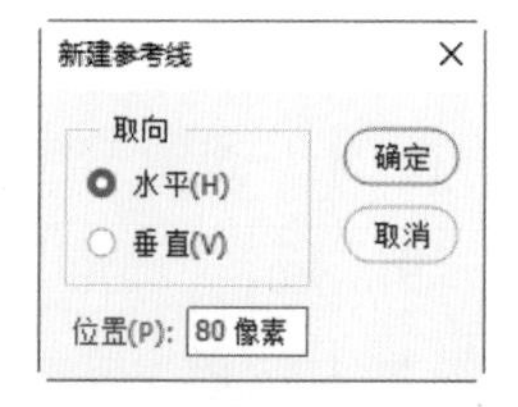

图8-181

（5）按Ctrl+O组合键，打开云盘中的“Ch08 > 8.5 制作中式茶叶网站首页 > 素材 > 02”文件，如图8-182所示。在“图层”面板中的“导航”图层组上单击鼠标右键，在弹出的菜单中选择“复制组”命令。在弹出的对话框中将“文档”设为“未标题-1”，如图8-183所示。单击“确定”按钮，复制组到新建的图像窗口中。

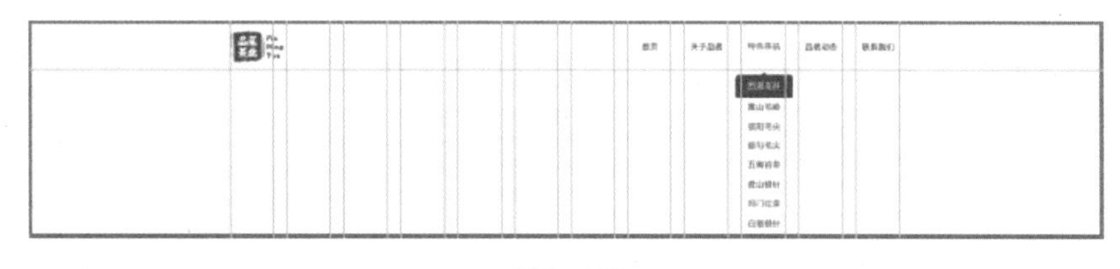

图8-182

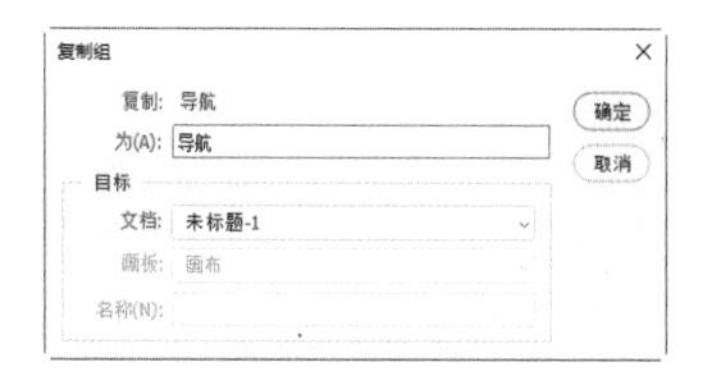

图8-183

（6）返回到新建的图像窗口中。在“图层”面板中，展开“导航”图层组，选择“二级导航”图层组，按Delete键将其删除，效果如图8-184所示。选择“特色茶品”文字图层，在“属性”面板中将“颜色”设为深灰色（R:51，G:51，B:51），按Enter键确定操作，效果如图8-185所示。

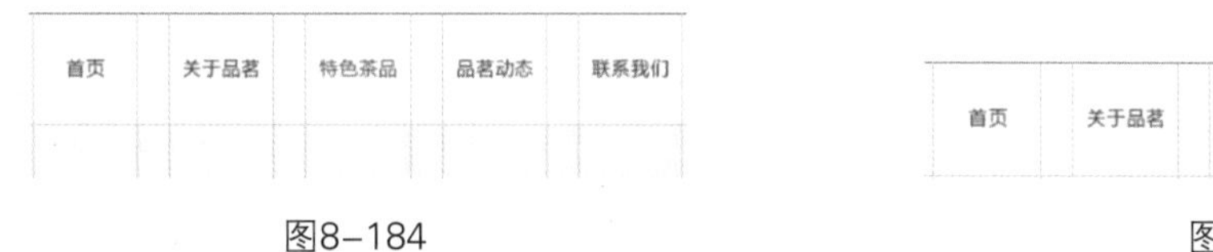

图8-184　　图8-185

（7）在“图层”面板中，选择“首页”文字图层。在“属性”面板中将颜色设为蓝绿色（R:14，G:99，B:110），如图8-186所示。按Enter键确定操作，效果如图8-187所示。

图8-186

图8-187

2 制作轮播海报

（1）选择“视图 > 新建参考线”命令，弹出“新建参考线”对话框，在距离新建参考线860像素的位置新建一条水平参考线，设置如图8-188所示。单击“确定”按钮，完成参考线的创建，折叠“导航”图层组。

（2）选择“矩形工具” □，在属性栏的“选择工具模式”下拉列表中选择“形状”，将“填充”颜色设为淡蓝色（R:223，G:233，B:237），“描边”颜色设为无。在图像窗口中绘制一个宽为1920像素、高为860像素的矩形，效果如图8-189所示。在“图层”面板中将生成新的形状图层“矩形1”。

（3）选择“文件 > 置入嵌入对象”命令，弹出“置入嵌入的对象”对话框。选择云盘中的“Ch08 > 8.5 制作中式茶叶网站首页 > 素材 > 03”文件，单击“置入”按钮，将图片置入图像窗口，在属性栏中设置其大小及位置，如图8-190所示。按Enter键确定操作，在“图层”面板中将生成新的图层，将其命名为“山水画1”。按Ctrl+Alt+G组合键，为图层创建剪贴蒙版，效果如图8-191所示。

图8-188

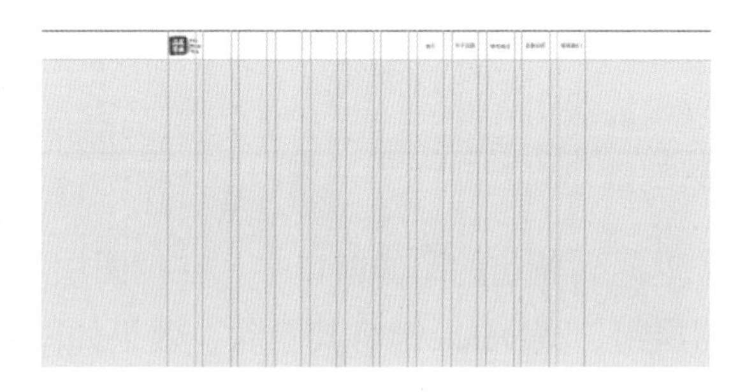

图8-189

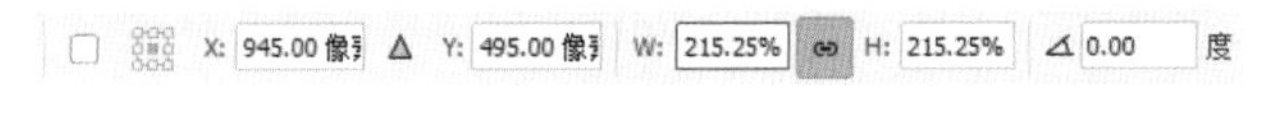

图8-190

图8-191

（4）单击“图层”面板中的“创建新的填充或调整图层”按钮，在弹出的菜单中选择“色彩平衡”命令，在“图层”面板中生成“色彩平衡1”图层，同时在弹出的面板中进行设置，如图8-192所示。按Enter键确定操作，效果如图8-193所示。

（5）选择“横排文字工具”，在适当的位置输入需要的文字并选取文字。选择“窗口 > 字符”命令，打开“字符”面板，在“字符”面板中，将“颜色”设为蓝绿色（R:14，G:99，B:110），其他选项的设置如图8-194所示。按Enter键确定操作，效果如图8-195所示，在“图层”面板中将生成新的文字图层。

（6）选择“文件 > 置入嵌入对象”命令，弹出“置入嵌入的对象”对话框。选择云盘中的“Ch08 > 8.5 制作中式茶叶网站首页 > 素材 > 04”文件，单击“置入”按钮，将图片置入图像窗口，在属性栏中设置其大小及位置，如图8-196所示。按Enter键确定操作，在“图层”面板中将生成新的图层，将其命名为“山”。按Ctrl+Alt+G组合键，为图层创建剪贴蒙版，效果如图8-197所示。

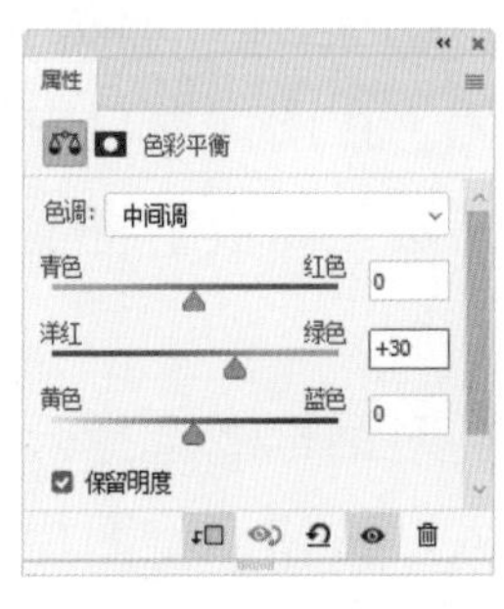

图8-192

图8-193

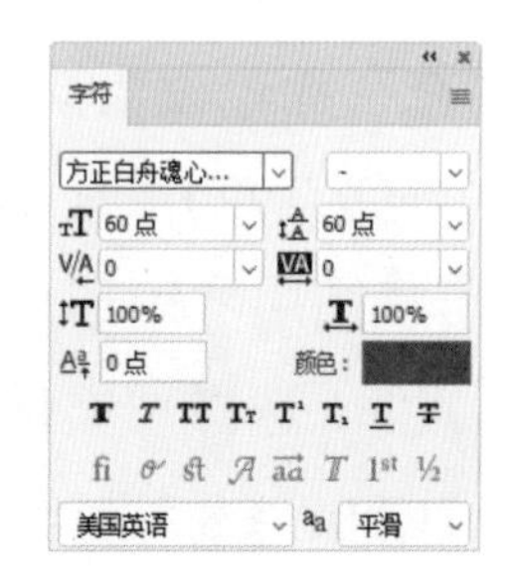

图8-194

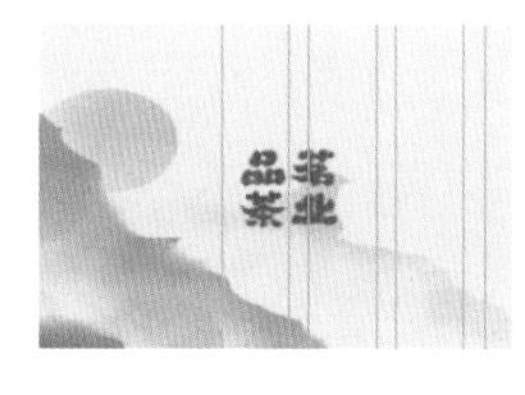

图8–195

图8–196

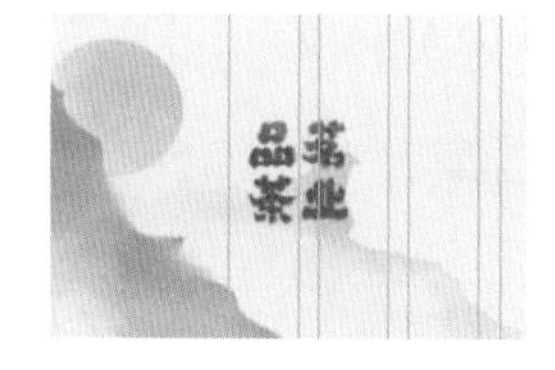

图8–197

（7）按Ctrl+J组合键，复制图层。按Ctrl+T组合键，在图像周围出现变换框，在属性栏中设置其大小及位置，如图8-198所示，按Enter键确定操作。按Ctrl+Alt+G组合键，为图层创建剪贴蒙版，效果如图8-199所示。

图8–198

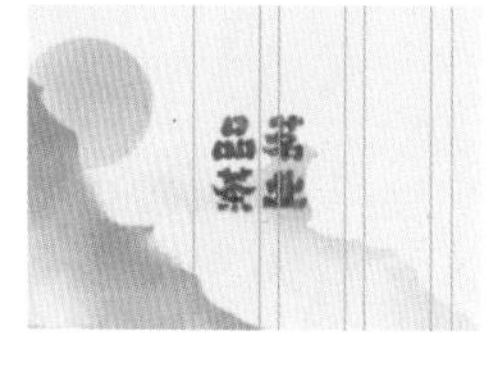

图8–199

（8）选择“横排文字工具” T.，在适当的位置输入需要的文字并选取文字。在“字符”面板中，将“颜色”设为蓝绿色（R:14，G:99，B:110），其他选项的设置如图8-200所示。按Enter键确定操作，效果如图8-201所示，在“图层”面板中将生成新的文字图层。

（9）在适当的位置输入需要的文字并选取文字。在“字符”面板中，将“颜色”设为蓝绿色（R:14，G:99，B:110），其他选项的设置如图8-202所示。按Enter键确定操作，效果如图8-203所示，在“图层”面板中将生成新的文字图层。

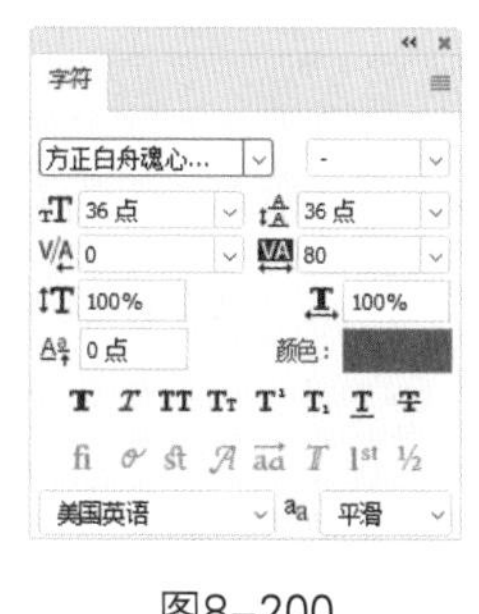

图8–200

图8–201

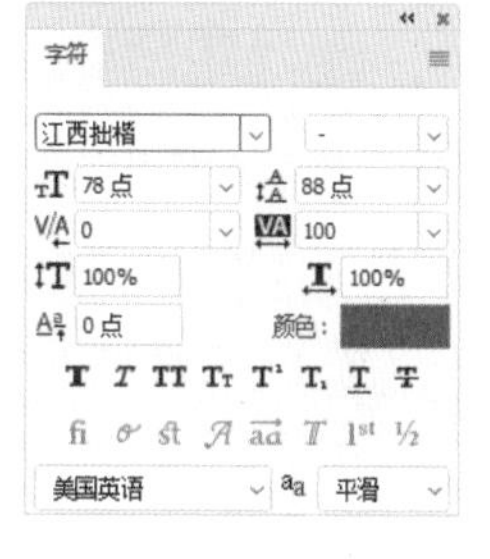

图8–202

图8–203

（10）单击“图层”面板中的“添加图层样式”按钮 fx.，在弹出的菜单中选择“描边”命令，弹出对话框，将描边颜色设为暗黄色（R:234，G:198，B:168），其他选项的设置如图8-204所示。选择“内阴影”选项进行设置，如图8-205所示，单击“确定”按钮。

（11）选择“圆角矩形工具” ▢.，在属性栏中将“填充”颜色设为大红色（R:197，G:24，B:30），“描边”颜色设为无，“半径”选项设为29像素。在图像窗口中适当的位置绘制一个宽为400像素、高为72像素的圆角矩形，效果如图8-206所示，在“图层”面板中将生成新的形状图层“圆角矩形1”。

（12）选择“横排文字工具” T.，在适当的位置输入需要的文字并选取文字。在“字符”面板中，将“颜色”设为白色，其他选项的设置如图8-207所示。按Enter键确定操作，效果如图8-208所示，在“图层”面板中将生成新的文字图层。

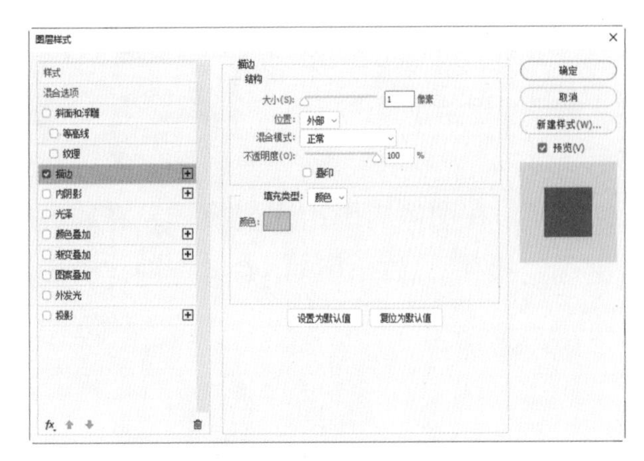

图8-204

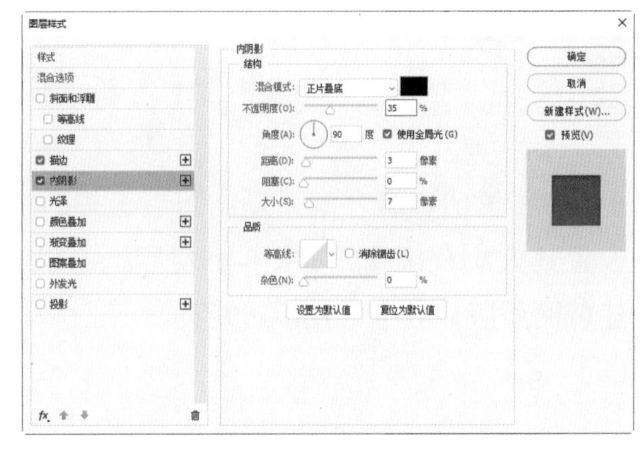

图8-205

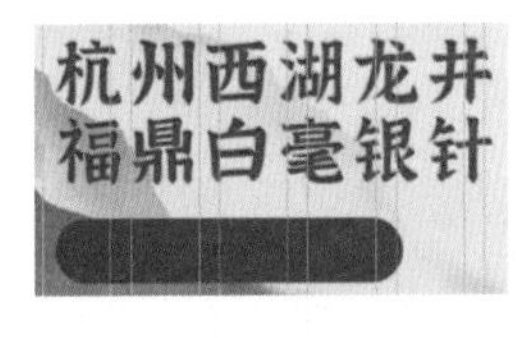

图8-206

图8-207

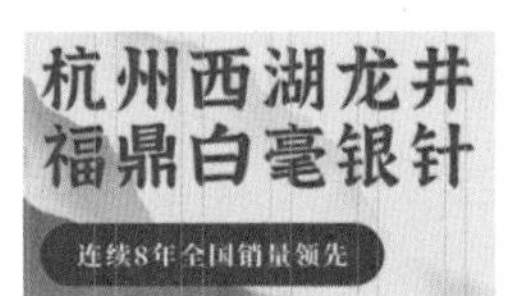

图8-208

（13）选择“矩形工具”□，在属性栏中将“填充”颜色设为淡绿色（R:174，G:203，B:194），“描边”颜色设为无。在图像窗口中适当的位置绘制一个宽为1000像素、高为208像素的矩形，效果如图8-209所示，在“图层”面板中将生成新的形状图层“矩形2”。

（14）按Ctrl+T组合键，在图像周围出现变换框，单击鼠标右键，在弹出的菜单中选择“透视”命令。向左侧拖曳右上角的控制手柄到35° 的位置，效果如图8-210所示。按Enter键确定操作，在弹出的对话框中，单击“是”按钮，变换路径。

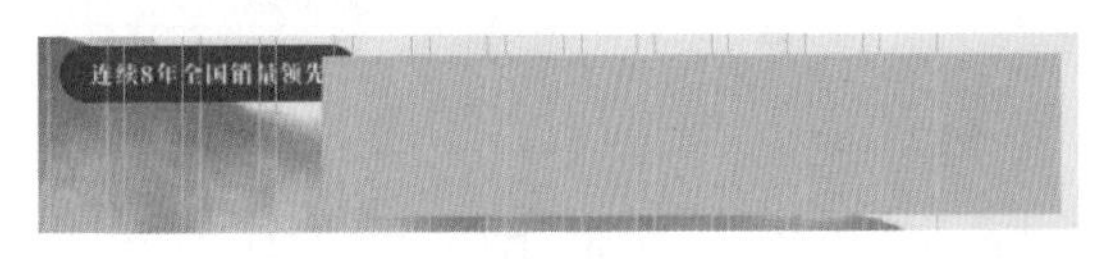

图8-209

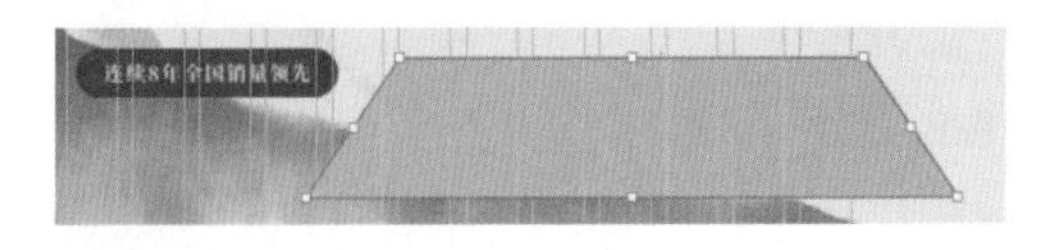

图8-210

（15）选择“矩形工具”□，在图像窗口中适当的位置绘制一个宽为1000像素、高为100像素的矩形，在“属性”面板中将填充颜色设为灰绿色（R:139，G:169，B:160），描边颜色设为无，效果如图8-211所示。在“图层”面板中将生成新的形状图层“矩形3”，效果如图8-212所示。

（16）选择“文件 > 置入嵌入对象”命令，弹出“置入嵌入的对象”对话框。选择云盘中的“Ch08 > 8.5 制作中式茶叶网站首页 > 素材 > 05”文件，单击“置入”按钮，将图片置入图像窗口，在属性栏中设置其大小及位置，如图8-213所示。按Enter键确定操作，在“图层”面板中将生成新的图层，将其命名为“西湖龙井”，效果如图8-214所示。

（17）在属性栏中将“填充”颜色设为灰蓝色（R:108，G:134，B:135），“描边”颜色设为无。在图像窗口中适当的位置绘制一个宽为279像素、高为94像素的矩形，效果如图8-215所示，在“图层”面板中将生成新的形状图层“矩形4”。

图8-211

图8-212

X: 1232.00 像 Y: 519.00 像素 W: 100.00% H: 100.00%

图8-213

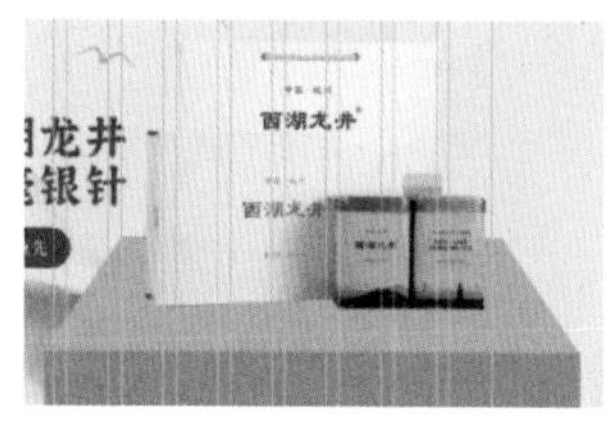

图8-214

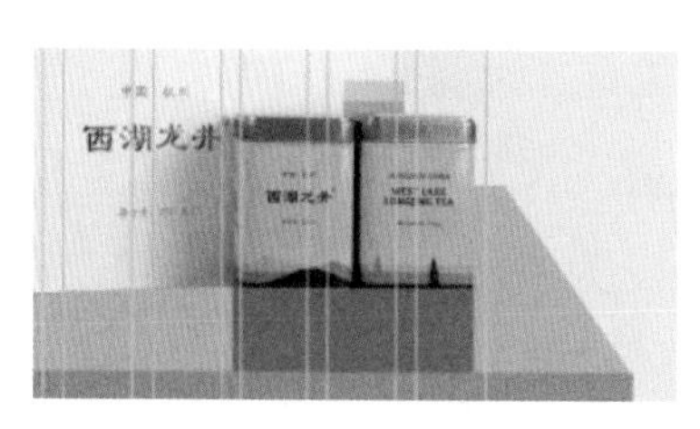

图8-215

（18）在“图层”面板中，单击“图层”面板中的“添加图层样式”按钮 fx，在弹出的菜单中选择“渐变叠加”命令，弹出对话框，单击“点按可编辑渐变”按钮，弹出“渐变编辑器”对话框，设置两个位置点颜色的RGB值分别为（108，134，135）（174，203，194），如图8-216所示。单击“确定”按钮，返回到“图层样式”对话框，选项的设置如图8-217所示，单击“确定”按钮。

图8-216

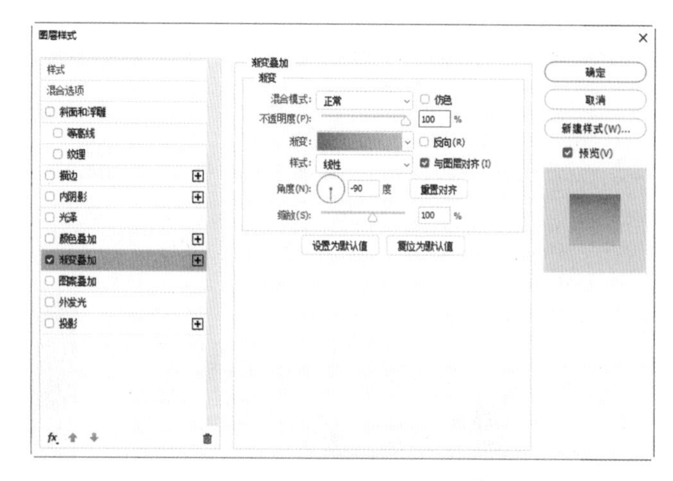
图8-217

（19）使用类似的方法，在适当的位置绘制矩形并添加“渐变叠加”效果，效果如图8-218所示。在“图层”面板中选择“西湖龙井”图层，将其拖曳到“矩形 5”图层的上方，如图8-219所示。

（20）选择“椭圆工具” ，在属性栏中将“填充”颜色设为白色，“描边”颜色设为无。按住Shift键的同时在图像窗口中距离下方参考线12像素的位置绘制一个直径为10像素的圆形，效果如图8-220所示，在“图层”面板中将生成新的形状图层“椭圆 1”。

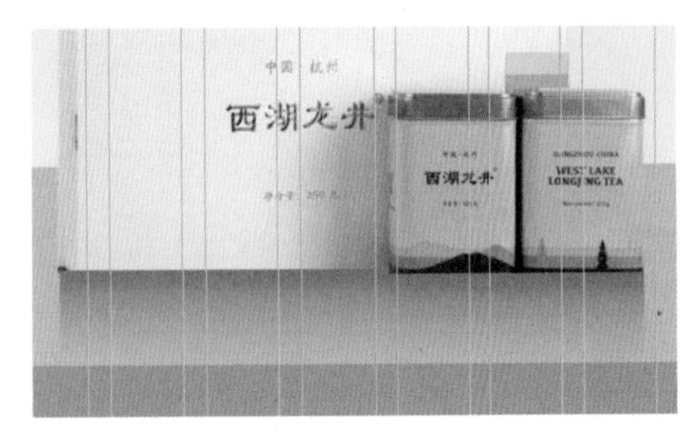

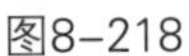
图8-218

图8-219

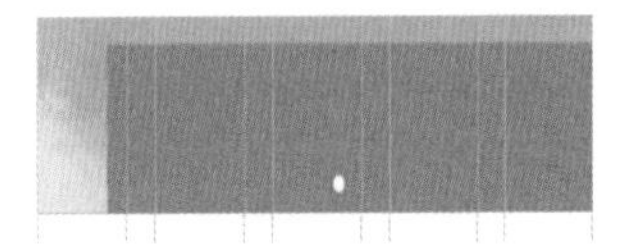
图8-220

（21）按Ctrl+J组合键，复制图层。按Ctrl+T组合键，在图像周围出现变换框，在属性栏中将“X”增加30像素确定位置，按Enter键确定操作，在“图层”面板中将“不透明度”选项设为30%，效果如图8-221所示。

（22）使用类似的方法复制图形并修改不透明度，效果如图8-222所示。按住Shift键的同时单击“矩形 1”图层，将需要的图层同时选取，按Ctrl+G组合键，将图层编组并命名为“轮播海报1”，如图8-223所示。

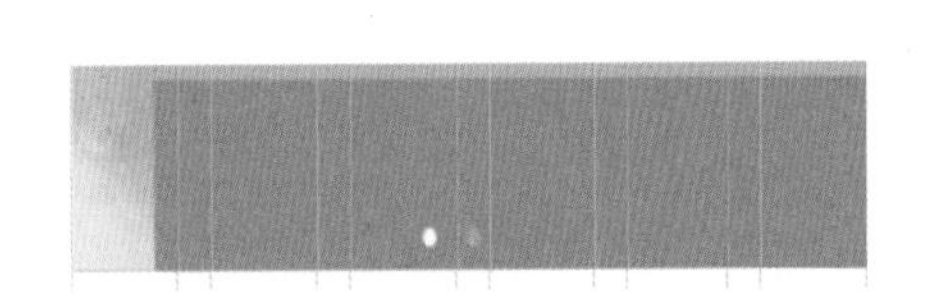
图8-221

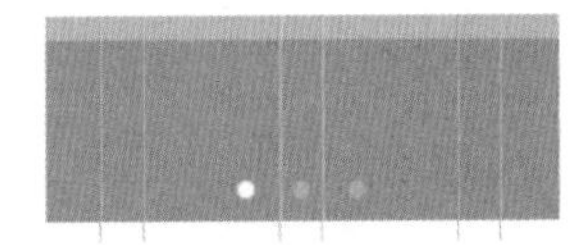
图8-222

图8-223

（23）使用类似方法分别制作“轮播海报2”和“轮播海报3”图层组，效果分别如图8-224和图8-225所示。

图8-224

图8-225

3 制作内容区

（1）选择“视图 > 新建参考线”命令，弹出“新建参考线”对话框，在距离上方第2条参考线1232像素的位置新建一条水平参考线，设置如图8-226所示。单击“确定”按钮，完成参考线的创建。

（2）选择“矩形工具” ，在属性栏中将“填充”颜色设为浅灰色（R:246，G:246，B:246），“描边”颜色设为无。在图像窗口中绘制一个宽为1920像素、高为2092像素的矩形，效果如图8-227所示，在“图层”面板中将生成新的形状图层“矩形8”。

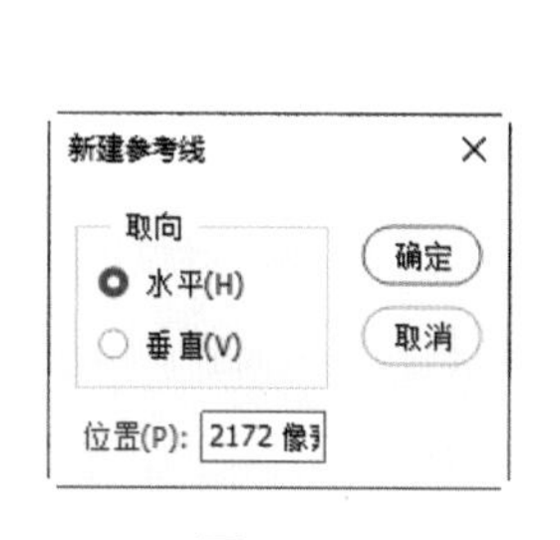

图8-226

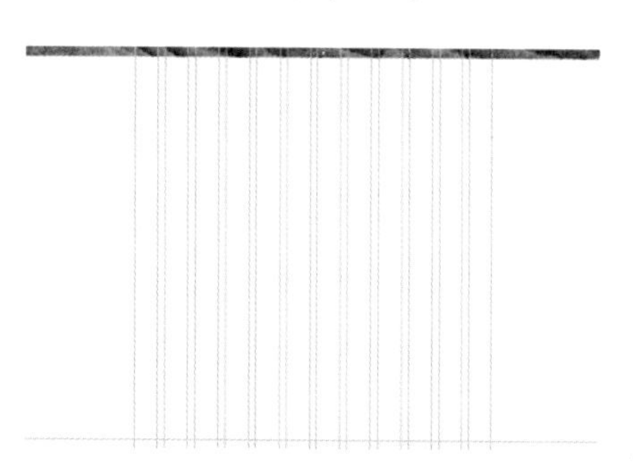

图8-227

（3）选择“文件 > 置入嵌入对象”命令，弹出“置入嵌入的对象”对话框。选择云盘中的“Ch08 > 8.5 制作中式茶叶网站首页 > 素材 > 15”文件，单击“置入”按钮，将图片置入图像窗口，在属性栏中设置其大小及位置，如图8-228所示。按Enter键确定操作，效果如图8-229所示。在“图层”面板中将生成新的图层，将其命名为“山”。

图8-228

图8-229

（4）单击“图层”面板中的“创建新的填充或调整图层”按钮 ，在弹出的菜单中选择“色彩平衡”命令，在“图层”面板中生成“色彩平衡2”图层，同时在弹出的面板中进行设置，如图8-230所示。按Enter键确定操作，效果如图8-231所示。

（5）选择“横排文字工具” T，在距离新建参考线96像素的位置输入需要的文字并选取文字。在“字符”面板中，将“颜色”设为深灰色（R:21，G:20，B:22），其他选项的设置如图8-232所示。按Enter键确定操作，效果如图8-233所示，在“图层”面板中将生成新的文字图层。

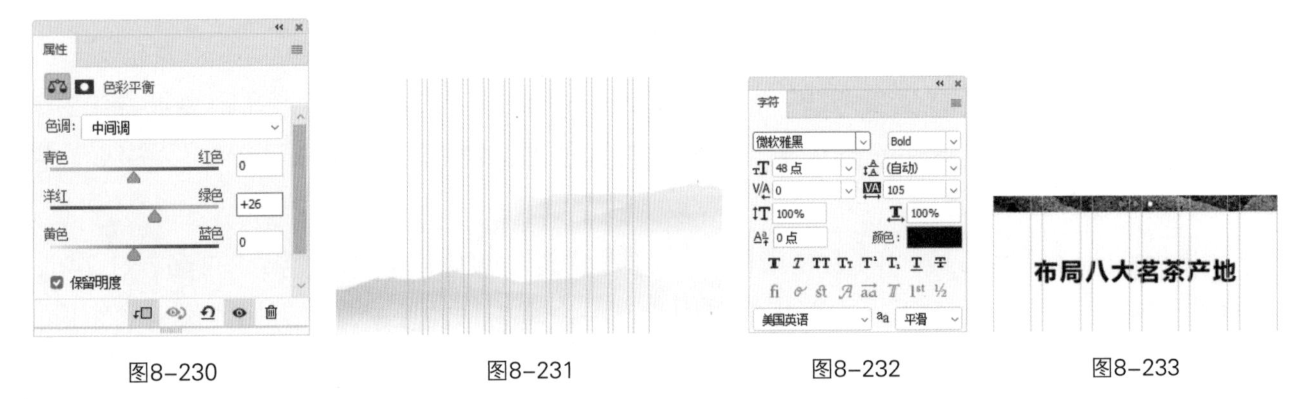

图8-230　图8-231　图8-232　图8-233

（6）在距离上方文字24像素的位置输入需要的文字并选取文字。在“字符”面板中，将“颜色”设为灰色（R:154，G:155，B:156），其他选项的设置如图8-234所示。按Enter键确定操作，效果如图8-235所示，在“图层”面板中将生成新的文字图层。

（7）选择“矩形工具”，在图像窗口中距离上方文字80像素的位置绘制一个宽为314像素、高为432像素的矩形，在“图层”面板中将生成新的形状图层“矩形9”。在“属性”面板中将填充颜色设为白色，描边颜色设为暗黄色（R:234，G:198，B:168），描边粗细设为4像素，如图8-236所示。按Enter键确定操作，效果如图8-237所示。

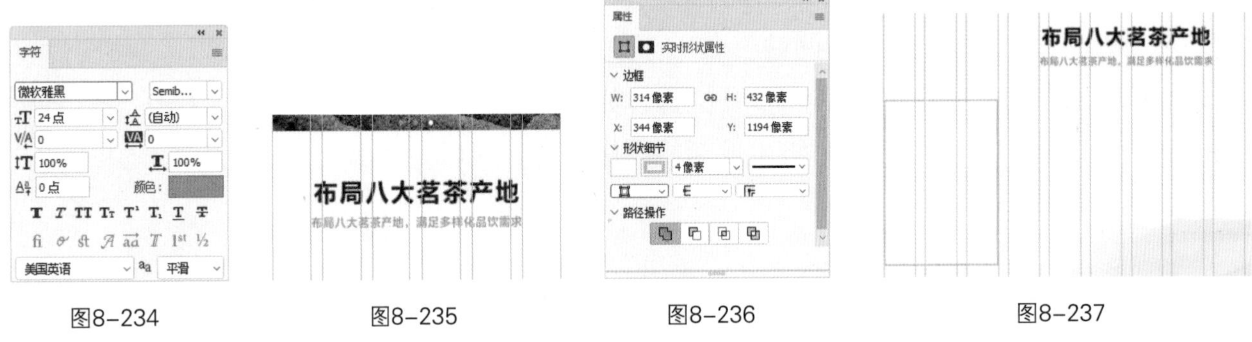

图8-234　图8-235　图8-236　图8-237

（8）选择“椭圆工具”，按住Alt+Shift组合键的同时，在图像窗口中适当的位置拖曳鼠标，绘制一个圆形。在“属性”面板中设置其大小及位置，如图8-238所示，效果如图8-239所示。

（9）选择“路径选择工具”，按住Alt+Shift组合键的同时，在图像窗口中向右250像素的位置复制圆形，效果如图8-240所示。使用类似方法复制圆形并减去顶层形状，效果如图8-241所示。

（10）选择“文件 > 置入嵌入对象”命令，弹出“置入嵌入的对象”对话框。选择云盘中的“Ch08 > 8.5 制作中式茶叶网站首页 > 素材 > 16”文件，单击“置入”按钮，将图片置入图像窗口，在属性栏中设置其大小及位置，如图8-242所示。按Enter键确定操作，效果如图8-243所示。在“图层”面板中将生成新的图层，将其命名为“盘子”。

（11）单击“图层”面板中的“添加图层样式”按钮，在弹出的菜单中选择“投影”命令，在弹出的对话框中进行设置，如图8-244所示。单击“确定”按钮，效果如图8-245所示。

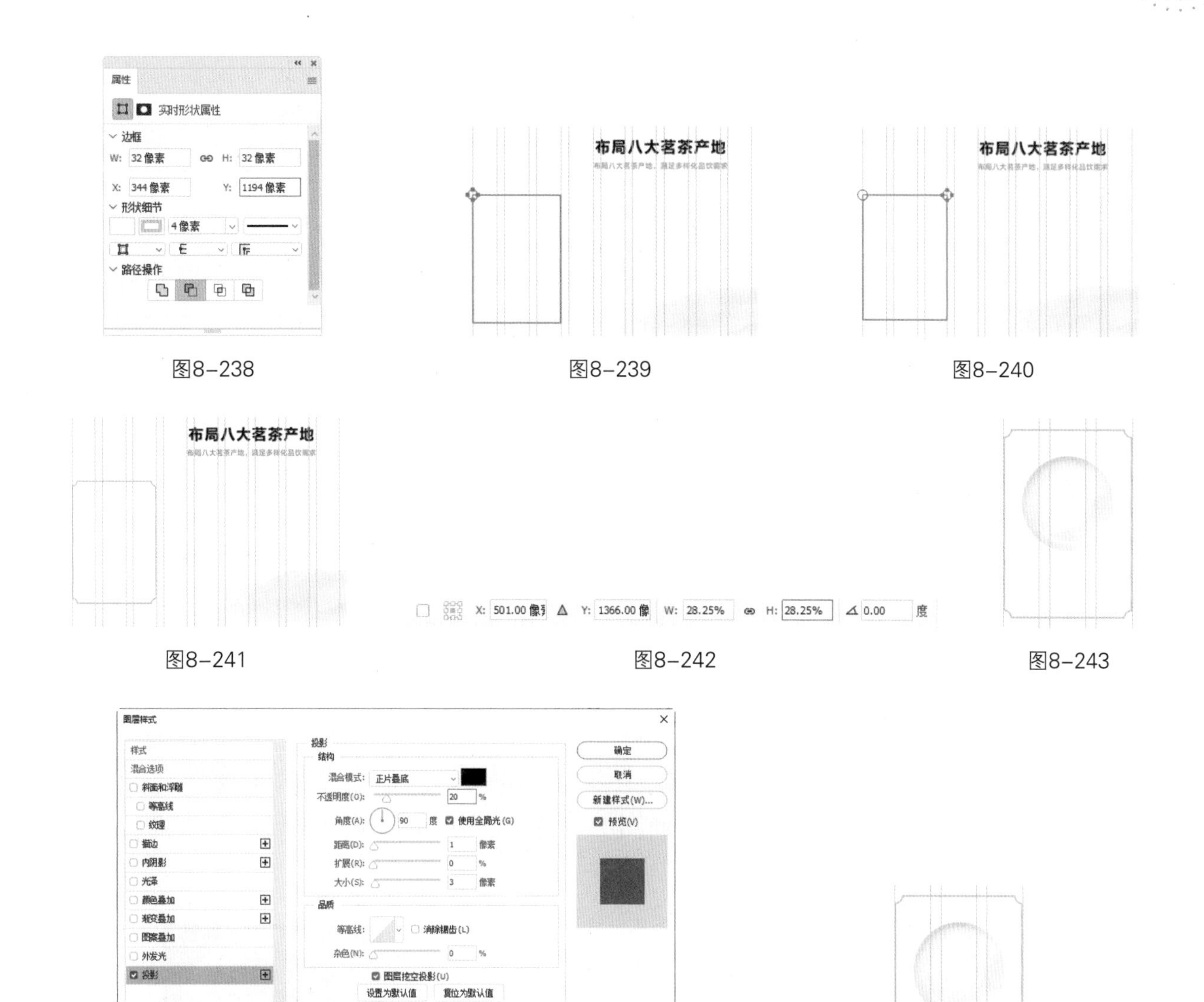

图8-238　图8-239　图8-240

图8-241　图8-242　图8-243

图8-244　图8-245

（12）选择“椭圆工具” ○，在属性栏中将“填充”颜色设为灰色（R:153，G:153，B:153），“描边”颜色设为无。按住Shift键的同时在图像窗口中绘制一个与盘子大小相等的圆形，在“图层”面板中将生成新的形状图层，将其命名为“投影”。按Ctrl+T组合键，在图像周围出现变换框，在属性栏中设置其大小及位置，如图8-246所示。按Enter键确定操作，效果如图8-247所示。

图8-246　图8-247

（13）在“属性”面板中单击“蒙版”按钮，切换到相应的面板中进行设置，如图8-248所示，按Enter键确定操作。在“图层”面板中将“盘子”图层拖曳到“投影”图层的上方，效果如图8-249所示。

（14）单击“图层”面板中的“创建新的填充或调整图层”按钮，在弹出的菜单中选择“亮度/对比度”命令，在“图层”面板中生成“亮度/对比度 1”图层，同时在弹出的面板中进行设置，如图8-250所示。按Enter键确定操作，效果如图8-251所示。

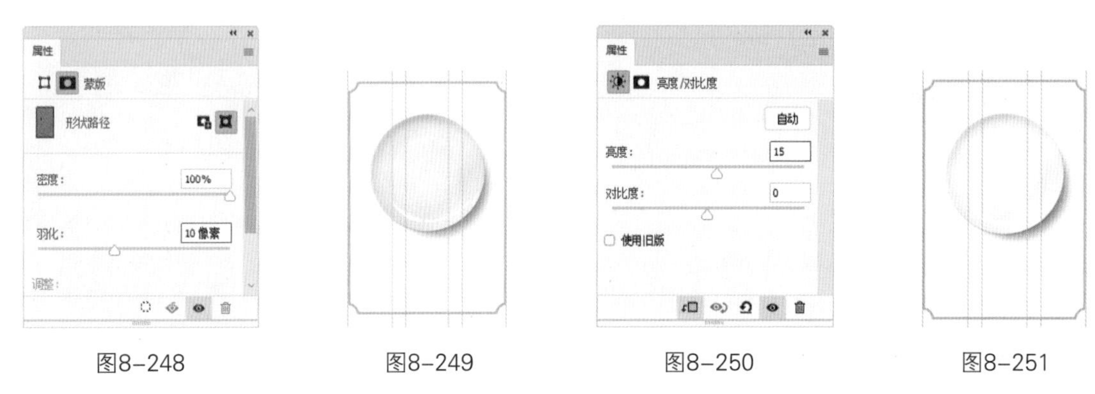

图8-248　图8-249　图8-250　图8-251

（15）按Ctrl+O组合键，打开云盘中的“Ch08 > 8.5 制作中式茶叶网站首页 > 素材 > 17”文件。在“图层”面板中双击“背景”图层，在弹出的对话框中单击“确定”按钮，如图8-252所示，将“背景”图层转换为普通图层。选择“快速选择工具”，在图像窗口中拖曳鼠标绘制选区，如图8-253所示。

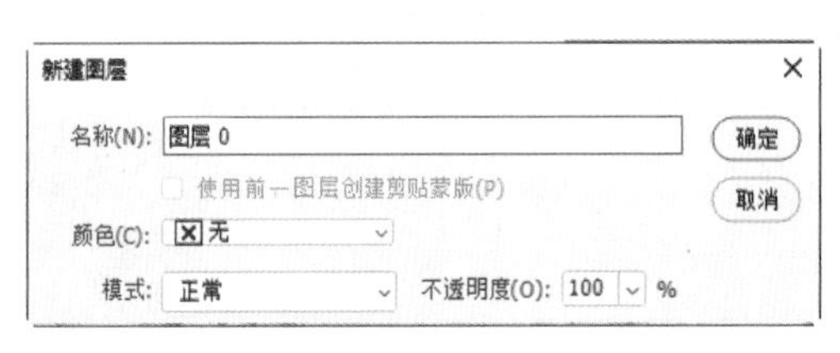

图8-252

图8-253

（16）按Alt+Ctrl+R组合键，弹出“属性”面板，将“羽化”选项设为0.8像素，其他选项的设置如图8-254所示。单击“确定”按钮，在图像窗口中生成选区。按Ctrl+Shift+I组合键，反选选区，效果如图8-255所示。按Delete键将不需要的部分删除，按Ctrl+D组合键取消选区，效果如图8-256所示。

（17）选择“图像 > 裁切”命令，在弹出的对话框中进行设置，如图8-257所示。单击“确定”按钮，效果如图8-258所示。按Ctrl+S组合键，弹出“另存为”对话框，将其命名为“18”，保存为PNG格式，单击“保存”按钮，弹出“PNG格式选项”对话框，如图8-259所示。单击“确定”按钮，将图像保存。

（18）返回到图像窗口中。选择“文件 > 置入嵌入对象”命令，弹出“置入嵌入的对象”对话框。选择云盘中的“Ch08 > 8.5 制作中式茶叶网站首页 > 素材 > 18”文件，单击“置入”按钮，将图片置入图像窗口，在属性栏中设置其大小及位置，如图8-260所示。按Enter键确定操作，效果如图8-261所示。在“图层”面板中将生成新的图层，将其命名为“西湖龙井”。

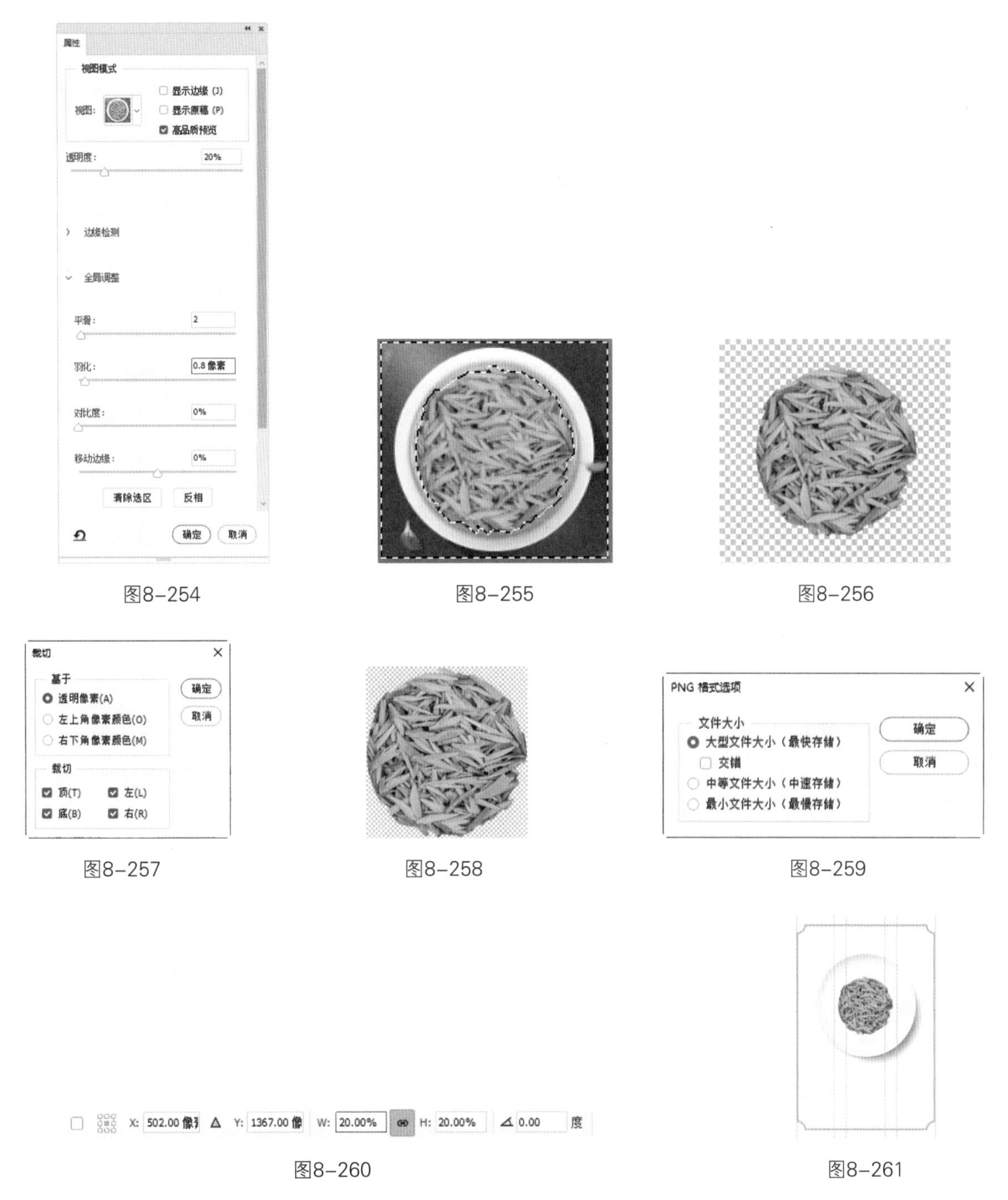

图8-254　图8-255　图8-256

图8-257　图8-258　图8-259

图8-260　图8-261

（19）单击“图层”面板中的“添加图层样式”按钮 fx，在弹出的菜单中选择“投影”命令，在弹出的对话框中进行设置，如图8-262所示。单击“确定”按钮，效果如图8-263所示。

（20）选择“横排文字工具” T，在适当的位置输入需要的文字并选取文字。在“字符”面板中，将“颜色”设为蓝绿色（R:21，G:99，B:109），其他选项的设置如图8-264所示。按Enter键确定操作，在“图层”面板中将生成新的文字图层。

（21）按住Ctrl键的同时，单击“矩形 9”图层，将其同时选取，选择“移动工具”，在属性栏的对齐方式中单击“水平居中对齐”按钮，效果如图8-265所示。

（22）使用类似方法输入其他文字并对齐，效果如图8-266所示。按住Shift键的同时单击“矩形 9”图层，将需要的图层同时选取，按Ctrl+G组合键，将图层编组并命名为“西湖·龙井”，如图8-267所示。

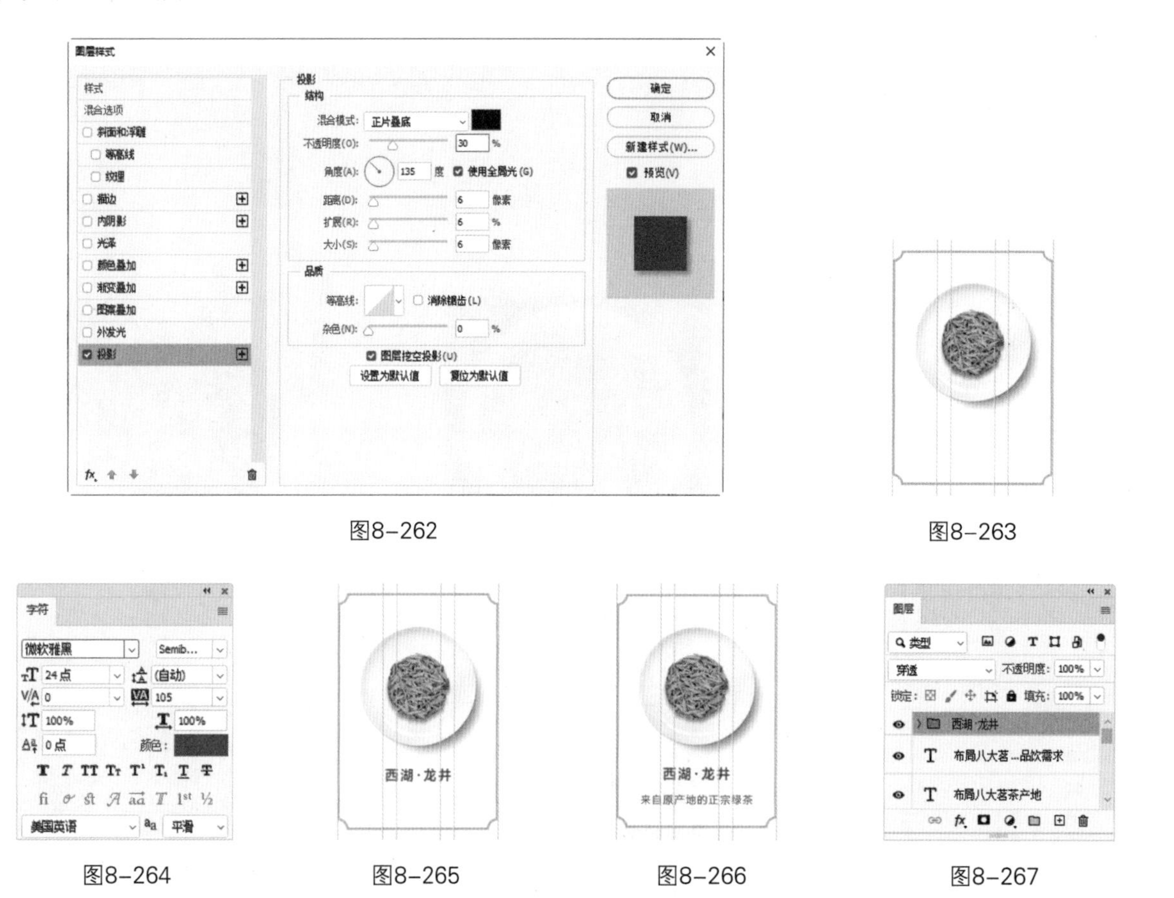

图8-262　图8-263

图8-264　图8-265　图8-266　图8-267

（23）按Ctrl+J组合键，复制图层组并命名为“黄山·毛峰”。按Ctrl+T组合键，在图像周围出现变换框。在属性栏中将“X”增加306像素确定位置，按Enter键确定操作，效果如图8-268所示。

（24）在“图层”面板中展开“黄山·毛峰”图层组，选择“矩形 9”图层。选择“路径选择工具”，选择左上角圆形路径，按Delete键，弹出转变为常规路径对话框，单击“是”按钮，转变路径并将其删除，效果如图8-269所示。

（25）使用类似方法删除其他圆形路径。在“属性”面板中将描边颜色设为无，效果如图8-270所示。选中“西湖龙井”图层，按Delete键将其删除。使用类似方法抠图、置入图片并添加阴影效果，效果如图8-271所示。

（26）选择“横排文字工具”，在图像窗口中选中并修改文字，效果如图8-272所示。折叠“黄山·毛峰”图层组，使用类似的方法复制组、置入图片并修改文字，效果如图8-273所示。按住Shift键的同时在“图层”面板中单击“矩形 8”图层，将需要的图层同时选取，按Ctrl+G组合键，将图层编组并将其命名为“八大茗茶”，如图8-274所示。

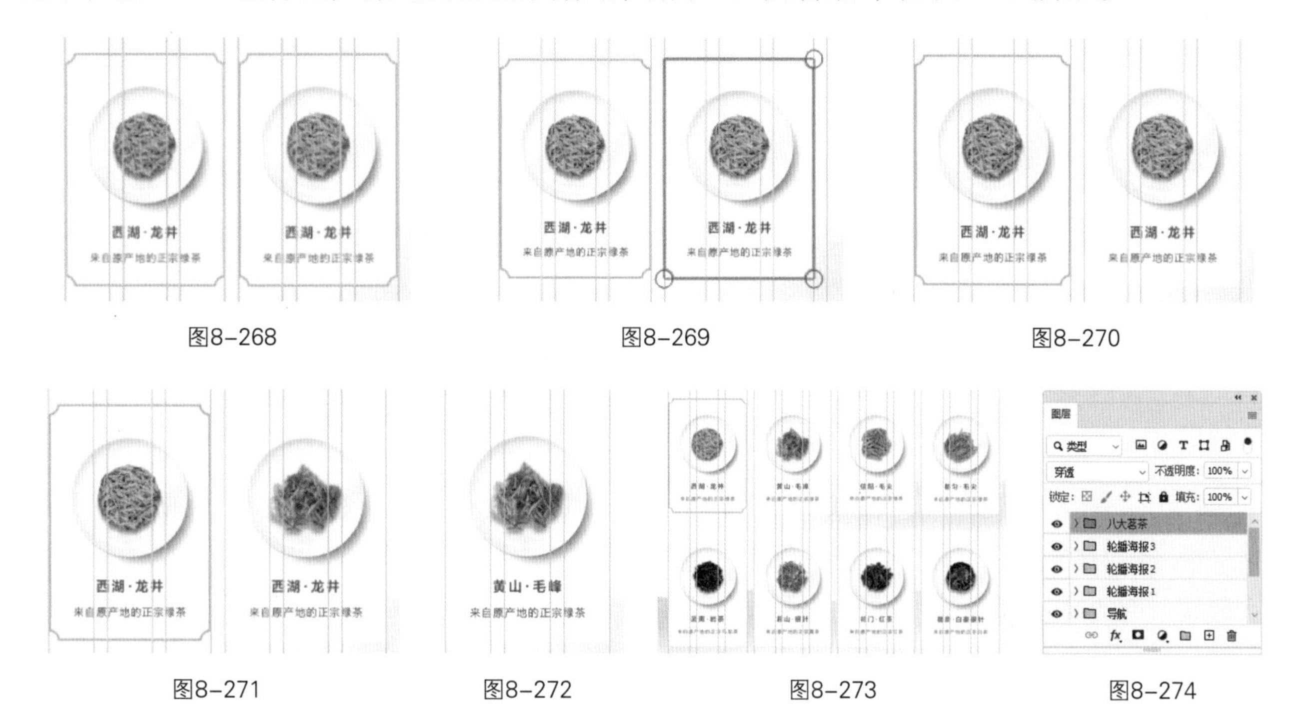

图8-268　　图8-269　　图8-270

图8-271　　图8-272　　图8-273　　图8-274

（27）选择“视图 > 新建参考线”命令，弹出“新建参考线”对话框，在距离顶部2972像素的位置新建一条水平参考线，设置如图8-275所示。单击“确定”按钮，完成参考线的创建。

（28）选择“矩形工具” ，在属性栏中将“填充”颜色设为白色，“描边”颜色设为无。在图像窗口中绘制一个宽为1920像素、高为800像素的矩形，效果如图8-276所示。在“图层”面板中将生成新的形状图层“矩形10”。

图8-275　　图8-276

（29）选择“文件 > 置入嵌入对象”命令，弹出“置入嵌入的对象”对话框。选择云盘中的“Ch08 > 8.5 制作中式茶叶网站首页 > 素材 > 33”文件，单击“置入”按钮，将图片置入图像窗口，在属性栏中设置其大小及位置，如图8-277所示。按Enter键确定操作，在“图层”面板中将生成新的图层，将其命名为“茶园 1”。按Ctrl+Alt+G组合键，为图层创建剪贴蒙版，效果如图8-278所示。

X: 1028.00 像　Y: 2519.00 像　W: 168.68%　H: 168.68%　0.00 度

图8-277

图8-278

（30）选择“滤镜 > 模糊 > 高斯模糊”命令，在弹出的对话框中进行设置，如图8-279所示。单击“确定”按钮，效果如图8-280所示。

图8-279

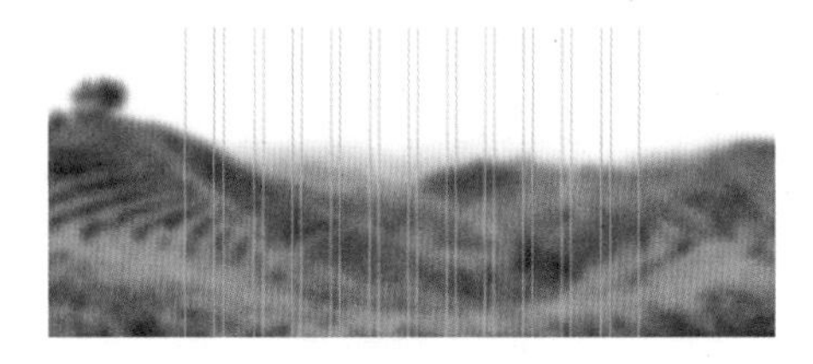

图8-280

（31）单击“图层”面板中的“创建新的填充或调整图层”按钮，在弹出的菜单中选择“色彩平衡”命令。在“图层”面板中生成“色彩平衡 4”图层，同时在弹出的面板中进行设置，如图8-281所示。按Enter键确定操作，效果如图8-282所示。

（32）选择“矩形工具”，在图像窗口中距离上方参考线64像素的位置上绘制一个宽为1200像素、高为672像素的矩形，效果如图8-283所示。在“图层”面板中将生成新的形状图层“矩形11”。

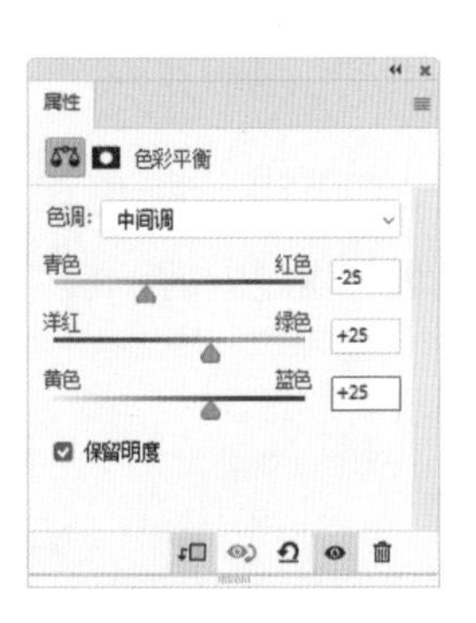

图8-281

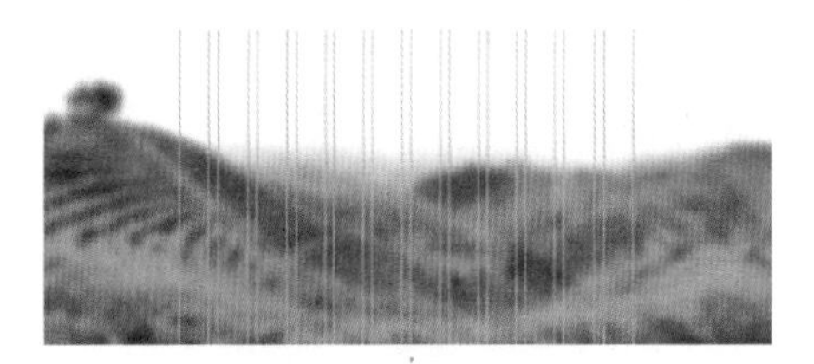

图8-282

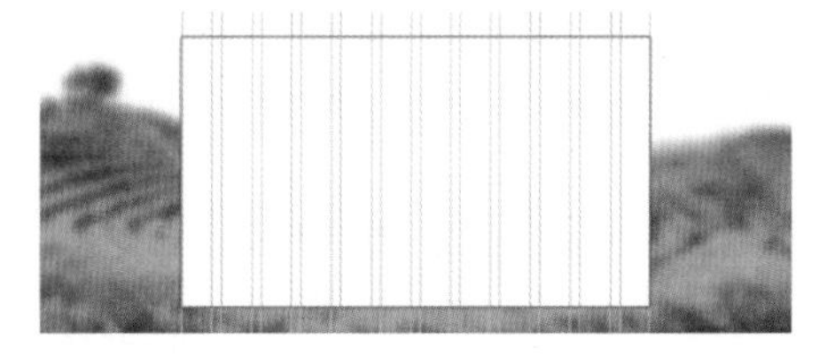

图8-283

（33）选择“文件 > 置入嵌入对象”命令，弹出“置入嵌入的对象”对话框。选择云盘中的“Ch08 > 8.5 制作中式茶叶网站首页 > 素材 > 34”文件，单击“置入”按钮，将图片置入图像窗口，在属性栏中设置其大小及位置，如图8-284所示。按Enter键确定操作，在“图层”面板中将生成新的图层，将其命名为“茶园 2”。按Ctrl+Alt+G组合键，为图层创建剪贴蒙版，效果如图8-285所示。

图8-284

图8-285

（34）单击“图层”面板中的“创建新的填充或调整图层”按钮◐，在弹出的菜单中选择“亮度/对比度”命令。在“图层”面板中生成“亮度/对比度 3”图层，同时在弹出的面板中进行设置，如图8-286所示。按Enter键确定操作，效果如图8-287所示。

图8–286

图8–287

（35）单击“图层”面板中的“创建新的填充或调整图层”按钮◐，在弹出的菜单中选择“色彩平衡”命令。在“图层”面板中生成“色彩平衡 5”图层，同时在弹出的面板中进行设置，如图8-288所示。按Enter键确定操作，效果如图8-289所示。

图8–288

图8–289

（36）选择“椭圆工具”◯，在属性栏中将“填充”颜色设为深灰色（R:21，G:20，B:22），“描边”颜色设为无。按住Shift键的同时在图像窗口中绘制一个直径为80像素的圆形，在“图层”面板中将生成新的形状图层“椭圆 2”，将“不透明度”选项设为40%。

（37）按住Ctrl键的同时单击“矩形 11”图层，将其同时选取，选择“移动工具”✥，在属性栏的对齐方式中单击“水平居中对齐”按钮和“垂直居中对齐”按钮，效果如图8-290所示。

（38）选择“多边形工具”⬡，在属性栏中将“边”设为3，单击“设置其他形状和路径选项”按钮⚙，在弹出的面板中将“半径”设为24像素，其他选项的设置如图8-291所示。

（39）按住Shift键的同时在图像窗口中适当的位置绘制一个圆角三角形，在“图层”面板中将生成新的形状图层“多边形 1”。在属性栏中将“填充”颜色设为白色，效果如图8-292所示。按住Shift键的同时单击“矩形 10”图层，将需要的图层同时选取，按Ctrl+G组合键，将图层编组并将其命名为“视频”，如图8-293所示。

图8-290

图8-291

图8-292

图8-293

4 制作页尾

（1）选择“视图 > 新建参考线”命令，弹出“新建参考线”对话框，在距离顶部3398像素的位置新建一条水平参考线，设置如图8-294所示。单击“确定”按钮，完成参考线的创建。

（2）选择“矩形工具”，在属性栏中将“填充”颜色设为白色，“描边”颜色设为无。在图像窗口中绘制一个宽为1920像素、高为426像素的矩形，效果如图8-295所示。在“图层”面板中将生成新的形状图层“矩形12”。

图8-294

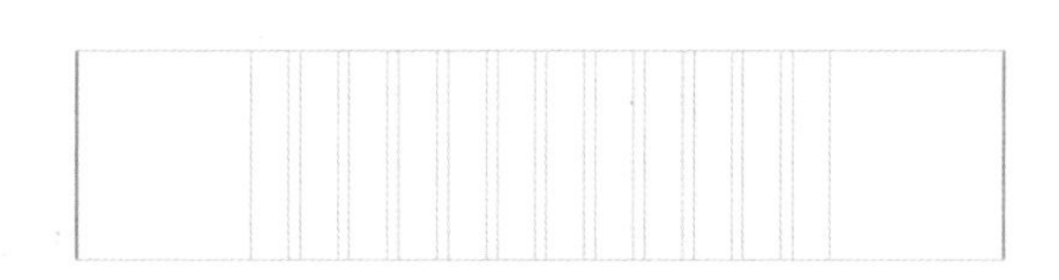

图8-295

（3）选择“横排文字工具”，在距离新建参考线68像素的位置输入需要的文字并选取文字。在“字符”面板中，将“颜色”设为深灰色（R:34，G:34，B:34），其他选项的设置如图8-296所示。按Enter键确定操作，在“图层”面板中将生成新的文字图层。选取需要的文字，在“字符”面板中进行设置，如图8-297所示。按Enter键确定操作，效果如图8-298所示。

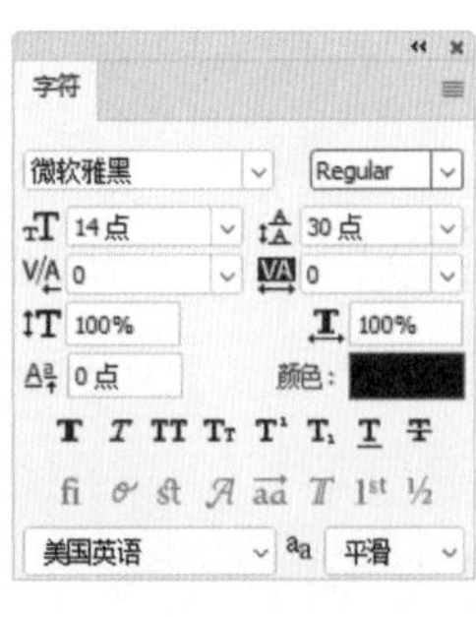

图8-296

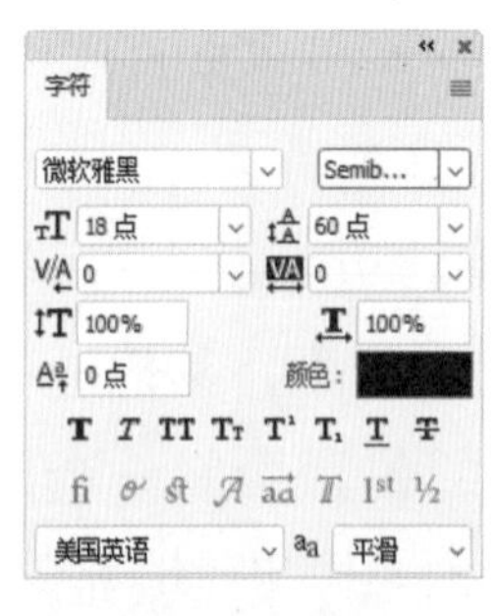

图8-297

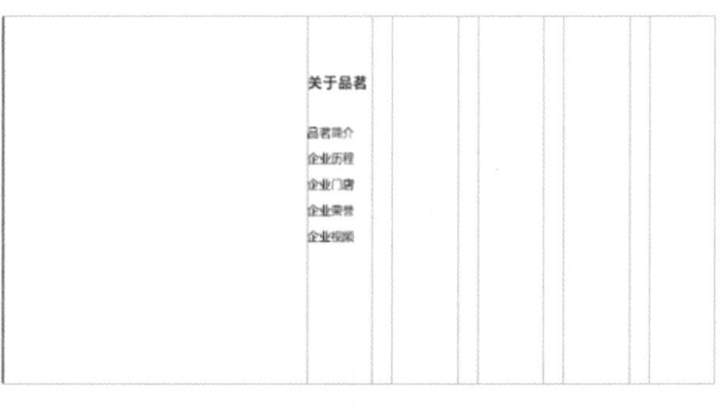

图8-298

（4）按Ctrl+J组合键，复制文字图层。按Ctrl+T组合键，在图像周围出现变换框。在属性栏中将“X”增加204像素确定位置，按Enter键确定操作，效果如图8-299所示。分别选择并修改文字，效果如图8-300所示。

图8–299 图8–300

（5）使用类似方法复制并修改文字，效果如图8-301所示。选择“直线工具” ，在属性栏中将“填充”颜色设为灰色（R:180，G:180，B:180），“描边”颜色设为无，“粗细”选项设为2像素。按住Shift键的同时在图像窗口中距离上方文字16像素的位置拖曳鼠标绘制一条长为380像素的线段，效果如图8-302所示，在“图层”面板中将生成新的形状图层“形状 1”。

图8–301 图8–302

（6）选择“文件 > 置入嵌入对象”命令，弹出“置入嵌入的对象”对话框。选择云盘中的“Ch08 > 8.5 制作中式茶叶网站首页 > 素材 > 35”文件，单击“置入”按钮，将图标置入图像窗口，在属性栏中设置其大小及位置，如图8-303所示。按Enter键确定操作，效果如图8-304所示。在“图层”面板中将生成新的图层，将其命名为“公众号”。

图8–303 图8–304

（7）单击“图层”面板中的“添加图层样式”按钮 fx，在弹出的菜单中选择“颜色叠加”命令，弹出对话框，将叠加颜色设为灰色（R:102，G:102，B:102），其他选项的设置如图8-305所示。单击“确定”按钮，效果如图8-306所示。

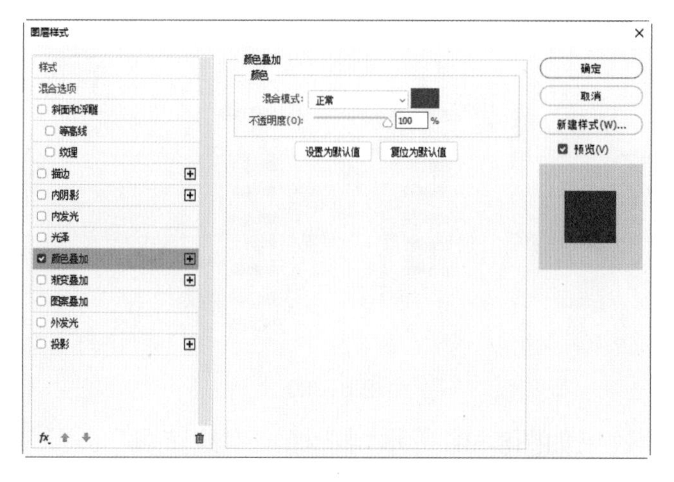

图8-305

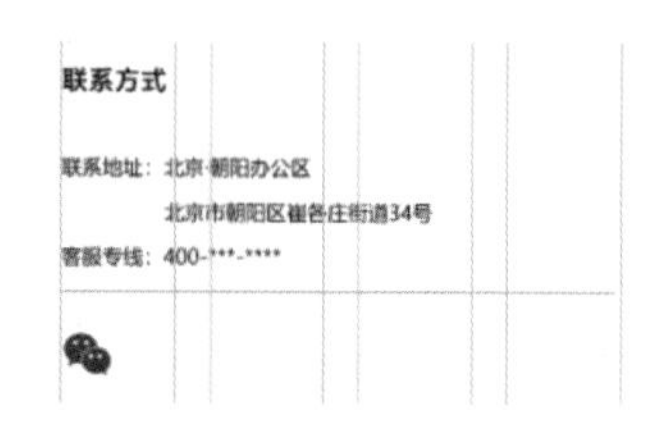

图8-306

（8）选择“横排文字工具” T，在属性栏中单击“居中对齐文本”按钮，在距离上方图标12像素的位置输入需要的文字并选取文字。在“字符”面板中，将“颜色”设为灰色（R:102，G:102，B:102），其他选项的设置如图8-307所示。按Enter键确定操作，效果如图8-308所示，在“图层”面板中将生成新的文字图层。

（9）按住Shift键的同时，单击“公众号”图层，将需要的图层同时选取。按Ctrl+J组合键，复制图层。按Ctrl+T组合键，在图像周围出现变换框。在属性栏中将“X”增加64像素确定位置，按Enter键确定操作，效果如图 8-309所示。选择“公众号 拷贝”图层，按Delete键将其删除。使用类似方法置入图标、重命名并添加“颜色叠加”效果，效果如图8-310所示。

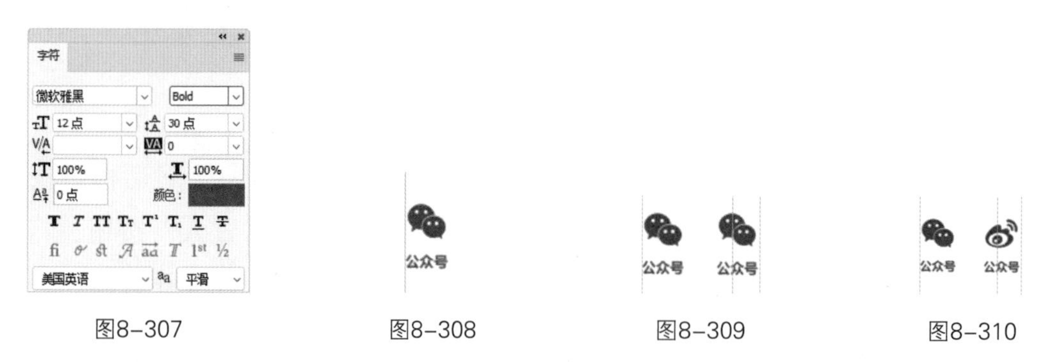

图8-307　图8-308　图8-309　图8-310

（10）选择“公众号 拷贝 2”文字图层，选择“横排文字工具” T，选取并修改文字。由于图标的不规则性，将文字向左平移1像素，平衡视觉，效果如图8-311所示。使用类似方法复制图层、置入图标并修改文字，效果如图8-312所示。

图8-311　图8-312

（11）按住Shift键的同时在“图层”面板中单击“矩形12”图层，将需要的图层同时选取。按Ctrl+G组合键，将图层编组并命名为“页尾”，如图8-313所示。

（12）选择“矩形工具” ，在属性栏中将“填充”颜色设为深灰色（R:34，G:34，

B:34)，“描边”颜色设为无。在图像窗口中绘制一个宽为1920像素、高为80像素的矩形，效果如图8-314所示，在“图层”面板中将生成新的形状图层“矩形13”。

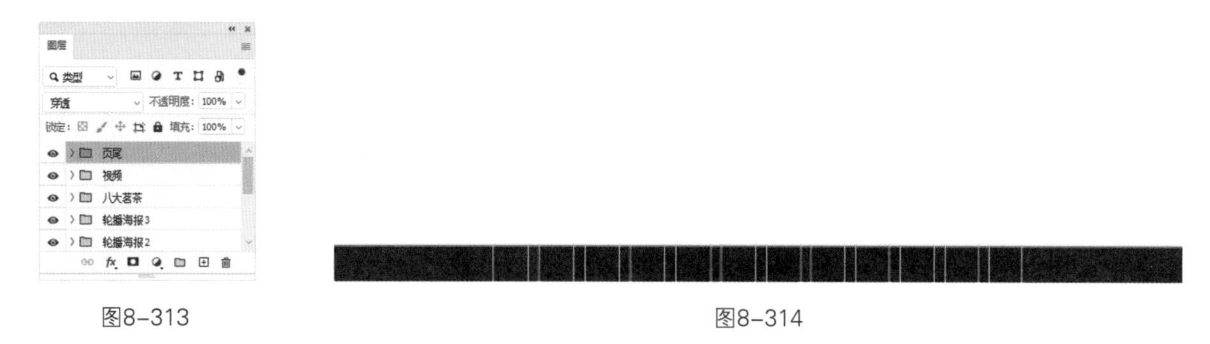

图8-313　　图8-314

（13）选择“横排文字工具”T，在属性栏中单击“左对齐文本”按钮，在图像窗口中适当的位置输入需要的文字并选取文字。在“字符”面板中，将“颜色”设为灰色（R:107，G:107，B:107），其他选项的设置如图8-315所示。按Enter键确定操作，在“图层”面板中将生成新的文字图层。按住Shift键的同时单击“矩形 13”图层，将其同时选取，选择“移动工具”，在属性栏的对齐方式中单击“垂直居中对齐”按钮，效果如图8-316所示。使用类似方法输入其他文字，效果如图8-317所示。

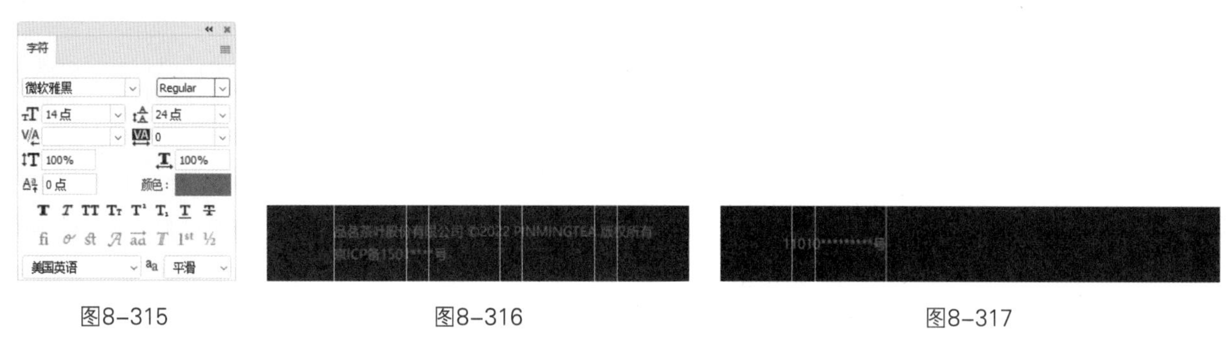

图8-315　　图8-316　　图8-317

（14）选择“椭圆工具”，在属性栏中将“填充”颜色设为蓝绿色（R:21，G:99，B:109），“描边”颜色设为无。按住Shift键的同时在图像窗口中距离下方参考线12像素的位置绘制一个直径为50像素的圆形，在“图层”面板中将生成新的形状图层“椭圆 3”，效果如图8-318所示。

（15）选择“文件 > 置入嵌入对象”命令，弹出“置入嵌入的对象”对话框。选择云盘中的“Ch08 > 8.5 制作中式茶叶网站首页 > 素材 > 40”文件，单击“置入”按钮，将图标置入图像窗口，在属性栏中设置其大小及位置，如图8-319所示。按Enter键确定操作，效果如图8-320所示。在“图层”面板中将生成新的图层，将其命名为“向上”。

图8-318　　图8-319　　图8-320

（16）单击“图层”面板中的“添加图层样式”按钮 fx，在弹出的菜单中选择“颜色叠加”命令，弹出对话框，将叠加颜色设为白色，其他选项的设置如图8-321所示。单击“确定”按钮，效果如图8-322所示。按住Shift键的同时在“图层”面板中单击“矩形13”图层，将需要的图层同时选取。按Ctrl+G组合键，将图层编组并命名为“底部”，如图8-323所示。中式茶叶网站首页制作完成。

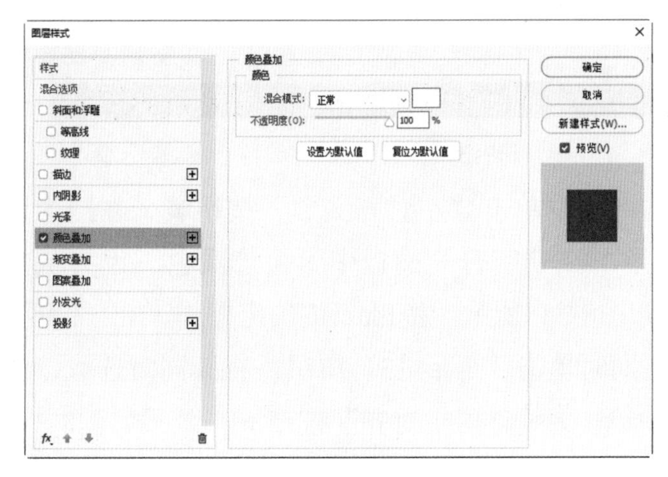

图8-321

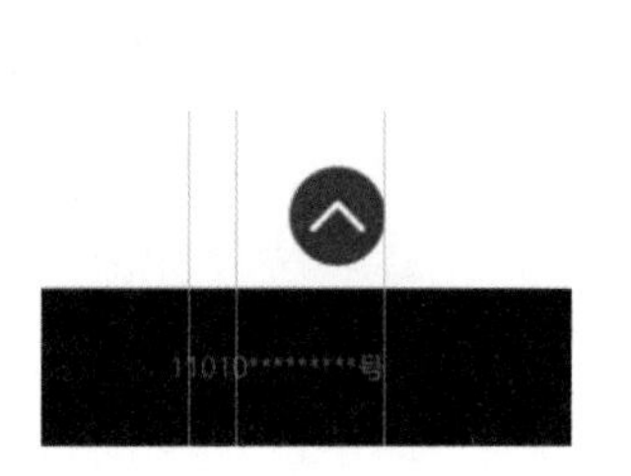

图8-322

图8-323